U0309917

# 机器人编程实战

## Robot Programming
### A Guide to Controlling Autonomous Robots

[美] 卡梅伦·休斯（Cameron Hughes）
特雷西·休斯（Tracey Hughes） 著

刘锦涛　李笔锋　译

机械工业出版社
China Machine Press

## 图书在版编目（CIP）数据

机器人编程实战 /（美）卡梅伦·休斯（Cameron Hughes），（美）特雷西·休斯（Tracey Hughes）著；刘锦涛等译 . —北京：机械工业出版社，2017.6（2018.1 重印）

（机器人设计与制作系列）

书名原文：Robot Programming: A Guide to Controlling Autonomous Robots

ISBN 978-7-111-57156-8

I. 机… II. ①卡… ②特… ③刘… III. 机器人－程序设计 IV. TP242

中国版本图书馆 CIP 数据核字（2017）第 140633 号

本书版权登记号：图字：01-2016-4509

## 机器人编程实战

出版发行：机械工业出版社（北京市西城区百万庄大街 22 号　邮政编码：100037）

责任编辑：王春华　　　　　　　　　　　　责任校对：殷　虹

印　　刷：中国电影出版社印刷厂　　　　　版　　次：2018 年 1 月第 1 版第 2 次印刷

开　　本：186mm×240mm　1/16　　　　　印　　张：18.5

书　　号：ISBN 978-7-111-57156-8　　　　定　　价：79.00 元

凡购本书，如有缺页、倒页、脱页，由本社发行部调换

客服热线：（010）88379426　88361066　　　投稿热线：（010）88379604

购书热线：（010）68326294　88379649　68995259　　读者信箱：hzit@hzbook.com

版权所有·侵权必究

封底无防伪标均为盗版

本书法律顾问：北京大成律师事务所　韩光 / 邹晓东

# The Translators' Words | 译者序

如果有人问我：十年前第一次制作机器人时，你希望能拥有哪一本书？我会回答，就是这本《机器人编程实战》！今天我们把这本书带到了读者面前，期待与大家交流、共勉。

记得我们在 2009 年也是使用 Arduino（本书主要使用的控制器之一）进行机器人编程，虽喜欢其易学易用，但感觉与机器人相关的编程知识太过零碎，不成体系。为了寻找好的机器人编程范式，我们便开始使用 ROS。但用 ROS 进行开发的问题则是严重依赖 Linux，导致软件部署成本高（包括时间成本和硬件成本），并且对 Linux 编程的基础要求也比较高，这一点就难为很多初学者了。

本书的出现将改善这一困境，书中不仅提供了基础、全面、准确的机器人系统的相关概念和知识，还配有大量的图表以帮助读者理解。全书有生日机器人举行生日派对和 Midamba 制作自主机器人以在荒岛求生两条线索，在故事场景中学习编程，妙趣横生！然而，本书最大的创新是提出了一系列用于机器人程序设计、规划和分析的范式或工具。即便是我们这些已经读过很多机器人相关图书的"老司机"也从本书中获益匪浅，比如机器人场景图形规划（RSVP）、实际环境中机器人效能熵（REQUIRE）、安全自主机器人应用架构（SARAA）等。

本书需要读者具备基本的 Java 或 C++ 编程技巧。书中所有的机器人指令、命令和程序已经在基于 ARM7、ARM9 微控制器机器人以及流行并广泛使用的 LEGO NXT、EV3 机器人上进行了测试。

本书的翻译得到了易科机器人实验室（exbot.net）的大力支持，尤其是张瑞雷和李静两位老师审阅全书，并提出了宝贵的修改意见，向他们表示感谢！随着开源机器人社区的日渐强大，以及基于互联网的技术交流和传播，极大地便利了我们的学习和开发。尽管如此，对于初学者，仍然需要有"千里之行，始于足下"的初心和钻研精神，一本浅显易懂而引人入胜的宝典秘籍更能助你事半功倍。

本书很适合作为大家的第一本机器人编程实践书和指导手册，目标读者包括机器人竞赛团队、创客和本科高年级的大学生等。

有关本书更多讨论欢迎访问 books.exbot.net。

刘锦涛

# 前 言 | Preface

## 机器人新兵训练营

> ### 📶 警示
>
> 　　作为机器人程序员，我们应确保所从事的编程对于公众和机器人自身都是安全的，这是我们的特殊责任。当对机器人进行编程时，首先要考虑机器人与人类、动物、其他机器人或资产互动时的安全。这对于所有类型机器人的编程都是适用的，尤其是可编程自主机器人，即本书所介绍的机器人类型。本书所涉及的机器人命令、指令、程序和软件仅用于展示，就安全性而言其不适合用于与人类、动物、其他机器人的互动。
>
> 　　对机器人安全的深入研究超出了本书的范围。虽然本书所给出的机器人示例和应用经过测试可以确保其正确性和恰当性，但是不能保证其中的命令、指令、程序和软件没有任何瑕疵和错误，与任何适售性的特定标准一致，或满足针对任何特别应用的要求。
>
> 　　机器人代码段、程序和示例仅用于阐述，在任何情形下当它们的使用会导致人身伤害、造成财产或时间损失，以及产生理念冲突时，都不应该再继续使用。对于因本书中呈现或在相应支持网站上的机器人、命令、指令、机器人程序和示例的使用所带来的直接或间接损害，作者和出版商不负任何责任。

## 机器人编程新兵训练营

　　欢迎阅读本书。机器人编程"新兵训练营"将确保你着手开始前掌握所有必备的信息。我们已经构建了很多类型的机器人并对它们进行编程，从简单的单用途机器人到先进的多功能自主机器人组群，因而发现这个短期机器人编程训练营对于不熟悉机器人编程或想要学习新技术进行机器人编程的人来说是不可缺少的。

## 准备、设置、走起！无需繁琐接线

　　图 I-1 给出了机器人控制和操作的两种基本分类。

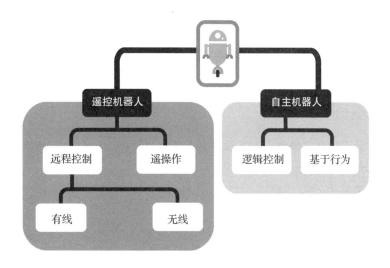

图 I-1　机器人操作的两种基本分类

遥控机器人是由一名操作员用某种远程控制装置或木偶模式（puppet mode）远程控制机器人的操作。有些远程控制要求一条连线（某种类型的线）以物理方式连接于机器人，而其他远程控制类型则是无线的（如无线电控制或红外控制）。

自主机器人是一类不需要人类操作员控制的机器人。它们能自主地访问和执行一组指令，不需要远程控制的干预或中断。

本书主要关注自主机器人操作和编程。虽然我们常讨论、解释、比较遥控机器人和自主机器人，但是本书将重点介绍对能够自主运行和执行所分配任务的机器人进行编程的基本概念。

如第 9 章所述，为满足运行策略而进行不同混合并匹配，存在两种类型机器人控制或操作的混合物。我们将会介绍混合并匹配不同的机器人控制策略的技术。

> 警示
>
> 虽然本书并未假定读者具有机器人编程的经验，但是全书假定读者在标准编程语言（如 Java 或 C++）方面具有一定基础，熟悉基本的编程技巧。同时，本书并非以 Java 或 C++ 呈现最终的机器人程序，而是先以图或通俗易懂的语言给出基本的机器人指令技巧和概念。本书将引导读者熟悉一些程序用于设计、规划和分析，比如机器人场景图形规划（Robot Scenario Visual Planning, RSVP）和实际环境中的机器人效能熵（Robot Effectiveness Quotient Used in Real Environments, REQUIRE）。

**注释**

本书所有机器人指令、命令和程序已经在基于 ARM7、ARM9 微控制器的机器人以及流行并广泛使用的 LEGO NXT、EV3 机器人上进行了测试。本书中使用的所有其他机器人软件也均在 Mac OS X 和 Linux 环境下进行了测试与运行。

## 新兵训练营基础

在试图对机器人进行编程前一定要回答五个基本问题：

1. 机器人属于哪种类型？

2. 机器人将要做什么？

3. 机器人将要在哪里执行任务？

4. 机器人如何执行任务？

5. 如何对机器人进行编程？

许多新手和准机器人程序员不能回答这些基本问题，导致机器人项目不能成功实现。在令任意类型的机器人执行所分配任务的过程中，回答这些基本问题是第一步。本书演示了如何通过回答这些问题来形成一个分步的方法，从而成功指导一个机器人自主地执行一系列任务。

## 本书介绍的机器人编程核心技巧

本书中，我们将在机器人新兵训练营中讲解的基本技巧如表 I-1 所示。

表 I-1　机器人新兵训练营技能表

| 技　巧 | 描　述 |
| --- | --- |
| 机器人运动规划与编程 | 手臂运动 |
| | 夹持器编程 |
| | 末端作用器运动 |
| | 机器人导航 |
| 利用不同类型的传感器对机器人编程 | 红外传感器 |
| | 超声波传感器 |
| | 触碰传感器 |
| | 光传感器 |
| | 射频识别传感器 |
| | 摄像机传感器 |
| | 温度传感器 |
| | 声音传感器 |
| | 分析传感器 |

（续）

| 技　巧 | 描　述 |
|---|---|
| 使用电动机 | 机器人导航中使用的电动机 |
| | 机器人手臂、夹持器和末端作用器中使用的电动机 |
| | 传感器定位中使用的电动机 |
| 决策 | 机器人动作选择 |
| | 机器人方向选择 |
| | 机器人路径选择 |
| 指令转换 | 将英文指令和命令转换成一种编程语言或一种机器人可以处理的指令形式 |

上述技巧是让机器人执行几乎任何所分配任务必需的核心技巧。对上述五个方面做出标注是因为它们代表了夯实机器人编程基石的第二步。

## 基本的通用机器人转换器

我们将在本书中使用两个助手以一种易于理解和快速参考的形式呈现机器人程序和常见的机器人编程问题。第一个助手，基本通用机器人转换器（Basic Universal Robot Translator，BURT），用于呈现本书中所有的代码段、命令和机器人程序。BURT 给出了每个代码段、命令或机器人程序的两个版本：

- 纯英文版本
- 机器人语言版本

BURT 用于将一组简单且易于理解的英文指令转换成相应的机器人语言。

在某些情况下，把英文版本转换成代表机器人指令的图。在其他情形下，BURT 将英文转换成标准的编程语言，例如 Java 或 C++。BURT 也可用于将英文指令转换成机器人可视指令环境，例如针对 LEGO 机器人的 Labview 或 LEGO G 语言。

每个 BURT 转换都有编号，可用于编程技巧、机器人指令或命令的快速参考指南。BURT 转换具有两个组件：一个输入组件和一个输出组件。输入组件包含伪代码或 RSVP。输出组件包含程序代码清单，不论其是一种标准语言还是一种图形符号。它们将被赋予 BURT 转换的输入或输出标志，如图 I-2 所示。

图 I-2　BURT 转换的输入和输出标志

作为 BURT 转换的补充，本书提供了术语表。机器人编程领域充满了技术术语和缩略词，读者可能既不熟悉又难于记忆。使用术语表可以快速查询本书所使用的任意缩写词或一些技术术语。

## BRON——蓝牙机器人有向通信网络

第二个助手是蓝牙机器人有向通信网络（Bluetooth Robot Oriented Network, BRON）。我们组建了一个机器人小组，它们通过蓝牙无线协议和互联网进行通信。定位和检索机器人编程世界里读者感兴趣的技巧，故事、采访和新闻，是这个机器人小组的责任。这些材料呈现在相关模块中，并且由图 I-3 所示标志表示。

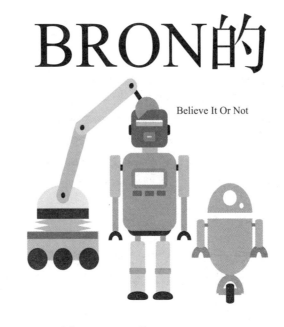

图 I-3　BRON 的 Believe It Or Not

这些部分所包含的补充材料读者可以略过，但其也通常提供了对某章节所采用观点的深刻见解。在某些情况下，"BRON 的 Believe It or Not"包含了见诸报端与与机器人编程某个方面相关的新闻。在其他情况下，"BRON 的 Beliere It or Not"包含对机器人或机器人编程世界中重要贡献者的访谈摘录。在所有情况下，"BRON 的 Beliere It or Not"部分旨在提供关于机器人或机器人编程世界真知灼见。

## 关于读者机器人知识的假设

本书无须接触过机器人即可阅读和学习。大多数章节以通俗易懂的语言解释概念，并用图解加深理解。然而，为了能从本书中获得最大的收获，你最好能够亲自在机器人上尝试和测试命令、指令或程序。

本书中，我们将在几种不同类型的机器人上使用和测试指令与程序，并且所呈现的想法可扩展和应用到许多类型的机器人。如果你的机器人已具备了至少一种（如表 I-2 所示）能力，那么你就可以在你的机器人上运用本书中的任何程序。

 **注释**

我们也会展示如何使用除表 I-2 之外的其他传感器给机器人编程，但是本书的主要想法是仅使用表 I-2 中列出的传感器进行尝试和测试。

表 I-2　新兵训练营的机器人能力矩阵

| 运动能力 | 感　　知 | 执　　行 | 控　　　　制 |
|---|---|---|---|
| 轮子 | 红外线 | 夹持器 | ARM7 微控制器 |
| 两足 | 超声波 | 机器人手臂 | ARM9 微控制器 |
| 四足 | 摄像机 | 推进器 | LEGO Mindstorms EV3 微控制器 |
| 六足（等） | 热 | | LEGO Mindstorms NXT 微控制器 |
| 空中 | 光 | | Arduino |
| | 颜色 | | ARM Cortex/Edison 处理器 |
| | 触碰 | | |

# Midamba 的机器人编程学习经历

本书将讲述一个小故事，即一个自由奔放、喜欢玩乐的青年 Midamba 如何在困境中找到自我。幸运的是，他走出困境唯一的机会是要求他学习如何对机器人进行编程。虽然 Midamba 在计算机编程方面有一些经验，但是他对机器人知识了解甚少，也没有机器人编程的经验。所以本书通篇将以 Midamba 的困境及他对机器人编程的最终成功为例。本书会展示 Midamba 吸取的教训以及他如何一步步成功地为他的第一个机器人编程。

# 致 谢 | Acknowledgements

非常感谢 Valerie Cannon 在加利福尼亚州波莫纳市法尔培举行的 2015 DARPA 机器人搜索和救援挑战赛上为我们担任机器人记者和摄影师。

感谢"Bron 的 Believe It or Not"访谈的两名受访者。感谢俄亥俄州亚克朗市 Tiny Circuits 公司的 Ken Burns，他为我们介绍了他的 Arduino 创客空间并耐心回答我们的问题。

对于本书中的许多机器人程序示例，我们也要感谢 NEOACM CSI / CLUE 机器人挑战团队在发声板和试验台方面做出的贡献。Ctest 实验室为我们提供了自由访问其 East Sidaz 和 Section 9 机器人的权限，我们很荣幸成为他们中的一部分。East Sidaz 和 Section 9 解答了我们所遇到的每一个难题。特别感谢 Pat Kerrigan、Cody Schultz、Ken McPherson 以及橡树山合作机器人创客空间的全体人员对我们在早期机器人设计方面的帮助。特别感谢来自橡树山合作机器人创客空间的 Howard Walker 为我们介绍了 Pixy 摄像机。感谢扬斯敦州立大学的 Jennifer Estrada 在 Arduino-Bluetooth-Vernier 磁场传感器连接和代码方面提供的帮助。特别感谢 Bob Paddock 在传感器上提供的独特见解与专业知识，以及在 Arduino 微控制器上给出的深刻见解。感谢来自俄亥俄州亚克朗市的 IEEE 会员 Walter Pechenuk 在我们不断谈论自主机器人方法时给予的微妙、潇洒和冷静的互动与反馈。此外，若没有我们诸多同事的灵感、宽容和贡献，本书根本无法完成。

# Contents | 目　录

# 第 1 章
# 究竟什么是机器人

**机器人感受训练课程 1：** *所有机器人均是机械，但并非所有机械都是机器人。*

任意询问 10 个人什么是机器人，可能会获得至少 10 个不同的答案：无线电遥控玩具狗、银行自动取款机、遥控作战机器人、自动操作真空吸尘器、无人驾驶飞机、声控智能手机、电池驱动人形公仔等。

或许很难定义什么是机器人，但是事实是我们都清楚地知道。软件控制装置的快速发展已经模糊了自动化装置与机器人之间的界线。一个装置或设备由软件控制，并不足以使其成为一个机器人，并且机器的自动化或自操作也不足以彰显机器人的特殊地位。

虽然许多遥控的、自操作的装置和机器也属于机器人，但并不是真正意义上的机器人。表 1-1 对机器人给出了一些广为使用的、有时会互相矛盾的、词条上的定义。

表 1-1 "机器人" 词条的一些广为使用的、有时会互相矛盾的定义

| 源 | 定 义 |
| --- | --- |
| 城市词典 | 一个从事人的工作的机械装置 |
| 维基百科 | 一个机械或虚拟的人工智能体，通常为一个由计算机程序或电子电路操纵的机电设备 |
| 韦氏词典 | 一个看起来类似人类并且执行人类各种复杂动作（如行走和讲话）的机器，以及类似但虚拟的机器，常会强调其缺乏人类的情感能力 |
| 大英百科全书 | 任何取代人类劳力的自动化操作机器，即使它可能在外观上不像人类或它像人一样执行某些功能 |
| 网络百科全书 | 一个对感官输入做出反应的装置 |

## 1.1 定义机器人的 7 个标准

在开始着手于机器人编程任务之前，需要明确是什么让一个机器人能真正被称作机器人。那么，什么时候才能让一个自操作的软件控制装置有资格成为一个机器人呢？在 ASC（Advanced Software Construction 公司，作者为机器人和软件机器人打造智能引擎的地方），一台机器需要满足以下 7 个标准：

1. 通过编程，应具备以一种或多种方式感知外部或内部环境的能力。
2. 其行为、动作和控制是执行一组程序指令的结果，并可重复编程。

3. 通过编程，应具备以一种或多种方式来影响外部环境、与外部环境交互或者在外部环境中进行操作的能力。

4. 应拥有自己的电源。

5. 应具备一种语言，它适合表示离散指令和数据并支持编程。

6. 一旦启动，无需外部干预即具备执行程序的能力。

7. 必须是一个没有生命的机器。

下面将详细阐释上述标准。

### 1.1.1　标准 1：感知环境

　　一个有用或有效的机器人应具有一些感知、测量、评估或监测环境与态势的方法。机器人计划执行的任务决定了其需要什么感知，以及如何在所处环境中利用这些感知。它可能需要识别环境中的对象、记录或区分声音、测量遇到的物质、通过触碰定位或规避物体等。在某种程度上，如果缺少感知环境与态势的能力，机器人将很难完成任务。当然，除了具有一些感知环境与态势的方法之外，机器人还必须具有接受指令的能力，诸如如何、何时、何地以及为何使用其感知等。

### 1.1.2　标准 2：可编程的动作和行为

　　应要有给机器人指令的描述方法：

- 执行什么动作
- 何时执行动作
- 何地执行动作
- 何种情形下执行动作
- 如何执行动作

通过本书可知，对机器人编程相当于给机器人一系列关于是什么、何时、何地、为什么和如何执行动作问题的一组指令。

### 1.1.3　标准 3：改变环境、与环境交互或作用于环境

　　一个有用的机器人不但需要感知环境，而且在某种程度上要改变其所处的环境或态势。换言之，一个机器人应能够通过行动改变某些东西或利用某些东西来完成任务，否则就是无用的。采取行动或执行任务的过程应影响或作用于环境，否则就无法得知机器人的行动是否有效。一个机器人的行动以某种可测量的方式改变其所处环境、场景或态势，并且这种改变是向机器人发出一组指令后直接的结果。

### 1.1.4　标准 4：具备电源

　　机器人的主要功能之一是执行某种动作，这就需要消耗机器人的能量。能量应来自某种

电源，比如电池、电力、风力、水力和太阳能等。只有电源持续提供能量，机器人才能操作和执行动作。

### 1.1.5 标准 5：适用于表示指令和数据的语言

一个机器人需要给定一系指令以确定如何、何时、何地以及在何种态势或场景下执行什么动作。有些指令是硬连接于机器人的，并且不论机器人处于何种情况，只要其有主动电源便会一直执行这些指令。这是机器人的机械部分。常规机器与机器人之间最重要的差异之一表现为：机器人可以接收新指令而不用重建或改变硬件，也无需重新连接。机器人拥有接收指令和命令的语言，该语言应能够表示命令和数据以描述机器人的环境、情景或态势。机器人的语言装置应允许给定指令而无需物理连接，即机器人可以通过一组指令实现再编程。

### 1.1.6 标准 6：无需外部干预的自主性

我们坚持本条是定义机器人的硬性标准，虽然此观点仍有争议。我们认为，真正的机器人是完全自主的，但该观点并未得到所有机器人专家的认同。图 1-1 源自机器人新兵训练营，它给出了机器人操作的两种基本分类。

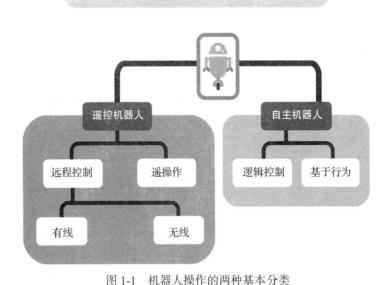

图 1-1 机器人操作的两种基本分类

机器人操作或机器人控制一般分为两类：

- 遥控机器人
- 自主机器人

类似自主机器人，遥控机器人也接收指令，但这些指令是实时的，由外部源（人类、计

算机或其他机器）实时发送或有一定时延。指令以某种遥控形式发送，机器人按照指令要求
执行动作。机器人接收到信号后就会执行动作，有时一个遥控信号会触发多个动作；其他情
况下，信号与动作是一一对应关系，即一个信号对应一个动作。

这里需要注意的一个要点是，在没有遥控或外部干预的情况下，遥控机器人不会执行任
何动作。然而自主机器人的指令会提前存储于机器人内，以执行一系列动作。自主机器人能
够自己出发命令，不需要依赖遥控来执行或启动每一个动作。需要明确的是，实际会存在混
合型机器人和运行情景发生改变的情况，即遥控机器人具有一些自主行为，以及自主机器人
有时会进入一个木偶模式。

但是，我们对完全自主机器人和半自主机器人进行了区分，并且整本书可能都称为强自
主性或弱自主性。本书将介绍完全自主机器人编程的概念和技术，而并未涵盖遥控编程技术。

### 1.1.7 标准 7：一个没有生命的机器

虽然有时认为植物和动物是可编程的机器，但它们不是机器人。当我们对机器人进行构
建、编程和部署时，必须有许多伦理规范。当机器人学发展到一定高度时，即把机器人看作
有生命的时候，也自然会对机器人重新进行定义。

### 1.1.8 机器人分类

虽然许多类型的机器可能满足 7 个标准中的 1 个或多个，但是一台机器若要看作一个真
正的机器人，必须至少满足上述 7 个标准。需要明确的是，一个机器人可以多于但不能低于
这 7 种特性。幸运的是，我们并没有要求一个机器人像人类那样具有智力或情感。事实上，
现在使用的大多数机器人与人类很少有共同点。机器人分为三个基本类别，如图 1-2 所示。

这三类机器人仍然可以基于其如何运行和编程做进一步划分。之前我们将机器人描述为
遥控机器人或自主机器人。因此，我们有遥控的或自主的地面、空中或水下机器人。图 1-3
展示了空中或水下机器人的简单分类。

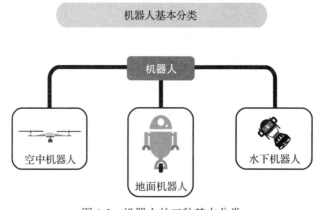

图 1-2　机器人的三种基本分类

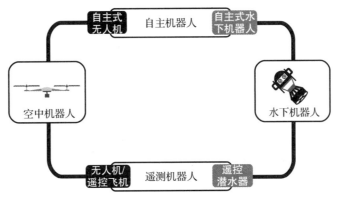

图 1-3 空中和水下机器人的运行模式

**空中和水下机器人**

空中机器人也称为无人机（Unmanned Aerial Vehicle, UAV）或自主式无人机（Autonomous Unmanned Aerial Vehicle，AUAV）。但不是每个 UAV 和 AUAV 都有资格成为一个机器人，记住前面的 7 个标准。大多数 UAV 仅仅是机器，但其中有一些满足所有 7 个标准且可以通过编程来执行任务。水下机器人也称为遥控潜水器（Remotely Operated Vehicle，ROV）和自主式水下机器人（Autonomous Underwater Vehicle，AUV）。类似于 UAV，大多数 ROV 仅仅是机器而并未上升到机器人的水准，但是水下机器人也可以像任何其他机器人那样编程和控制。

正如你可能会想到的那样，空中和水下机器人经常面临的问题是地面机器人通常不需要考虑的。例如，水下机器人必须通过编程在水下导航和运行，也必须处理所有来自水生环境（如水压、水流、水等）的挑战。大多数地面机器人不用或不需要在水生环境中运行，也通常并不需要防水防潮设计。

空中机器人负责起飞、降落，并且它们通常在离地数百或数千英尺的空中运行。UAV 机器人所编程必须考虑一个航空器所要面对的一切挑战（比如，如果一个空中机器人失去了所有动力会发生什么？）。而一个地面机器人耗尽电源后可能只是简单地停止工作。

如果出现导航或电源问题，UAV 和 ROV 都可能会遇到灾难。不过，地面机器人有时也可能遇到危险。它们可能在边缘掉落、从楼梯上滚下、钻进液体里或在恶劣天气里失灵。一般而言，机器人只运行在上述某一类环境中，很难建立和设计一个可以运行于多类环境的机器人。UAV 通常不在水中操作，ROV 通常也不在空中操作。

虽然本书中的大多数示例集中于地面机器人，但是所介绍的机器人编程的概念和技巧可以应用于所有这三类机器人。机器人具有其框架，图 1-4 展示了一个简化的机器人组成框架。

所有真正的机器人具有图 1-4 所示的基本组成框架。不论一个机器人属于哪一类（地面、空中或水下），它应至少包含四类可编程组件：

- 一个或多个传感器
- 一个或多个执行器
- 一个或多个末端作用器 / 环境作用器
- 一个或多个微控制器

这四类组件是最基本的机器人编程核心。在最简单的形式里，机器人编程归结为用控制器控制机器人的传感器、执行器和末端作用器。是的，机器人编程远比仅仅处理传感器、执行器、感受器和控制器要复杂，但是这些组件主要构成了机器人的内部和外部设备。机器人编程的其他主要涉及机器人的场

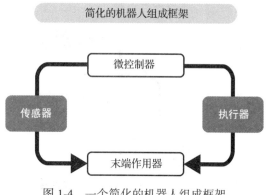

图 1-4　一个简化的机器人组成框架

景，我们将在后面介绍。现在，首先来看看（其实也是简单看）这四个基本的可编程机器人组件。

## 1.1.9　传感器

传感器是机器人在这个世界上的眼睛和耳朵。它们是可以使机器人接收其当前环境下输入、信号、数据或信息的组件。传感器是机器人与这个世界的接口，换言之，传感器是机器人的感官。

机器人传感器有许多不同的类型、形状和大小，有感知温度的传感器，有感知声波、红外线、运动、无线电波、气体和土壤成分的传感器，也有测量引力的传感器。传感器可以使用摄像机来实现可视和识别方向。人类局限于视觉、触觉、嗅觉、味觉和听觉这五种基本感觉，而机器人在传感器方面几乎具有无限潜力。机器人可以装备几乎所有种类的传感器，并且只要电源支持，可以配备尽可能多的传感器。第 5 章会详细讲述传感器。现在只是把传感器看作一种装置，为机器人提供关于其当前态势或场景的输入和数据。

每个传感器都要负责给机器人某种关于其当前所处环境的反馈。通常，机器人从某个传感器阅读数值或向某个传感器发送数值。但是，传感器并不仅仅是自动感知，机器人的编程还会指定何时、如何、何地以及在何种程度上使用传感器。编程决定了传感器处于哪种模式以及机器人接收到传感器的反馈后做什么。

例如，我有一个配备了光传感器的机器人，根据传感器的复杂度不同，可以让机器人利用其光传感器来确定一个物体是否是蓝色的，然后只取回蓝色物体。如果一个机器人配备的是声传感器，我可以让它听到某种声音执行一个动作，听到另一个不同的声音执行另一个动作。

并不是所有的传感器都是平等的。对于给机器人配备的任何传感器，在其所属类别中都有一个从低端至高端的具体定位。例如，有些传感器只能检测 4 种颜色，而有些光传感器可以检测 256 种颜色。机器人编程部分包括熟悉机器人的传感器设置、传感器能力和局限性。一个传感器越通用越高级，相应的机器人任务就可以更精巧。

机器人的效能受其传感器所限制。机器人若只有一个可视距离仅几英寸的摄像机传感器，它就无法看到一英尺远的东西；若只配备检测红外线的传感器，它就不能看到紫外线，等等。本书讨论机器人的效能并且从机器人框架层面（见图1-4）描述它。我们基于以下几方面来评估一个机器人的潜在效能：

- 执行器的效能
- 传感器的效能
- 末端作用器的效能
- 微控制器的效能

**REQUIRE**

通过机器人效能的简单测量，得知传感器占机器人潜在效能的近四分之一比重。我们开发了一种测量机器人潜力的方法，称为实际环境中的机器人效能熵（Robot Effectiveness Quotient Used in Real Environments，REQUIRE）。使用REQUIRE作为一个最初的试金石，以确定我们可以通过编程让机器人做什么和不能做什么。稍后我们再解释REQUIRE，并且将其作为一个机器人性能指标贯穿本书。需要重点注意的是，传感器的质量以及如何对其编程决定了一个机器人潜在效能的25%。

## 1.1.10  执行器

执行器是提供机器人部件运动的组件。对于机器人来说，电机通常扮演着执行器的角色。电机可以是电动的、液压的、气动的或其他能源。执行器提供了机器人手臂的动作，或是牵引机构、轮子、螺旋桨、手动遥控杆或机翼和机器人腿的运动。执行器允许机器人移动其传感器，以及旋转、移动、打开、关闭、提高、降低、扭曲和转动其组件。

**可编程机器人的速度和机器人力量**

执行器或电动机最终决定了一个机器人的移动速度。机器人的加速度与其执行器紧密相关。执行器也决定了一个机器人可以举起或托住多少重量。执行器与一个机器人可以生成多少扭矩或力密切相关。完整地编程一个机器人涉及给予机器人关于如何、何时、为什么、何地和在何种程度上使用执行器的指令。很难想象或建立一个没有任何运动类型的机器人。这种运动可能是外部的或内部的，但它必须是存在的。

---

 **小贴士**

回忆前面列出的机器人要求中的标准3：通过编程，机器人应能够以一种或多种方式影响其外部环境、与外部环境交互或作用于外部环境。

---

机器人必须以某种方式在其环境中运行，而执行器则是互动的关键组件。类似传感器设置，机器人的执行器可以实现或限制其潜在效能。例如，执行器让一个机器人的手臂只能转动到45°，则对于要求转动90°的情形就不再有效。或者若执行器只能以200r/min移动螺

旋桨，对于要求 1 000r/min 的场合，执行器将阻止机器人恰当地执行所要求的任务。

因此，机器人的运动必须要有正确的类型、距离、速度、角度和自由度，执行器是提供这种运动的可编程组件。执行器涉及一个机器人可以移动多少重量或质量。如果任务要求机器人举起一个 2 000mL 或 1kg 液体的容器，但其执行器的极限仅仅约为 0.35kg，则机器人注定失败。

机器人的效能通常是由其在特定态势或场景中的有用性来衡量的。执行器通常决定一个机器人能或不能完成多少工作。类似传感器，机器人的执行器不是简单地自我驱动，需要对其编程。和传感器一样，执行器使用范围包括从低端的简单功能到高端、自适应、复杂的功能。编程工具越灵活，执行器执行能力越强。第 7 章将更详细地讨论执行器。

## 1.1.11　末端作用器

末端作用器是机器人在其环境中处理、操作、改变或控制对象的硬件。末端作用器是使得机器人的动作对它所处环境或场景产生影响的硬件。执行器和末端作用器通常紧密相关。大多数末端作用器需要使用执行器或与其交互。

机器人末端作用器常见的例子有手臂、钳子、爪子和手。末端作用器有许多形状和大小，并具有多种功能。例如，一个机器人可以使用钻头、抛射体、滑轮、磁铁、激光器、声波冲击器，甚至渔网作为末端作用器。类似传感器和执行器，末端作用器也受机器人编程控制。

对机器人进行编程所面对的挑战，一部分来自于指导机器人充分利用其末端作用器来完成任务。末端作用器同样也会决定机器人能否成功完成一个任务。类似传感器，一个配备了多个末端作用器的机器人能同时操控不同类型的对象或相似对象。是的，有时候最好的末端作用器是那些按两个、四个、六个等一组工作的。末端作用器必须具有与对象交互的能力，这些对象在机器人的场景或环境中被其操控。第 7 章会详细介绍末端作用器。

---

 **注释**

末端作用器符合机器人定义的标准 3。机器人必须能够做某事以改变某些东西或利用某些东西来做某事。机器人必须在其环境或态势中产生影响，否则就无用。

---

## 1.1.12　控制器

控制器是机器人用于"控制"其传感器、末端作用器、执行器和运动的组件。控制器是机器人的"大脑"。控制器的功能可通过多个控制器实现，但其通常是一个微控制器。微控制器是一个位于芯片上的小型单片机。图 1-5 展示了一个微控制器的基本组成。

控制器或微控制器是可编程的机器人组件，并且支持机器人的动作和行为编程。根据定义，一个连微控制器都没有的机器不是机器人。但需要记住的是，可编程仅仅是 7 个标准中的一个。

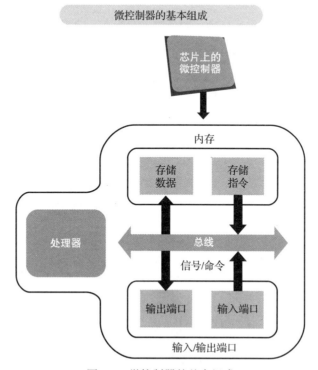

图 1-5　微控制器的基本组成

控制器既能控制机器人的内存组件，又是拥有机器人内存的组件。注意，图 1-5 中有 4 个组件。处理器负责计算、符号操作、指令执行和信号处理。输入端口从传感器接收信号并且把这些信号发送给处理器处理。处理器发送信号或指令给连接到执行器的输出端口，于是它们可执行动作。

发送传感器的信号使得传感器置于传感器模式。这些信号用于初始化执行器、设置电动机转速、起动电动机运动、停止电动机等。

因此，处理器通过来自传感器的输入接口获得反馈，发送信号和命令给输出端口并最终指向电动机、机器人手臂以及机器人活动部件（诸如牵引机构、滑轮和其他末端作用器）。

---

　**注释**

处理器执行指令。每个处理器都有自己的一套机器语言。发送给处理器的一组指令必须最终转换为处理器的语言。因此，如果我们用英语着手进行我们想要给处理器执行的一组指令，这些指令最终必须转换为微控制器中处理器可以理解和执行的指令。图 1-6 展示了向机器语言转化的基本步骤。

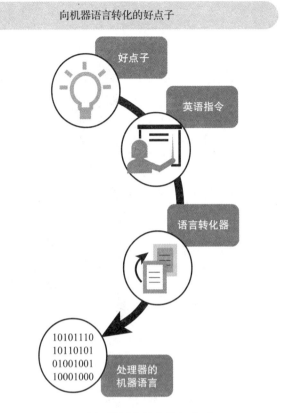

图 1-6　向机器语言转化的好点子

在本书中，前文讨论过 BURT 用于将好点子转化为机器语言，因此你可以很清楚在机器人编程过程中发生了什么。除非你有一个使用英语或一些其他自然语言作为内部语言的微控制器，否则所有指令、命令和信号都必须转化为可以被微控制器中处理器所识别的形式。图 1-7 简单给出了传感器、执行器、末端作用器和微控制器之间的交互关系。

图 1-7 中的记忆元件是机器人指令存储和当前所运行的数据存储的地方。当前运行的数据包括来自传感器、执行器、处理器、或存储数据或信息（必须最终由控制器的处理器处理）所需任何其他外围设备的数据。我们已经在本质上将一个机器人简化至基本的机器人主体：

- 传感器
- 执行器
- 末端作用器
- 微控制器

从最基本的层面上来说，编程一个机器人等同于通过给微控制器一组指令集来处理机器人的传感器、末端作用器和运动。不管我们正在编程的是一个地面、空中或水下机器人，基本的机器人主体是相同的，并且都必须处理一组核心的初级编程活动。编程一个机器人去自主执行一个任务要求我们在某种程度上传达这项任务给机器人的微控制器。只有在机器人的微控制器存在这个任务后，机器人才可以执行。图 1-8 展示了我们转化的机器人主体。

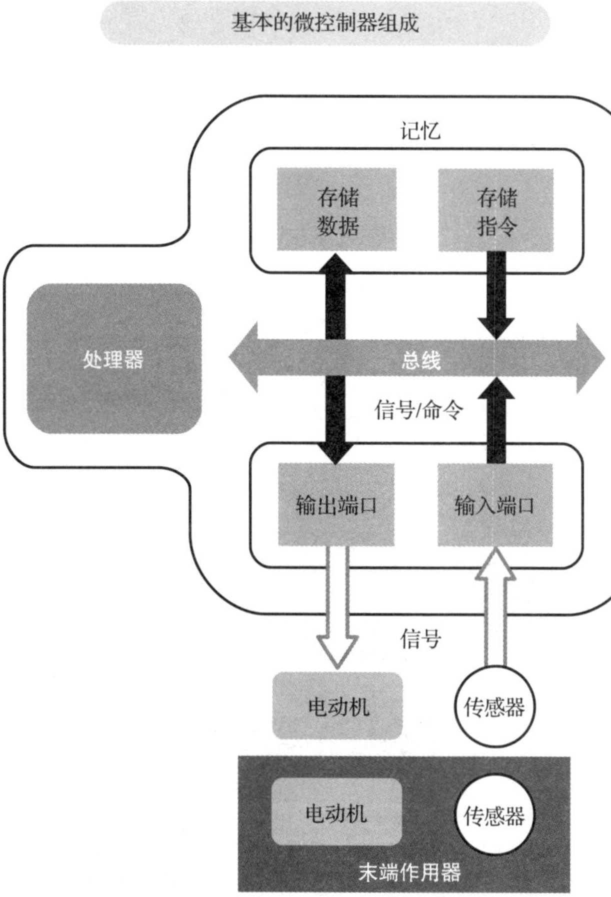

**基本的微控制器组成**

图 1-7　微控制器、传感器、执行器和末端作用器之间的基本相互作用

图 1-8 展示了相类似的基本机器人组成。机器人传感器、执行器和末端作用器肯定有更详细的形式，但是图 1-8 显示了一些常用形式，并传达了我们在本书中使用的基本思想。

---

 **注释**

　　我们特别强调微控制器，因为它是一个机器人主要的可编程组件，并且当我们讨论机器人编程时，通常也会涉及微控制器。末端作用器和传感器也很重要，但微控制器处于"驾驶员"的位置，能设置并读取传感器、控制机器人运动以及操作末端作用器部件。表 1-2 列出了针对低成本机器人的一些常用的微控制器。

表 1-2  常用的微控制器

| 微控制器 | 机器人平台 |
| --- | --- |
| Atmega328 | Arduino Uno |
| Quark | Intel Edison |
| ARM7，ARM9 | RS Media，Mindstorms NXT，EV3 |
| ARM Cortex | Vex |
| CM5/ATmega 128 | Bioloid |

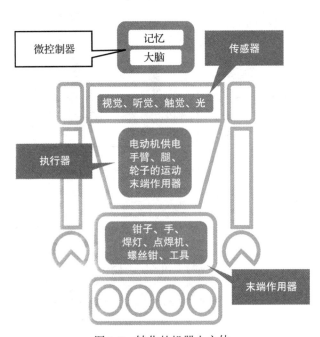

图 1-8  转化的机器人主体

虽然本书中大多数示例开发时采用的是 Atmega、ARM7 和 ARM9 微控制器，但是我们介绍的编程理念可以应用于具有图 1-4 基本机器人主体和满足我们 7 个机器人标准的任何机器人。

## 1.1.13  机器人所在的场景

机器人主体只讲了机器人编程故事的一半，另外一半不在于实际的机器人部分，而是机器人场景或态势。机器人是在一个特定的环境中执行某个类型的任务的。机器人若是有用必须能在环境中造成某种影响。机器人的任务和环境不只是随机的、未指定的概念。有用的机器人必须在特定场景或态势中执行任务。机器人在场景或态势中扮演给定的某种角色。举例来说，图 1-9 中所示为一个机器人参加一场生日聚会。

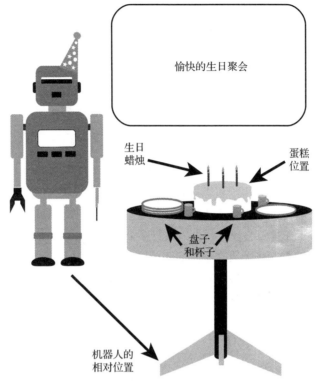

图 1-9　一个生日聚会机器人

我们有一个机器人，称之为 BR-1，分配给它两个任务：

- 点燃蛋糕上的蜡烛
- 聚会结束后清除盘子和杯子

生日聚会是机器人所处的场景。机器人 BR-1 扮演的角色是点燃蜡烛和清除盘子与杯子的人。场景与期望相伴，有用的机器人是由期望驱动的。生日聚会上会有期望，通常生日聚会会有场所、蛋糕、冰淇淋、客人、庆祝活动、时间和礼物。对于 BR-1 去完成其在生日聚会上的角色，它必须有处理场景或特定态势的指令，比如：

- 蛋糕的位置
- 点燃蜡烛的数量
- 机器人相对于蛋糕的位置
- 点燃蜡烛的时间
- 聚会如何以及何时结束
- 盘子和杯子的数量等

机器人的实用性和成功与否取决于其在特定态势中扮演角色的好坏。每个场景或态势都有一个场所、一组对象、条件和一系列事件。自主机器人位于场景内并且受期望驱动。当对一个机器人编程时，我们期望它以某种方式参与和影响一个态势或场景。描绘场景、与场景交流和给机器人设置期望是机器人编程故事的后半部分。

>  **小贴士**
>
> 简言之，编程一个有用的机器人相当于编程一个机器人利用其传感器和末端作用器，通过在某个特定态势或场景中执行一组任务而完成其角色并满足期望。

编程一个有用的机器人可以分为两个基本层面：

- 指导机器人利用其基本能力去实现某些期望
- 在某个给定态势或场景中给机器人解释期望是什么

通过编程，一个自主机器人无需人类干预就能在特定态势或场景中实现期望时，它就是有用的。因此，一半工作需要编程机器人以执行某个任务或一组任务。

另一半任务则需要指导机器人在一个或多个特定场景中执行其功能。我们的机器人编程方法是场景驱动的。机器人在态势和场景中扮演一定角色，且这些态势和场景一定是编程和指导机器人成功执行任务的重要部分。

## 1.2　给机器人指令

如果我们希望一个机器人在某个场景中扮演某个角色，我们如何告诉它该做什么？我们如何给它指令？机器人编程会回答这些问题，其过程充满了冒险、挑战、奇迹、担忧和可能的遗憾。人类使用自然语言、手势、肢体语言和面部表情沟通；而机器人是机器，只能理解微控制器的机器语言。难点就在于此：我们说话和交流是一种方式，而机器人沟通是另一种方式，我们目前还不知如何创造能够理解人类语言和行为并与人类直接交流的机器人。因此，即使我们拥有一个机器人，它具有传感器、末端作用器以及按照我们要求做事的能力，但我们该如何与它进行任务交流呢？我们如何给它一组正确的指令集呢？

### 1.2.1　每个机器人都有一种语言

那么，机器人到底理解什么语言呢？机器人的母语是微控制器语言。不论一个人如何同机器人交流，最终这种交流必须转换为微控制器的语言。微控制器是一个计算机，而大多数计算机使用机器语言。

**机器语言**

机器语言由 0 和 1 组成。因此，从技术上讲，一个机器人真正理解的唯一的语言是字符串和一系列 0 和 1。例如，0000001、1010101、00010010、10101010、11111111

如果你想（或被逼无奈）用机器人的母语对其编写一组指令集，它将由一排排地 0

和 1 组成。例如，代码清单 1-1 是一个简单的 ARM 机器语言（有时被称为二进制语言）程序。

**代码清单 1-1　ARM 机器语言程序**

```
11100101100011110001000000010000
11100101100011110001000000001000
11100000100000010101000000000000
11100101100011110101000000001000
```

该程序从处理器的两个内存位置取出数字，加在一起并将结果存储在第三个内存位置。大多数机器人控制器讲这种类似机器语言的语言，如代码清单 1-1 所示。

0 和 1 的安排和数量根据控制器的不同可能会有所改变，但是所见即所得。纯机器语言很难读懂，很容易把 0 和 1 的位置按错，或者在计数时出现错误。

**汇编语言**

汇编语言是一种更可读的机器语言，通过使用十六进制或八进制，用简短的符号说明和表示二进制。代码清单 1-2 是代码清单 1-1 所示操作类型的一个汇编语言示例。

**代码清单 1-2　代码清单 1-1 的汇编程序版本**

```
LDR R1, X
LDR R0, Y
ADD R5, R1, R0
STR R5, Z
```

代码清单 1-2 比代码清单 1-1 可读性更好，虽然汇编语言程序比机器语言程序更不易出错，微控制器汇编语言仍然有点神秘。从代码清单 1-2 并不能直观地看出，我们取两个数字 X 和 Y，然后把它们相加并将结果存储于 Z。

---

 **注释**

机器语言有时称为第一代语言，汇编语言有时称为第二代语言。

---

一般来说，一种计算机语言越接近自然语言，其代数就越高。因此，第三代语言比第二代语言更接近英语，第四代语言又比第三代语言更加接近，以此类推。因此，理想情况下，我们希望使用一种尽可能接近人类语言的语言来指导我们的机器人。不幸的是，一种更高级的语言通常要求更多的硬件资源（比如电路、存储器、处理器能力）并且要求控制器更复杂而缺乏效率。因此，微控制器往往只用第二代指令集。

我们需要一个通用的转换器，可以允许我们以人类语言（比如英语或日语）去书写指令，并且自动转换为机器语言或汇编语言。计算机领域还没有产生这种通用的转换器，但我们已经成功了一半。

## 1.2.2 迁就机器人的语言

编译器和解释器是将一种语言转换为另一种语言的软件程序。它们允许程序员用高级语言书写一组指令，然后将其转换为下一代的语言。例如，来自代码清单 1-2 的汇编语言：

```
LDR R1, X
LDR R0, Y
ADD R5, R1, R0
STR R5, Z
```

可以转为如下指令：

```
Z = X + Y
```

注意在图 1-10 中，编译器或解释器将高级指令转换成为汇编语言，但是汇编器是将汇编语言转换为机器语言的程序。图 1-10 也展示了一个工具链概念的简单版本。

在机器人编程中会用到工具链。虽然我们还不能使用自然语言，但是将汇编语言作为编程机器人的唯一选择，我们已经走了很长的路。事实上，如今有很多编程机器人的高级语言，包括图形语言，例如 Labview；图形环境，例如 Choreograph、傀儡模式（puppet mode），以及第三、第四和第五代编程语言。

图 1-11 展示了常用的几代机器人编程语言分类。

图形语言有时被称为第五代和第六代编程语言。一部分是因为图形语言允许程序员更加自然地表达想法，而不是从机器的角度来表达你的想法。因此，指导或编程机器人中的挑战之一，可归结为个人表达指令集的方式与微控制器使用指令集的方式之间的差异。

图形化的机器人编程环境和图形语言试图通过允许程序员使用图形和图片编程机器人来解决这个差异。Bioloid $^{\ominus}$ Motion Editor 和 Robosapien $^{\ominus}$ RS Media Body Con Editor 是这类环境的两个示例，如图 1-11 所示。

这些类型的环境通过允许图形化操作或

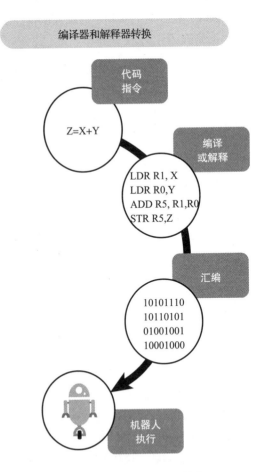

图 1-10  编译器和解释器转换

---
$\ominus$ Bioloid 是由 Robotis 制造的一个模块化机器人系统。
$\ominus$ Robosapien 是由 Wowee 制造的一个独立的机器人系统。

设置机器人的动作、传感器的初始值、执行器的初始速度和力量来工作。通过设置数值、移动图形操作杆和图形控件来编程机器人。有时候，在需要传递给机器人信息和数据的软件里，填写窗体是一件简单的事情。图形环境将程序员从机器人编程的实际工作中隔离出来。

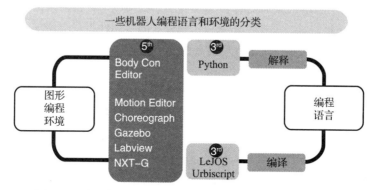

图 1-11  常用的一些机器人编程语言和图形编程环境的分类

务必记住的是，机器人的微控制器最终读取的是汇编/机器语言。必须要有某人或某个东西来提供本地指令。因此，这些图形环境由内部编译器和解释器负责将图形化的想法转换为低级语言，并最终转换为控制器的机器语言。昂贵的机器人系统具有这些图形环境已经有很长一段时间了，但是这些图形环境现在可以用于低成本机器人了。针对低成本机器人系统，表 1-3 列出了一些常用的图形环境（语言）。

表 1-3  图形机器人编程环境示例

| 环　　境 | 机器人系统 | 可以仿真？ | 傀儡模式？ |
|---|---|---|---|
| Body Con Editor | Robosapien RS Media | 是 | 是 |
| Motion Editor | Bioloid | 是 | 是 |
| Choreograph | Nao | 是 | 是 |
| Gazebo | OSRF | 是 | 否 |
| Labview | Mindstorms EV3，NXT | 是 | 否 |

### 傀儡模式

与可视化编程机器人概念紧密相关的是直接操纵或傀儡模式的概念。傀儡模式允许程序员利用键盘、鼠标、触摸板、触摸屏或其他定位设备操纵机器人图形，同样也允许通过编程在现实世界中操纵机器人的部件到所需位置。

傀儡模式扮演一个动作记录器的角色。如果想要机器人的头向左转，你可以移动机器人的头部图形到左边，傀儡模式就会记住。如果想要机器人向前移动，你将机器人的部件移动到前方位置，不论该部件是腿、轮子、牵引机构等，傀儡模式都会记住。一旦记录了想要机器人执行的所有动作，然后将该信息发送给机器人（通常使用某种有线或无线连接），机器人在现实世界中会执行记录在傀儡模式中的动作。同样，如果程序员将机器人置于傀儡模式（假定机器人有傀儡模式），则会记录程序员执行的机器人物理操作。一旦程序员取消机器人的傀儡模式，机器人会执行傀儡模式期间记录的动作序列。傀儡模式是一种模仿的编程。机器人记录它是如何被操纵的，记住那些操作，然后重复动作序列。使用傀儡模式可以使程序员无需输入一个指令序列，也使得程序员无须弄明白如何以一种机器人语言表示一个动作序列。机器人系统可视化语言、可视化环境和傀儡模式的实用性将只会增加，它们的复杂性也将随之增加。然而，大多数可视化编程环境有两个致命缺陷。

## 1.2.3　在可视化编程环境中表示机器人场景

现在回顾一下，有效编程一个自主机器人有一半的工作需要指导该机器人如何在一个场景或态势中扮演其角色。典型地，如表 1-3 所示，可视化机器人编程环境没有表示机器人态势或场景简单的方法。在一个有潜在、简单对象的泛化空间里，可视化编程环境只包含一个机器人的模拟。例如，在一般的可视化机器人环境中，没有一种简单的方法能用来表示我们的生日聚会场景。在编程一个不必与任何东西互动的动作序列上，可视化/图形化环境和傀儡模式方法是有效的。但是，自主机器人若想有用，就需要影响环境，就需要接受关于环境的指令，图形化环境在这方面存在不足。本书中，我们所进行的机器人编程需要一个更为有效的方法。

## 1.2.4　Midamba 的困境

机器人有机器人语言。机器人可以接受指令去自主执行任务。机器人在态势和环境中接受指令。机器人可以在态势和场景内扮演角色，并在其中产生改变。这是本书的中心主题：指挥机器人在一个特定态势、场景或事件的背景中执行任务。现在来看看我们搁浅的水上摩托骑手——Midamba 的不幸困境。

### 机器人场景 1

当我们在引言中的机器人新兵训练营最后看到 Midamba 时候，他的电动水上摩托电池电量已经比较低了。Midamba 有一个备用电池，但这个备件在末端上有酸性腐蚀。他的电量仅能到达附近的一个小岛，在那里他可能会找到帮助。不幸的是，岛上唯一的东西是一个自主机器人完全控制的化学实验设施。这也不是太糟，Midamba 设想如果该设施中有一个化学品可以中和电池酸，他就可以清洁他的备用电池，然后上路。设施前面的办公室由几个机器人占据，室内有一些装化学品的容器、烧杯和试管，但他没有办法确定是否有用。办公室与一个存储其他化学品的仓库区隔离，没有明显进入该区域的途径。从机器人运动的仓库区的两个监视器里，Midamba 可以看到机器人在运输容器、标记容器、举起物体等。

前面的办公室里也有一台电脑、一个麦克风和一本 Cameron Hughes 和 Tracey Hughes 编著的名为《机器人编程实战》的手册。幸运的话，他会在手册里找到一些内容，指导他如何编程一个机器人去寻找和取回他需要的化学品。图 1-12 和图 1-13 所示的是 Midamba 困境的开始。

　　现在，我们跟随 Midamba 的例子，他也将贯穿该手册。他翻开的第 1 章是"机器人词汇"。

图 1-12　Midamba 的困境

图 1-13 Midamba 的困境继续

## 1.3 下文预告

在第 2 章中，为了让机器人自主执行你想要它做的任务，我们将讨论如何把机器人语言和人类语言转化为机器人可以理解的语言。

# 第 2 章

# 机器人词汇

**机器人感受训练课程 2：**机器人的动作只会和描述这些动作的指令一样好。

机器人也有语言，它们讲的是微控制器语言。人类讲的是自然语言（如广东话、约鲁巴语、西班牙语）。我们使用自然语言相互交流，但是与机器人交流，我们要么建立机器人理解的自然语言，要么以机器人可以处理的语言寻找某种可以表达我们意图的方式。

目前，构建可以充分理解自然语言的机器人只取得了一点进展。因此，我们的任务是寻找以自然语言之外的其他语言来表达我们的指令和意图。

回忆一下解释器和编译器的角色（先前图 1-10 所示，这里图 2-1 再次给出）是将一种高级语言（如 Java 或 C++）转换为一种低级语言（如汇编、字节码或机器语言）。

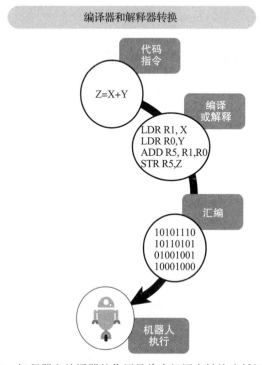

图 2-1　解释器和编译器的作用是将高级语言转换为低级语言

**注释**

重要术语 – 控制器或微控制器是可编程的机器人组件，支持机器人的动作及行为的编程。根据定义，一个连微控制器都没有的机器不是机器人。

有一个策略是折中满足机器人。即寻找一种人类易于使用且不难转换为机器人语言（例如微控制器）的语言，然后使用编译器或解释器进行转换。Java 和 C++ 是用于编程机器人的高级语言，它们是第三代语言，相比直接用机器语言或汇编语言（第二代）编程有很大的进步，但它们不是自然语言，想利用它们表达人类想法和意图仍然需要更多的努力。

## 2.1  为什么需要更多努力

通常需要通过几条机器人指令来实现一条高级或人类语言指令。例如，下面这条简单且单一的人类语言指令：

机器人，握着这罐油

该指令涉及机器人的几条指令。图 2-2 显示了基本通用机器人转换器（Basic Universal Robot Translator，BURT）的一个部分转换，分别将这条指令转换为可以传递给机器人的 Arduino sketch 代码（C 语言）和 RS Media（来自 Wow Wee 公司的两足机器人，使用嵌入式 Linux 的 ARM9 微控制器）代码（Java 语言）。

图 2-2　自然语言转换为 RS Media 代码（Java 语言）和 Arduinosketch 代码（C 语言）的部分 BURT 转换

注意，BURT 转换需要多行代码。在两种情形下，编译器将一个高级语言转换为机器人的 ARM 汇编语言。与 Arduino 语言相比，Java 代码更加远离 ARM。Java 编译器将 Java 编译成与机器无关的字节码，这需要另外一个将其转换为机器特定代码的层。图 2-3 给出了将 C 和 Java 程序转换为 ARM 汇编的一些层。

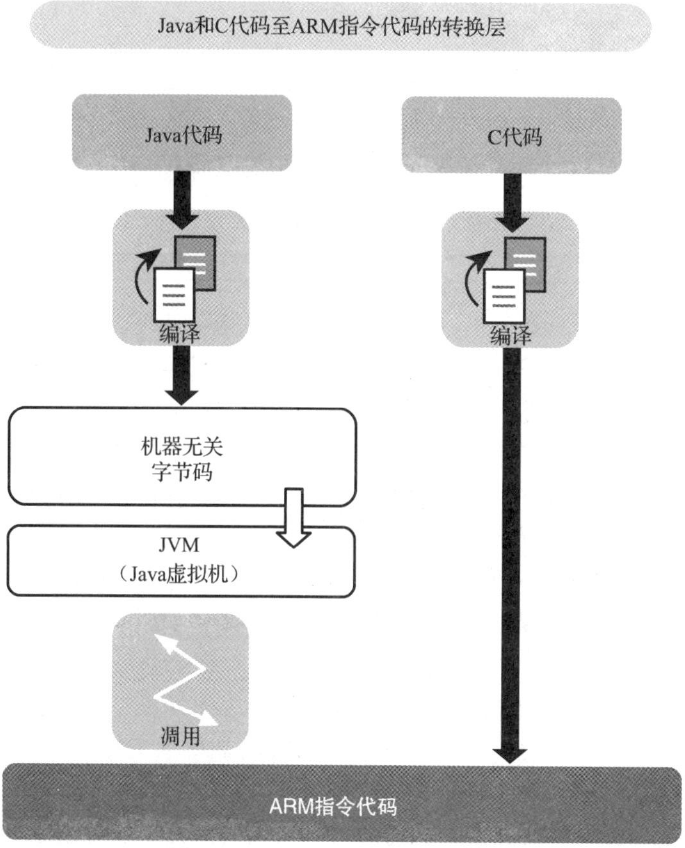

图 2-3 涉及将 C 和 Java 程序转换为 ARM 汇编的一些层

许多用于控制低成本机器人的微控制器都是基于 ARM 的微控制器。如果你对使用汇编语言来编程低成本的机器人感兴趣，ARM 控制器是一个很好的开始。

注意在图 2-3 中，软件层要求从 C 或 Java 到 ARM 汇编顺序进行。但是，对于"机器人握着这罐油"与 C 或 Java 代码之间的转换，必要的工作是什么呢？BURT 转换器展示给我们的是，我们开始一条英语指令，并将它转换为 C 和 Java。

这是如何做到的？为什么这样做？注意，BURT 转换中的指令没有提到罐、油和"握着"的概念。这些概念不是微控制器语言的直接部分，也不是高级 C 或 Java 语言的内置命令。

它们代表了我们想要使用和我们希望机器人理解的机器人部分词汇（但还不存在）。

然而，在我们可以决定机器人词汇看起来像什么之前，我们需要熟悉机器人的轮廓和能力。思考下面这些问题：

- 它是什么样的机器人？
- 机器人有什么类型的传感器以及有多少？
- 机器人有什么类型的末端作用器以及有多少？
- 它是如何移动的，等等？

 **注释**

对于一个特定的态势或场景，机器人词汇是用于给机器人指派任务的语言。编程一个有用的自主机器人的主要功能就是创建机器人的词汇。

**注释**

重要术语，传感器是机器人的眼睛和耳朵，它们是机器人接收其直接环境输入、信号、数据或信息的组件，也是机器人进入这个世界的接口。

末端作用器是允许机器人在其环境中处理、操纵、改变或控制对象的硬件，也是促使机器人的运动对其环境产生影响的硬件。

机器人词汇与机器人的能力密切相关。例如，如果机器人没有设计用于举起的硬件，我们就不能给机器人一个举起某物的指令。如果机器人不是移动型的，我们就不能给机器人一个移动至特定位置的指令。

我们可以用两种方式来实现机器人及其词汇：

- 创建一个词汇，然后获得一个具有相应能力的机器人。
- 基于将要使用的机器人能力创建一个词汇。

无论哪种情况，必须明确机器人的能力。机器人的能力矩阵可用于此目的。表 2-1 给出了称为 Unit2 的机器人的一个样本能力矩阵，Unit2 是本书中我们用来举例的 RS Media 机器人。

表 2-1　RS Media 机器人的能力矩阵

| 机器人名字 | 微控制器 | 传感器 | 末端作用器 | 移动性 | 通　信 |
|---|---|---|---|---|---|
| Unit2 | ARM7（Java 语言） | 3 色灯 | 右臂夹持器 | 两足动物 | USB 接口 |
| | | 摄像机 | | | |
| | | 声音 | 左臂夹持器 | | |
| | | 触摸、碰撞 | | | |

对于机器人的潜在技能设置，能力矩阵给我们提供了一个易于使用的参考。最初的机器人词汇必须依赖于机器人的基本能力集。

**注释**

　　没有一个合适的机器人词汇。的确，机器人使用的是一些常见动作，但是在任何给定态势中为机器人选择什么样的词汇完全取决于设计者或程序员。

　　基于特定的机器人能力和其所处的场景，你可以自由设计自己的机器人词汇。注意在表 2-1 中，机器人 Unit2 有一个摄像机和颜色传感器。因此 Unit2 可以看见对象，这就意味着我们可以使用像注视、看、照相或扫描这样的词。

　　成为一个两足动物意味着 Unit2 是可移动的。因此，词汇可以包括像移动、漫步、步行或行进这样的词。Unit2 有一个 USB 接口，表明我们可以使用像打开、连接、断开、发送和接收这样的词。最初的机器人词汇形成了程序员发给机器人指令的基础，它会执行所要求的任务。

　　如果我们再看表 2-1 中的能力矩阵，允许我们给 Unit2 指令的可能词汇包括：

- 向前运动
- 扫描一罐蓝色的油
- 举起一罐蓝色的油
- 给这罐油拍照

　　本书将向你介绍的最重要概念之一是如何提出一个机器人词汇，如何利用机器人所具有的能力实施一个词汇，以及如何确定机器人微控制器可以处理的词汇。在前面的例子中，Unit2 的 ARM 9 微控制器不能识别下面的指令：

- 向前运动或扫描一罐蓝色的油

　　这是我们想要使用的机器人词汇。在这种情况下，我们想要机器人执行的任务涉及向前运动，寻找一罐蓝色的油，举起它，然后给它拍照。我们希望能尽可能简单地传达这一系列任务。

　　我们具有某个想要自主机器人在其中扮演角色的态势或场景，然后开发一系列捕获或描述我们所希望机器人扮演角色的指令，并且希望这一系列指令代表了机器人的任务。在特定态势或场景中成功编程一个扮演有用角色的自主机器人，创建机器人词汇是这整个过程中的一环。

## 2.2　确定动作

　　提出机器人词汇的初始步骤之一是创建能力矩阵，然后基于该矩阵确定机器人可以执行的各种动作。例如，在表 2-1 示例中，可能列出的动作为：

- 扫描
- 举起

- 捡起
- 前进
- 停止
- 连接
- 断开
- 放下
- 降落
- 向前移动
- 向后移动

最后，通过扫描、传送、连接等，我们必须告知机器人我们的意图。我们认为 Unit2 有潜能能够扫描一罐蓝色的油。"蓝色罐装油"在何处符合我们的基本词汇？

虽然表 2-1 说明我们的机器人有颜色传感器，但是能力矩阵里没有任何关于罐装油的东西，这就将我们带入本书的另一个重点：

- 一半的机器人词汇是关于机器人的情况或能力。
- 机器人词汇的另一半是关于期望机器人运行的场景或态势。

这些都是编程一个有用自主机器人必不可少的重要概念，本书的剩余部分都在阐述这两个重要观点。

## 2.3  自主机器人的 ROLL 模型

你将如何使用它的基本能力来描述机器人？你将如何描述机器人在给定态势或场景中所扮演的角色？设计并实现以上任务，这就是编程自主机器人的全部工作。简言之，要想编程一个机器人，你需要能够描述：

- 做什么
- 何时去做
- 何地去做
- 怎样去做

同样重要的是对机器人描述"它"是什么，"何时"或"何地"指的是什么。正如我们所看到的，这就要求几个层级的机器人词汇。

按照我们的设想，一个自主机器人的机器人词汇分为 7 层，我们称之为机器人本体语言层级（Robot Ontology Language Level，ROLL）模型。图 2-4 展示了 ROLL 模型的 7 个层级。

---

  **注释**

本书中，我们使用本体这个词作为一个机器人场景或态势的描述。

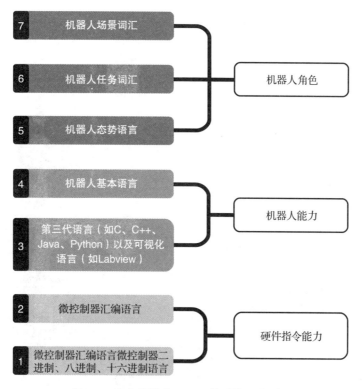

图 2-4　自主机器人 ROLL 模型的 7 个层级

现在，我们只关注那些可能出现于 7 个层级之中任何位置的机器人编程。这 7 个层级大致可以分为两组：

- 机器人能力
- 机器人角色

 小贴士

把 ROLL 模型放在便于查看的位置，因为我们会经常参考它。

### 2.3.1　机器人的能力

1 ~ 4 层级中的机器人词汇基本上是针对机器人的能力，即针对机器人的硬件，它可以采取什么样的行动以及如何实现这些行动。图 2-5 显示了这些语言层级是如何相关联的。

层级 4 的机器人词汇由层级 3 的指令实现，我们稍后会进行延伸。根据层级 4 的机器人基本词汇，我们使用层级 3 的指令去定义我们想要表达的东西。正如你所记得的，层级 3 的指令（第 3 代语言）经由解释器或编译器转换为层级 2 或层级 1 的微控制器指令。

### 2.3.2 场景和态势中的机器人角色

图 2-4 所示机器人的 ROLL 模型的 5 ~ 7 层级负责给予机器人关于特定场景和态势指令的机器人词汇。自主机器人执行特定场景或态势中的任务。

我们以第 1 章中图 1-9 的生日机器人 BR-1 为例。我们设定一个生日聚会场景，机器人的任务是点燃蜡烛并且在聚会结束后清除盘子和杯子。

一个态势是场景中一个事件的快照。比如，生日聚会机器人 BR-1 的一个态势是桌子上一个未点燃蜡烛的蛋糕，另外一个态势是机器人走向蛋糕，还有一个态势是定位打火机与蜡烛的距离，等等。任何场景都可以视为一个许多态势的集合，当把所有的态势组合在一起时就是一个场景。对于一个给定的场景，如果机器人正确执行其角色中的所有任务，那么我们就认为它是成功的。

#### 层级 5 的态势词汇

层级 5 是描述场景中特定态势的词汇。让我们一起看下第 1 章中机器人场景 1 的一些态势：其中 Midamba 发现自己处于困境；在一个研究设施里有机器人和化学品；一些化学品是液体，其他的是气体；有些机器人是移动的，其他的没有；研究设施有一定的规模、货架和容器；机器人位于设施中它们的指定位置。对于 Midamba 的困境，利用层级 5 的词汇，图 2-6 给出了一些必须定义的东西。

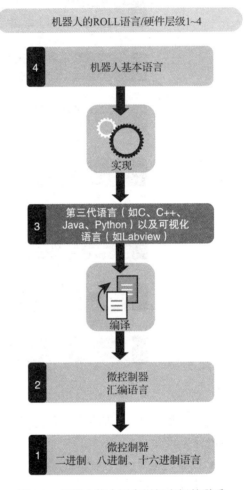

图 2-5　机器人能力语言层级之间的联系

在场景 1 中，Midamba 有一些态势要求机器人能够处理相关词汇，如下：

- 研究设施所处区域的大小
- 区域中容器的位置
- 区域中容器的大小
- 货架的高度
- 化学品类型等

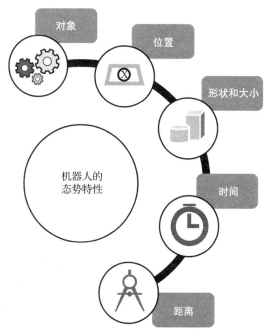

图 2-6　层级 5 词汇描述的态势特性

> 🔍 **注释**
>
> 注意，描述这些特性的机器人词汇不同于那种描述机器人基本能力的词汇。在一个机器人采取每个行动之前，我们可以描述当前态势。在该机器人采取每个行动之后，我们可以描述当前态势。一个机器人采取的行动总是以一种或更多方式改变态势。

**层级 6 的任务词汇**

层级 6 的词汇类似于层级 4 的词汇，因为它描述了机器人的行动和能力。差异表现为层级 6 的词汇所述的行动和能力是态势的具体特征。

例如，如果 Midamba 获取了表 2-1 能力矩阵中所列硬件配置的 Unit2 机器人，一个合适的任务词汇将支持如下指令：

- 行动 1——扫描货架而寻找一罐蓝色的油
- 行动 2——测量油的等级
- 行动 3——如果它是 A 级且至少包含 2 夸脱，取走这罐油

> 🔍 **注释**
>
> 注意，所有行动都涉及一个特定态势的词汇具体说明。因此，层级 6 的任务词汇可以看作层级 4 词汇的一个态势具体说明。

### 层级 7 的场景词汇

我们的机器人程序员新手 Midamba 面对这样一个场景：研究区域中的一个或多个机器人必须识别某种可以帮助他给原电池充电或中和备用电池上的酸的化学品。一旦识别出该化学品，机器人必须取回交给他。态势中的一系列任务构成了该场景。Unit2 的场景词汇综合起来描述如下：

- Unit2，从你当前位置开始扫描货架，直到你找到一个可以为我的原电池充电或清除我备用电池上酸的化学品，然后取回该化学品并将它交给我。

理想的情况下，层级 7 的机器人词汇允许你编程机器人以直截了当的方式去完成这个任务集。实用的自主机器人必须有某种有用和有效的层级 7 词汇。图 2-7 给出了机器人词汇 5 ~ 7 层级之间的联系。

5 ~ 7 层级的词汇允许程序员在一个给定态势和场景中描述机器人的角色，以及机器人将如何完成这个角色。

## 2.4 下文预告

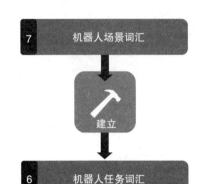

图 2-7  5 ~ 7 层级之间的联系

本书第 1 部分专注于编程机器人的能力，如传感器、动作和末端作用器编程。第 2 部分专注于编程机器人执行特定态势或场景中的角色。记住，你可以在任何语言层级上对一个机器人编程。

有时，有些编程工作可能已经提前完成。但是真正在某个场景中成功对自主机器人编程需要一个合适的 ROLL 模型并逐一实现。在我们更加详细地描述 Midamba 的机器人和它们的场景之前，我们将在第 3 章中描述如何进行机器人场景图形规划。

# 第 3 章
# 机器人场景图形规划

**机器人感受训练课程 3**：不要命令机器人去执行一个你想象不出它会怎样执行的任务。

正如第 2 章所描述的，机器人词汇是在一个特定态势或场景下给机器人指派任务的语言。一旦建立了一个词汇，接下来就是列出机器人利用这些词汇去执行任务的指令。

制作你想要机器人去执行的场景和指令的图片或"图形表示"，将会是确保机器人恰当执行任务的最佳方式。机器人将要执行指令的图会提示你将它们转换为代码之前先考虑好各个步骤。图形可以帮助你理解这个过程，研究图形可以通过看到待办事项来改善开发，而阐明该图形可能会提出另外一个问题。我们称之为机器人场景图形规划（Robot Scenario Visual Planning, RSVP）。RSVP 是一个图形，它有助于你制定机器人的指令规划，由 3 类图像构成，即：

- 场景实体环境的平面图
- 机器人和目标状态的状态图
- 任务指令的流程图

对于编程一个机器人去执行拯救世界的伟大壮举还是在蛋糕上点燃蜡烛，这些图形确保你对必须做什么有一个"清晰的画面"。RSVP 可以用于任意组合。有些情况下，流程图可能比状态图更有用。对于其他情况，状态图是最好用的。我们的建议是，不论使用状态图还是流程图，都需要一个平面图或规划图。

俗话说"千言不如一画"，意思就是和大量描述性文字相比一个简单的图形可以传递十分复杂的想法。我们从小学阶段就伴随这一观念长大，尤其当我们试图求解应用题时；画一幅关于应用题主要想法的图画之后，如何解决它神奇地变得清晰起来。这个观念现在仍然有用。在这种情况下，画一幅环境、状态图和流程图的画不仅胜过千言，甚至胜过一千条指令。开发一个 RSVP 可以让你规划场景中的机器人导航。针对各种态势中的任务制定出指令步骤，以避免直接写代码的尝试和错误。

## 3.1 建立场景地图

RSVP 的第 1 部分是一个场景地图。地图是将要发生的任务和态势所在环境的符号化表示。场景环境是机器人在其中运行的一个世界。图 3-1 展示了 NXT Mindstorms 机器人的经典试验台。

图 3-1 所示的试验台是 Mindstorms 机器人套件的一部分。试验台呈长方形，约 0.6m 宽、
0.76m 长。试验台上有 16 种颜色和 38 个部分重复的数
字。试验台上有一系列直线和弧线，还有黄色、蓝色、
红色和绿色的正方形以及不同区域其他颜色的形状。这
个试验台是机器人的世界或环境，用于 NXT Mindstorms
机器人的颜色传感器、电机等的初步测试。

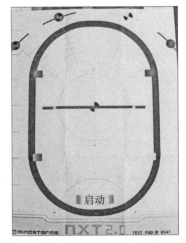

类似试验台，一个平面图显示了将要识别目标的位
置，这些目标是有色正方形、机器人将与之交互的对象
或需要规避的障碍物。如果目标太高或太远，传感器可
能无法确定它们的位置。确定机器人导航到达那些位置
的路径也可以利用该地图来规划。

空间和机器人（机器人足迹）的尺寸可能影响机器人
导航空间和执行任务的能力。例如，对于我们的 BR-1，
什么是蛋糕相对于机器人的位置？有一个路径？有障
碍？机器人可以在空间中移动吗？地图可以帮助回答这
些问题。

图 3-1    NXT Mindstroms 机器人经典
试验台的机器人世界

 **小贴士**
机器人的环境是除了机器人本身之外最需要考虑的因素。

### 3.1.1　创建平面图

地图可以看作一个使用几何形状、图标或颜色表示对象或机器人环境的简单二维规划图
或平面图。对于这种类型的简单地图，描绘精确的尺度不是那么重要，但是对象和空间应该
有某种类型的相对尺度。

使用直线来划定区域，确定测量系统，确保测量系统与 API 函数一致。使用箭头和测量
值标记面积、对象和机器人足迹的大小。最好使用一个矢量图形编辑器创建地图，我们使用
的是 Libre Office Draw。对于 BR-1，图 3-2 给出了机器人环境的一个简单的平面规划图。

在图 3-2 中，指定了感兴趣的对象：机器人、桌子和桌上蛋糕的位置。平面图标记了面
积和机器人足迹的大小。左下角标记为（0，0），右上角标记为（300，400），区域大小以
cm 为单位。对象与 BR-1 之间的距离也予以标记。虽然该平面图没有用比例尺绘制，但是长
度和宽度有一个相对关系。BR-1 的足迹长度为 50cm，宽度为 30cm。

BR-1 将要点燃蛋糕上的蜡烛。蛋糕位于 400cm×300cm 区域的中心。在 100cm×100cm
桌子上放着直径为 30cm 的蛋糕。这意味着 BR-1 机器人的手臂要从桌子边缘伸到 X 维度中
最远一点的蜡烛，应该至少有 53cm 长。机器人手臂到末端作用器前端的最大扩展为 80cm，

并且打火机的长度额外增加了一个 10cm。这项任务还依赖于以下更多考虑：

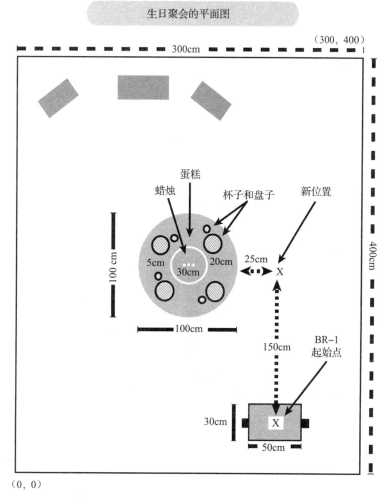

图 3-2 针对 BR-1 机器人环境的一个平面规划图

- 蜡烛的高度
- 蛋糕的高度
- BR-1 的手臂接合点至烛芯顶端的长度
- 机器人的位置

图 3-3 展示了如何计算点燃蜡烛所需的伸展距离。在这种情况下，它是直角三角形的斜边。三角形的直角边 "a" 是烛芯顶端至机器人手臂接合点的高度，为 76cm；直角边 "b" 是桌子的半径加上 3cm 蛋糕中心点至蛋糕上最远蜡烛位置的距离，为 53cm。因此，机器人手臂、末端作用器和打火机所需的到达距离约为 93cm。但是，机器人的到达距离仅有

90cm，因此 BR-1 必须向蛋糕倾斜一点，或使用一个再长 3cm 的打火机点燃烛芯。

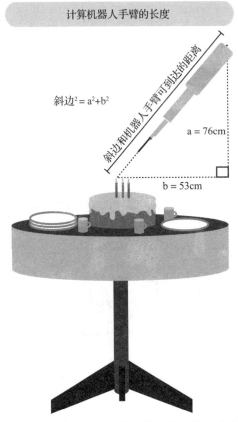

计算机器人手臂的长度

斜边和机器人手臂可到达的距离

$$斜边^2 = a^2+b^2$$

a = 76cm

b = 53cm

图 3-3    计算作为一个直角三角形斜边的机器人手臂的长度

> 🔍 **注释**
>
> 　　确定机器人手臂的位置和所需的扩展远比这个简单的示例复杂，我们将在第 9 章进行讨论。示例中的重点是，规划图（平面图）如何帮助阐明一些重要的问题，并由此指定你的机器人任务。

### 3.1.2　机器人的世界

　　一个机器人实现自主还需要一些关于其环境的细节。考虑一下：如果你去一个什么也不了解的城市旅行，你能把你想要做的事情做得有多好？你不熟悉那里的一切。你需要一个地图或某个人引导你，并告诉你"这里是餐馆"、"这里是博物馆"。自主机器人必须有关于环境的足够信息。机器人掌握的信息越多，可以实现其目标的可能性越大。

**注释**

机器人的世界是机器人执行其任务的环境，它是机器人有意识的唯一世界。环境外的任何事情都不重要，机器人不会意识到。

环境是动态的，所有的环境都不一样。一个机器人可以部分或完全访问其环境。一个完全可访问的环境意味着环境中所有的对象和情况都是在机器人的传感器范围内，没有对象太高、太低或远离机器人而无法检测或与之交互。机器人具有所有必要的传感器以接收来自环境的输入。如果有一个声音，机器人可以用声传感器来检测它。如果有一盏灯亮着，机器人可以用光传感器来对其进行检测。

部分可访问环境意味着环境中有些情况机器人不能检测到，或有些物体机器人不能检测或与之作用，例如因为缺少定位传感器来检测，或缺少末端作用器来拾起。一个180cm高度的物体超出了一个具有80cm臂展和50cm身高机器人的能力范围。如果要求一旦开始唱歌机器人就准备点燃蜡烛，但它没有声传感器会怎么样？声音是环境的一部分，因此，机器人将不能执行这项任务。所以，当创建了可部分访问环境的平面图时，就考虑了"机器人视角"。例如，对于机器人没有访问的对象，使用某个直观的指示符去与那些机器人可以访问的对象进行区分，使用颜色标记或围绕它画一条虚线。

### 确定和不确定环境

控制情况怎么样？机器人能控制其环境的每一个方面吗？机器人是控制或操纵其环境中对象的唯一力量吗？这是确定环境和不确定环境之间的区别。

对于一个确定环境，下一个状态完全由当前状态和机器人执行的动作决定。这意味着如果 BR-1 机器人点燃蜡烛，这些蜡烛将保持发亮直到 BR-1 将它们吹灭。如果 BR-1 将盘子从桌子上移走，这些盘子将保持在它们被放置的位置。

对于一个不确定环境，比如生日聚会的场景，BR-1 没有吹灭蜡烛。（如果它做了将非常有意思。）聚会的参加者可以移走那些盘子而不只是 BR-1。如果 BR-1 和目的地之间原本没有障碍物，然后一个参加聚会的客人在那放置了一个障碍物会怎样？ BR-1 如何才能在一个动态的不确定环境中执行其任务？

每个环境类型都有自己的挑战。在一个动态的不确定环境中，需要机器人在尝试做任务之前考虑先前状态和当前状态，然后针对是否可以执行这项任务做出决定。表 3-1 列出了一些简短描述的环境类型。

表 3-1　一些简短描述的环境类型

| 环境类型 | 描　　述 |
| --- | --- |
| 完全可访问 | 通过机器人的传感器、执行器和末端作用器，可访问环境的所有方面 |
| 部分可访问 | 机器人无法访问或不能感知一些对象 |
| 确定 | 环境的下一个状态完全由当前状态和机器人执行的动作决定 |
| 不确定 | 环境的下一个状态不完全在机器人的控制之下，对象可能受外部因素或实体影响 |

### 3.1.3　RSVP READ 设置

环境有许多方面不是规划图或平面图的部分，但是当开发任务指令时，它们在某种程度上应该记录以作参考。例如，颜色、重量、高度、甚至物体的表面类型都是可检测的特性，这些特性可由传感器识别或者影响电动机、末端作用器、环境类型、可识别的外部力量以及它们对物体的作用。

其中，有些特性可以在平面图中表示。但是，一个 READ 设置可以包含所有的特性。每个环境类型都应该有自己的 READ 设置。

---

 **注释**

在机器人的环境里，机器人环境属性描述（Robot Environmental Attribute Description，READ）设置是一个包含机器人将要遇到、控制和与之交互的一系列目标的概念。它也包含可由机器人传感器检测或影响机器人如何与目标交互的目标特性和属性。

---

例如，颜色是一个由颜色传感器或光传感器识别的可检测特性。物体的重量决定了依靠舵机扭矩的机器人是否可以举起、托住或携带该物体到另一个位置。形状、高度、甚至表面决定了物体是否可以被末端作用器所操纵。

环境的任何特性都是 READ 设置的一部分，如尺寸、照明和地形。这些特性可以影响传感器和电动机能的工作效果。环境照明，无论阳光、室内光或烛光，都不同程度地影响着颜色传感器和光传感器。一个机器人穿过木地板时不同于其穿过沙砾、泥土或地毯，地面影响了轮子的旋转和距离计算。表 3-2 是 Mindstorms NXT 试验台的 READ 设置。

表 3-2　针对 Mindstroms NXT 试验台的 READ 设置

| 对象：物理工作空间 | |
|---|---|
| 属　　性 | 数　　值 |
| 环境类型 | 确定、完全可访问 |
| 宽度 | 24 英寸 |
| 长度 | 30 英寸 |
| 高度 | 0 |
| 形状 | 矩形 |
| 表面 | 纸质（光滑） |
| **对象：颜色（光）** | |
| 属　　性 | 数　　值 |
| 颜色数量 | 16 |
| 光照强度 | 16 |
| 颜色 | 红色、绿色、蓝色、黄色、桔色、白色、黑色、灰色、浅色、银灰色等 |
| **对象：符号** | |
| 属　　性 | 数　　值 |
| 符号 | 整数 |
| 整数值 | 0-30、90、120、180、270、360、40、60、70 |
| 几何 | 线条、弧、正方形 |

针对试验台的 READ 设置描述了工作区，包括它的类型（完全访问和确定）、所有颜色和符号。当执行一个搜寻，比如识别蓝色方块时，它描述了机器人将遇到什么。设置列出了试验台上物理工作区、颜色和符号的属性和数值。

对于一个动态环境，比如生日聚会场景，READ 设置可以包含关于可能与对象交互的外部力量信息。例如，桌子上的盘子和杯子有初始位置，但是社交聚会的客人可能移动他们的盘子和杯子到桌子上的一个新位置。伴随着时间和条件的变化，在 READ 设置里应标示出新的位置。一旦聚会结束，BR-1 将开始清理工作，每个盘子和杯子的位置应该予以更新。表 3-3 是 BR-1 生日聚会的 READ 设置。

表 3-3 生日聚会场景的 READ 设置

| 对象：物理工作空间 | | | | |
| --- | --- | --- | --- | --- |
| 属　　性 | 数值 | 力 | 时间 / 条件 | 新数值 |
| 环境类型 | 不确定<br>部分访问 | | | |
| 宽度 | 300cm | | | |
| 长度 | 400cm | | | |
| 高度 | 0 | | | |
| 形状 | 矩形 | | | |
| 表面 | 纸质（光滑） | | | |
| 照明 | 人工 | | | |

| 对象：蛋糕 | | | | |
| --- | --- | --- | --- | --- |
| 属　　性 | 数　　值 | 力 | 时间 / 条件 | 新数值 |
| 高度 | 14cm | | | |
| 直径 | 30cm | | | |
| 位置 | 150，200 | 外部 | N/A | |
| 放置 | 桌子 | 外部 | N/A | |
| 相关对象 | 蜡烛 | | | |

| 对象：蜡烛 | | | | |
| --- | --- | --- | --- | --- |
| 属　　性 | 数　　值 | 力 | 时间 / 条件 | 新数值 |
| 高度 | 4cm | | | |
| 蜡烛数量 | 3 | | | |
| 位置 | 1 153 200<br>2 150 200<br>3 147 200 | 外部 | N/A | |
| 条件 1 | 未点燃 | BR-1 | 唱歌开始 | 点燃 |
| 条件 2 | 点燃 | 外部 | 唱歌结束 | 未点燃 |

| 对象：盘子 | | | | |
| --- | --- | --- | --- | --- |
| 属　　性 | 数　　值 | 力 | 时间 / 条件 | 新数值 |
| 直径 | 20cm | | | |
| 高度 | 1cm | | | |
| 盘子数量 | 4 | | | |
| 位置 | 1 110 215<br>2 110 180<br>3 170 215<br>4 170 180 | 外部 | 聚会结束后 | 所有位于<br>110 215<br>（堆叠）<br>高度 2cm |

（续）

| 对象：杯子 | | | | |
|---|---|---|---|---|
| 属　　性 | 数值 | 力 | 时间 / 条件 | 新数值 |
| 直径 | 5cm | | | |
| 高度 | 10cm | | | |
| 杯子数量 | 4 | | | |
| 位置 | 1 119 218 | 外部 | 聚会结束后 | 所有位于 |
| | 2 105 189 | | | 119 218 |
| | 3 165 224 | | | （堆叠） |
| | 4 163 185 | | | 高度 14cm |

这个 READ 设置有三个额外列：

- 力
- 时间 / 条件
- 新数值

力是与对象相互作用的源头，它是在环境中工作的某种非机器人的东西；时间 / 条件表示何时或在什么条件下力与对象相互作用；新数值是不言自明的。

## 3.2　伪代码和绘制 RSVP 流程图

流程图绘制是一个用来制定目标对整个系统控制流程的 RSVP，是一个可以包括任何一种循环、选择或决策的指令行线性序列。通过使用表示某种工作类型的特殊框符号，流程图解释了这个过程。方框内显示的文本描述了一个任务、过程或指令。

流程图是一种状态图（本章稍后会进行讨论），因为它们也包含被转换为动作和活动的状态。决策和重复的事情很容易表示，并且作为一个分支的结果也可以简单描述。有些人建议在写伪代码之前进行流程图绘制。伪代码具有易于转换为一种编程语言或用于编制一个程序的优势。流程图很容易更改，使用流程图软件修改流程图只需要增加一点工作量即可完成。

表 3-4 列出了伪代码和流程图绘制各自的优缺点。两者都是制定步骤的有力工具。在一个特定时间内、一个项目里，具体选用哪个属于个人喜好问题。

表 3-4　伪代码和流程图绘制各自的优缺点

| RSVP 类型 | 优　　点 | 缺　　点 |
|---|---|---|
| 伪代码：<br>　利用自然语言和程序设计语言的结合描述计算机指令的一种方法 | 在任何文字处理器里可轻松创建和修改在任何设计里，实现都是有用的；<br>易于书写和理解；<br>易于转换为一个编程语言 | 不直观<br>没有标准化的风格或形式<br>更难以遵循逻辑 |
| 流程图绘制：<br>　一页从上到下的流程。每个命令放置于一个合适形状的框中，箭头用于指示程序流程 | 直观，易于和他人交流<br>可以更加有效地分析问题 | 针对复杂逻辑可能变得复杂和笨拙<br>改动可能需要完全重绘 |

流程图绘制中常用的四种符号为:

- 开始和停止:开始符号表示流程图的开始,标签是出现在符号里的"开始"。停止符号表示流程图的结束,标签是出现在符号里的"停止"字样。它们是唯一以关键词为标签的符号。
- 输入和输出:输入和输出符号包含用于输入的数据(例如用户提供)和处理结果的数据(输出)。
- 决策:决策符号包含一个问题或一个必须做出的决定。
- 过程:过程符号包含一个规则或某个动作发生的简短描述(几句话)。

图 3-4 展示了流程图绘制的常用符号。

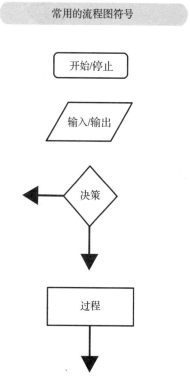

**常用的流程图符号**

每个符号有一个入站或出站箭头指向一个符号或来自另一个符号。开始符号只有一个出站箭头,停止符号只有一个入站箭头。"开始"符号表示流程图的开始,以出现在符号的里的"开始"字样为标签。"停止"符号表示流程图的结束,以出现在符号的里的"停止"字样为标签。它们是唯一以关键词为标签的符号。决策符号包含一个问题或一个必须做出的决定。过程符号包含一个规则或某个动作发生的简短描述(几句话)。决策符号有一个入站箭头和两个出站箭头,每个箭头表示一个经由过程的决策路径,该过程始于此符号:

- 真 / 是
- 假 / 否

过程、输入和输出符号有一个入站箭头和一个出站箭头。符号包含描述规则或动作、输入或输出的文本。图 3-5 给出了"点燃蜡烛"的流程图。

图 3-4  流程图绘制的常用符号

注意,流程图的开始,在"开始"符号下面,BR-1等待直到唱歌开始。对唱歌是否已经开始做出决定。两种选择:如果唱歌还没有开始,"假 / 否"为问题答案,BR-1 继续等待;如果唱歌开始进行,"真 / 是"为问题答案,BR-1 进入一个循环或决定。

如果有蜡烛点燃,那就是决策。如果"是",获得下一根蜡烛的位置,定位机器人手臂至点燃蜡烛芯合适位置的距离,然后点燃蜡烛芯。一个输入符号用于接收点燃下一根蜡烛的位置。BR-1 准备点燃所有的蜡烛,一旦完成任务就停止。

## 3.2.1  控制流程和控制结构

机器人执行的任务可以是一系列逐步进行的步骤,是一个顺序控制流。控制流术语详细

说明了过程进行的方向，即程序控制"流"。控制流决定了当给定一定的条件和参数时一个
计算机将如何响应。图 3-6 给出了一个顺序控制流的例子。在生日场景的另外一个机器人是
BR-3，它的任务是为来宾开门，图 3-6 展示了这项任务的顺序控制流。

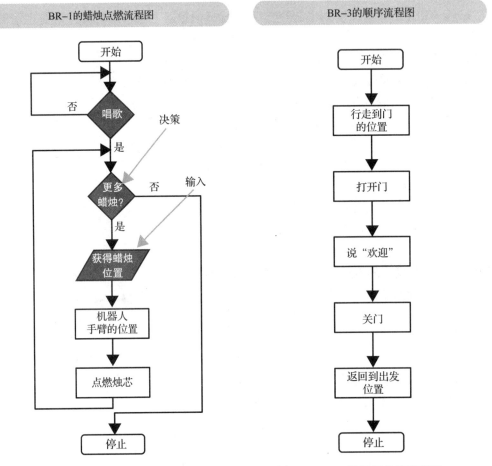

图 3-5  点燃蜡烛的流程图            图 3-6  BR-3 执行任务的流程图

机器人走向门，打开，说"欢迎"，然后关门并回到"原始位置"。这看起来像一个相
当草率的主人。给 BR-3 表示来宾在门口的信号的门铃响了吗？如果有人在门口，说"欢迎"
后，BR-3 在关门之前让来宾进来了吗？ BR-3 生日聚会上应该能够以一种可预测方式行事。
这意味着基于事件做出决定，做重复的事情。决策符号用于为其他流控制构建分支，用来表
达决定、重复和选择语句。一个简单的决策是一个 if-then 或 if-then-else 语句的结构。

图 3-7a 展示了一个针对 BR-3 的简单 if-then 决策。"如果门铃响了，则走到门的位置并
打开门"。现在，在说"欢迎"之前，BR-3 将等待直到来宾进门。注意，如果来宾还未进门
可以采取可选择动作，BR-3 将等待 5 秒然后检查来宾是否已经进门。如果"是"，则 BR-3

说"欢迎"并关门。这种 if-then-else 决策在图 3-7b 给出,可选择动作是等待。

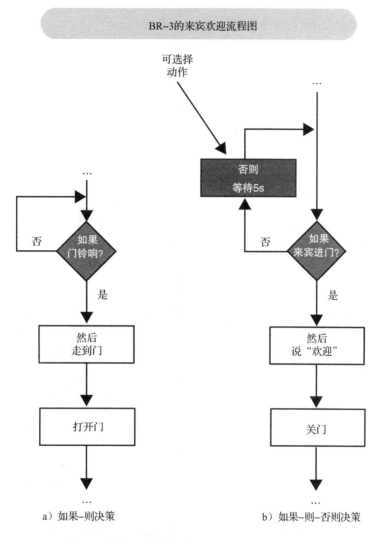

图 3-7    如果 – 则和如果 – 则 – 否则决策的流程图

在图 3-7 中,需要回答的问题(或条件测试)是门铃是否已经响了。在 BR-3 准备开门之前,如果确定会遇到超过一个问题/条件测试会怎样? 关于 BR-1,在点燃蜡烛之前,如果一定会遇到多个条件将会怎样:

■ "如果唱歌并且打火机打着了则点燃蜡烛"。

■ 在这种情况下,两个条件都要满足,这就是所谓的嵌套决策或条件。

如果一个问题或情况有很多不同的可能的答案,并且每个答案或情况都有不同的动作要执行,将会怎样? 例如,当 BR-1 或 BR-3 经过房间时遇到一个物体,它必须绕开物体而到达目的地，这将如何处理。它可以检测路径上物体的距离以决定采取何种规避物体的动作。如果物体在一定距离范围内，BR-1 和 BR-3 向左转 90° 或 45°，选择物体周围另外一个路径，然后再继续原来前往它们目的地的路径，如图 3-8 所示。

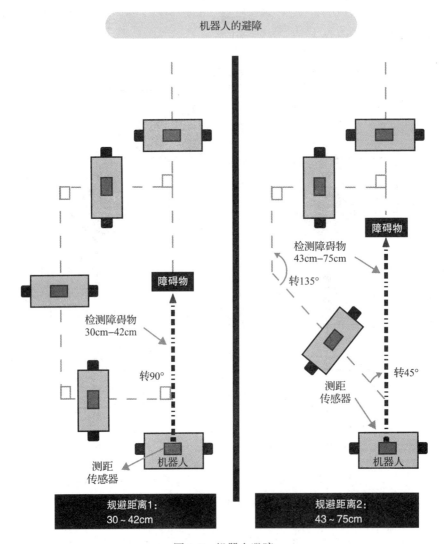

图 3-8　机器人避障

该流程图可以表示为一系列决策或一个选择语句。一种情况是在一个问题上有几个可能答案的决策。对于这一系列决策，同样的问题被问了三次，每一个都有不同的答案和动作。对于选择语句，问题仅表达一次。图 3-9 对比了这一系列决策和选择语句，阅读和理解起来更加简单。

图 3-10 给出了重复和循环。在一个循环中，一个简单的决策伴随一个条件测试之前或

之后执行的动作。根据结果，再次执行动作。在图 3-10a 中，动作将至少执行一次。如果条件没有满足（唱歌没有开始－也许每个人玩得太开心了），机器人必须继续等待。这是一个 do-until 循环的例子，"do"这个动作"until"条件为真。while 循环首先执行条件测试，如果满足则执行动作。这在图 3-10b 中给予描述，唱歌还没有开始时，等待，BR-1 将循环和等待直到唱歌开始；和 do-until 循环相比，差异是在条件满足后执行等待。另外一种类型是 for 循环，如图 3-10c 所示，其中条件测试控制循环执行的特定次数。

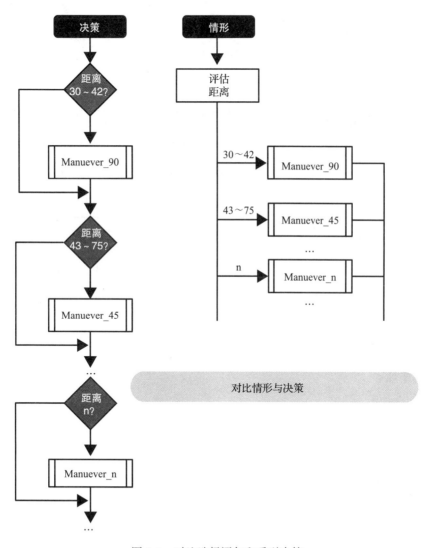

图 3-9　对比选择语句和系列决策

## 3.2.2　子程序

当考虑机器人在一个场景或态势中扮演什么角色时，角色分解为一系列动作。BR-1 的角色是一个生日聚会上的主人，该角色分解为 4 个状态：

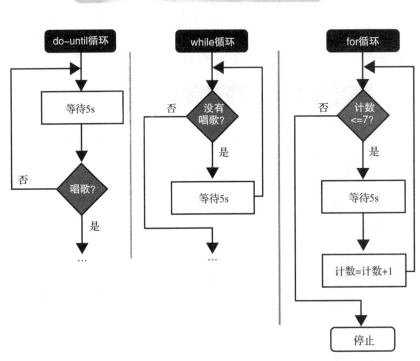

图 3-10　重复流程图：（a）do-until 循环，（b）while 循环，（c）for 循环

- 空闲
- 行走
- 点燃蜡烛
- 等待
- 拿走盘子

这些状态可以分解为一系列动作或任务：

1. 等待直到唱歌开始。
- 走到生日蛋糕桌。
- 点燃蛋糕上的蜡烛。
- 回到原始位置。
2. 等待直到聚会结束。
- 拿走蛋糕桌上的盘子。
- 回到原始位置。

这些都是任务的简短描述。每个任务可以进一步分解为一系列的步骤或子程序。"点燃

蜡烛"是一个复合状态，可以分解为其他的子状态：

- 定位烛芯
- 点燃烛芯

实际上，"从蛋糕桌上拿走盘子"和"回到初始位置"也应该分解为一些子程序。从蛋糕桌上拿走盘子需要拿走每个盘子和杯子的机器人手臂定位子程序，行走则需要电机转动的子程序。

图 3-11 给出了点燃蜡烛及其定位烛芯和点燃烛芯子程序的流程图。

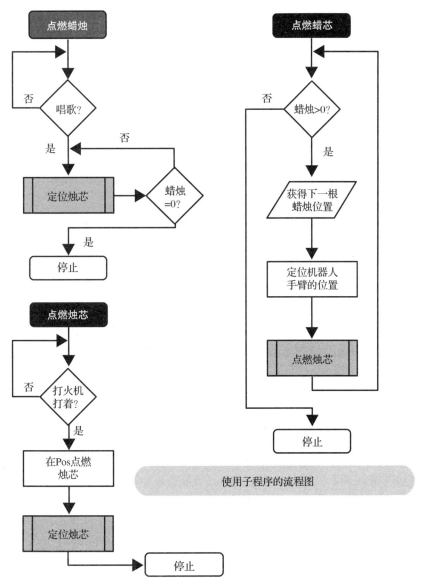

图 3-11 点燃蜡烛、定位烛芯和点燃烛芯子程序的流程图

子程序符号和过程符号一样，但是它包含子程序的名字，名字两边各有一条垂直线。子程序的名字可以是一个描述子程序意图的短语。

然后将流程图开发为这些子程序。使用子程序的优势是不必马上弄明白细节，可以暂时不用考虑搞清楚机器人具体如何执行一个任务。可以先制定最高级别的过程，然后对动作（任务）进行分解。

在机器人的设计过程中，如果在不同地方使用了类似的步骤，可以提取为一个子程序并用通式表达。这个过程可以用通式表达并放置在子程序中，以备需要时调用，而非重复一系列步骤或开发不同子程序。例如，行走过程分为 BR-1 行走到蛋糕桌的一系列步骤（TabelTravel）和随后返回原始位置的一系列步骤（OriginTravel），这些都是具有不同开始和结束位置的相同任务。需要一个使用机器人当前和最终位置的 Travel 子程序，而非两个使用开始和结束位置的子程序。

## 3.3  目标和机器人状态图

状态图是状态机的一种可视化方式。

 **注释**

状态机是在一个环境中单一机器人或物体的行为模型。状态是当某事发生时机器人或物体所经历的转换。

例如，"状态改变"可以简单看作位置的改变。机器人从它的初始位置走到桌子旁边的位置就是一个机器人的状态改变。另外一个例子是生日蜡烛从未点燃状态到点燃状态的改变。状态机捕捉事件、转换并响应。状态图是这些活动的一个图解。状态图用于捕获目标在场景中的可能态势。正如你在第 2 章所学到的，一个态势是场景中一个事件的快照。BR-1 可能的态势为：

- **态势 1**：BR-1 等待信号移动到新位置
- **态势 2**：BR-1 走到蛋糕桌
- **态势 3**：BR-1 接近尚未点燃蜡烛的桌上蛋糕
- **态势 4**：BR-1 定位打火机至蜡烛的距离，等等。

所有这些态势代表了机器人状态的变化。当某事发生时，机器人或目标的状态发生变化。事件可以是一个信号、一个操作结果或只是时间的流逝。当一个事件发生时，根据对象的当前状态，发生某个动作。当前状态决定了事件可能是什么。事件作为产生一个条件的触发或刺激，在这个条件里状态可能发生变化。这种从一个状态到另一个状态的变化被称为转换。目标从源状态即状态 A，向目标状态即状态 B 转换。图 3-12 展示了 BR-1 的一个简单状态机。

图 3-12 显示了 BR-1 的两种状态：空闲或行走。当 BR-1 处于空闲状态，它在等待一个事件发生，该事件是一个包含机器人新位置的信号。一旦机器人接收到这个信号，它就从空闲状态向行走状态转换。BR-1 继续前进直到它到达目标位置。一旦到达，机器人从行走状态回到空闲状态。信号、动作和活动可能由对象或外部力量执行或控制。例如，新的位置将不是由 BR-1 产生，而是其他的作用者。BR-1 在行走时具有检查其位置的能力。

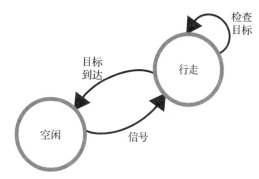

图 3-12　BR-1 的状态机

**开发状态图**

正如前文所述，状态是一个对象的条件或态势，代表对象生命过程中的一个转换。状态机展示了状态和状态之间的转换。表示状态机的方式很多，在本书中，我们将状态机表示为使用统一建模语言（Unified Modeling Language，UML）的状态图。状态图用额外的符号表示事件、动作、条件、转换部分、状态部分和类型。

三种状态类型：

- 初始：状态机的默认起点。用一个实黑点来表示转换的第一个状态。
- 最终：结束状态，意味着对象到达了生命周期的终点，用内嵌实心点的圆表示。
- 复合状态和子状态：一个状态包含另外一个状态就被称为超级状态或复合状态。

状态具有不同的部分，表 3-5 列出了状态部分的简短描述。一个显示其名字的状态节点也可以表示本表列出的状态部分。这些部分可以用来表示对象转换到新状态时发生的过程。一旦对象进入和离开状态可能要采取动作。当对象处于一个特定状态时，可能必须要采取动作。所有这些都可以在状态图中进行标记。

表 3-5　状态部分

| 部　　分 | 描　　述 |
|---|---|
| 名称 | 该状态区别于其他状态的特有名称 |
| 进入 / 退出动作 | 当进入状态（进入动作）或退出状态（退出动作）时所执行的动作 |
| 复合状态 / 子状态 | 一个嵌套的状态；子状态是在复合状态内部被激活的状态 |
| 内部转换 | 在状态中发生的转换不会引起该状态的变化，不用执行进入和退出动作 |
| 自我转换 | 在状态中发生的转换不会引起该状态的变化。当退出并再次进入状态时，转换需要执行退出和进入动作 |

图 3-13 展示了状态节点和动作、活动和内部转换的语句格式。

**注释**

在一个状态图中，节点是状态，弧线是转换。状态表示为圆或圆角矩形，图形里面显示状态名。转换是连接源状态和目标状态的弧线，箭头指向目标状态。

进入和退出动作语句使用下列格式：

- Entry/action or activity
- Exit/action or activity

这是一个称为"验证"状态的进入和退出动作语句示例：

- 进入动作：entry/validate(data)
- 退出动作：exit/send(data)

当进入"验证"状态时调用"validate(data)"函数。当退出此状态时调用退出动作"exit/send(data)"函数。

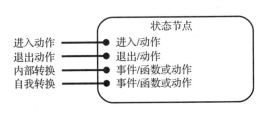

图 3-13　状态节点和语句格式

内部转换在状态内部发生，如果有的话，它们是在进入动作之后和退出动作之前发生的事件。自我转换不同于内部转换。对于自我转换，要执行进入和退出动作。状态在左边，执行退出动作。然后再进入同样的状态并且执行进入动作。在退出动作之后和进入动作之前执行自我转换的动作。自我转换表示为一个回环并指向同一状态的有向直线。

内部转换或自我转换语句格式为：

- Name/action or function

例如：

- do/createChart(data)

"do"是活动标签，函数"createChart(data)"是执行。

一个转换有多个部分，两个状态之间有联系。我们知道触发导致发生转换，动作可以与触发耦合。满足条件也可以导致一个转换。表 3-6 列出了一个转换的部分。

表 3-6　转换部分

| 部　　分 | 描　　述 |
| --- | --- |
| 源状态 | 原始的对象状态；当一个转换发生时，对象离开源状态 |
| 目标状态 | 在转换之后对象进入的状态 |
| 事件触发 | 事件导致转换的发生。一个转换可能没有触发，这意味着对象一旦完成源状态中所有活动，就会发生转换 |
| 守护条件 | 与一个事件触发器关联的一个布尔表达式，当评估结果为真时，就会发生转换 |
| 动作 | 通过一个转换过程中的对象发生来执行一个动作。可能伴随一个事件触发或守护条件 |

**注释**

　　守护条件是一个评估"真"或"假"的布尔数值或表达式，用方括号括起来。守护
条件必须满足，函数才会执行。它可以在一个状态或转换语句中使用。

　　Validated 是一个布尔值。对于 createChart( ) 执行，它是一个必须满足的条件。

　　作为一个状态动作语句，事件触发有以下类似格式：

- Name/action or function
- Name[Guard]/action or function

　　例如，对于一个内部转换语句，可以添加一个守护条件：

- do[Validated]/createChart(data)

　　图 3-14 为 BR-1 的状态图。

　　该图有 5 个状态：空闲、行走、点燃蜡烛、等待和拿掉盘子。当从空闲向行走转换时，
BR-1 获得新的位置并且知道其任务：

- do[GetPosition]/setMission( )

　　行走状态有两个转换：

- 行走至点燃蜡烛
- 行走至清除盘子

　　当目标实现且任务是蜡烛时，行走转换为点燃蜡烛。当目标实现且任务是盘子时，行
走转换为清除盘子。从点燃蜡烛转换，"蜡烛"任务必须完成。从拿掉盘子向最终状态转换，
所有任务必须完成。

　　点燃蜡烛是一个复合状态，包含两个子状态：定位烛芯和点燃烛芯。当进入点燃蜡烛状
态时，已计算出唱歌的布尔值。如果唱歌，则准备点燃蜡烛。首先必须定位烛芯位置，然后
将手臂移动到该位置，最后点燃烛芯。在定位烛芯状态中，进入动作计算出下面表达式：

- Candles > 0

　　如果"真"，当检索到第一个或下一个蜡烛位置时状态退出，然后机器人的手臂移动到
该位置。

　　检索到烛芯位置，BR-1 转换到"点燃烛芯"。进入后，检查打火机是否点着。如果点着，
点燃烛芯（一个内部状态），退出该状态。如果 Candles > 0，则再次进入"定位烛芯"状态。
如果 Candles = 0，则 BR-1 转换到"等待"状态。一直等到聚会结束，然后 BR-1 可以清除
所有盘子。在"等待"状态，有一个"聚会没有结束"的自转换。记住，对于自转换，当状
态处于退出和再进入时，才执行退出和进入动作。在这种情形里，没有退出动作，但有一个
"等待 5 分钟"的进入动作。检查守护条件"聚会没有结束"，如果聚会没有结束，则再次进
入该状态并执行进入动作，BR-1 等待 5 分钟。一旦聚会结束，则 BR-1 转换到"清除盘子"，
这是最后一个状态。如果布尔值"所有任务完成"为真，BR-1 转换到最终状态。但是，有些

对象可能没有到最后状态，则 BR-1 继续工作。状态图有利于处理在生命周期内形势不断变化的对象。它展示了对象从一个状态到另外一个状态的控制流。

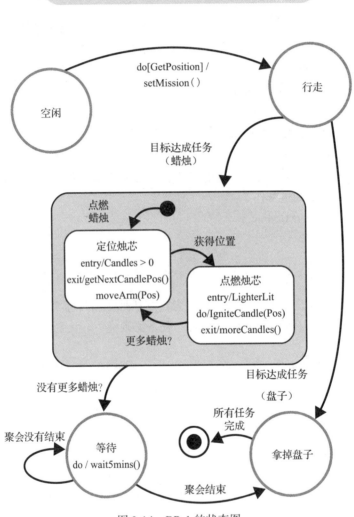

图 3-14　BR-1 的状态图

# 3.4　下文预告

在第 4 章中，我们将讨论机器人能够做什么。这意味着检验机器人微控制器、传感器、电机和末端作用器的能力和局限性。

# 第 4 章
# 检验机器人的实际能力

**机器人感受训练课程 4：**一些机器人表现不佳只是因为夸大了它们的潜力。

了解机器人的真正实力是提出机器人词汇、ROLL 模型或任何有用的编程的一个先决条件。机器人的能力矩阵用来记录一个机器人具有哪些部分和能力。

我们的第一个切入点是来自表 2-1 的一个机器人能力矩阵，其中列出了传感器、末端作用器、微控制器和机器人类型，但那只说明了一部分问题。一些能力直接来自制造商的说明书，但值得注意的是，机器人传感器、执行器、电动机和控制器的说明书通常在理论上是一回事，使用过程中是另外一回事。以一个传感器的说明书为例，任何传感器与执行器的精度都存在一定数量的错误或限制，例如：

- 传感器实际的测量距离小于所描述的测量差异。
- 光传感器所描述的是识别三种颜色，但实际上只识别两种颜色。

 **注释**

记住，执行器 / 电动机最终决定机器人的移动速度。机器人的加速度与其执行器紧密相关。机器人可以举起或托住的重量也由执行器决定。

传感器的误差率可能不明确甚至在文件中完全没有。并不是所有生产的电动机都一样，执行器所支持的精密水平可能有很大差异。

由于传感器、执行器和末端作用器可以通过编程控制，因此性能水平和局限性必须在编程工作之前确定。生产商有时对控制器、传感器或执行器的性能过于乐观，结果这些器件的实际能力所描述的能力不符。在其他情况下，文件中有些低级错误或拼写错误，例如，当应该用 g 表示执行器能力时，文件中却写成了 kg。

如果依据生产商不正确的说明书给机器人发送指令，结果会浪费我们的精力，还可能导致机器人的损坏。例如，执行器和电动机提供了机器人手臂所要求的大部分工作，因此，当执行器实际只能处理 1.8L 时，指示一个机器人手臂举起和搬迁 2L 可能导致机器人伺服机构的损坏或出现某种安全问题。

机器人执行器负载过重是一个常见的故障原因。超过传感器的指定能力是另外一个常见的故障原因。当扫描传感器只能识别一个形状和一种颜色时，依赖于机器人传感器的态势感知，要求对不同大小、形状和颜色的物体进行识别，这是传感器说明书与实际传感器性能之间不匹配的一个典型。

在真正的编程工作开始之前，我们必须检验或测试基本机器人框架的组成，如图 4-1 所示。这些组件是机器人编程的硬件基础，它们中的任何一个都可能造成任务中断。因此，了解每一个组件的基本限制很重要。微控制器包括微处理器、输入 / 输出端口、传感器端口、不同类型的内存、闪存和EEPROM。图 4-2 给出了一个微控制器的基本布局。

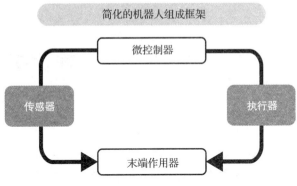

图 4-1　简化的机器人组成框架

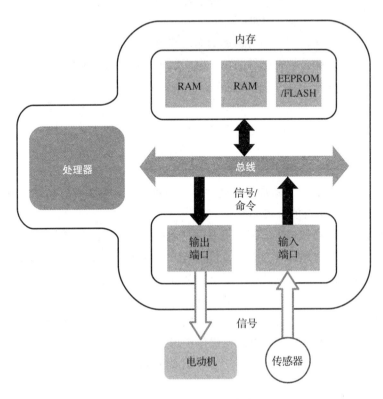

图 4-2　微控制器的基本布局

**注释**

像普通的 ROM 芯片一样，电可擦只读存储器（Electrically Erasable Programmable Read-Only Memory，EEPROM），使用网格和电脉冲创造二进制数据。然而，ROM 芯片和 EEPROM 芯片之间的区别是 EEPROM 芯片可以编程而不需要从计算机上将它们拔下来，这与只能编程一次的基本 ROM 芯片相反。

 **小贴士**

一个机器人可以有多个控制器，了解实际说明书很重要。一个机器人可以有一个针对电动机的控制器、针对伺服机构的控制器以及针对通信的控制器。

## 4.1 微控制器的实际检验

我们想要在微控制器上检验的一些情况是：

- 可供程序使用的实际内存是多少？
- 是否有闪存或从微控制器上可访问的辅助存储？
- 微控制器上的数据传输速率是多少？

我们不希望出现这样一种情况，传感器产生的数据或正在生成的数据超过了微处理器和内存可以处理的能力。我们不希望传感器、电动机和微处理器数据传输速率之间出现不匹配。在开发有用的机器人应用程序时，数据采集速率与数据处理速率是需要考虑的一个重要方面。

微控制器通常使用某种工具来报告系统信息。微控制器工作的运行环境也有某种报告系统信息的方式。本书中，我们将引领你从基本原理开始。

访问信息取决于微控制器所支持的机器人种类。有些机器人通过数字显示器向程序员发送反馈，其他一些机器人将反馈写到程序员可访问的内部存储器或某种外部存储设备。让我们看一看两种常见的低成本机器人微控制器：Arduino Uno 和 Mindstorms EV3。

图 4-3 给出了一张用于控制一个基于 Arduino 机器人手臂的 Arduino Uno 微控制器照片，本书中我们也将基于该型微控制器的机器人手臂作为代码示例。

Arduino ShowInfo 是一个可以用微控制器实现的例子，它可以用于获得连接到一个基于 Arduino 机器人的微控制器的实际规范。键入命令，然后按回车键，我们的 ShowInfo 版本给程序员呈现了一个如代码清单 4-1 所示的菜单。

**代码清单 4-1　Arduino ShowInfo 菜单**

```
i    =    Show information
h    =    Show menu
```

```
r   =   Test serial communication
s   =   Speed tests
t   =   Timer Register Dump
?   =   Show menu
```

图 4-3   Arduino Uno 微控制器的照片

代码清单 4-2 和代码清单 4-3 给出了用于速度测试选项的输出示例。

代码清单 4-2   用于速度测试选项的 Arduino ShowInfo 实用程序的输出示例

```
F_CPU = 16000000 Hz
1/F_CPU = 0.0625 us
```

接下来代码清单 4-3 是用于速度运行时开销补偿的速度输出示例。中断后仍在运行，因为 millis( ) 用于定时功能。

代码清单 4-3   用于速度测试运行时开销补偿的输出示例

```
nop                  : 0.063 us
avr gcc I/O          : 0.125 us
Arduino digitalRead  : 3.585 us
Arduino digitalWrite : 5.092 us
pinMode              : 4.217 us
multiply byte        : 0.632 us
divide byte          : 5.412 us
```

```
add byte                  : 0.569 us
multiply integer          : 1.387 us
divide integer            : 14.277 us
add integer               : 0.883 us
multiply long             : 6.100 us
divide long               : 38.687 us
add long                  : 1.763 us
multiply float            : 7.110 us
divide float              : 79.962 us
add float                 : 9.227 us
itoa()                    : 13.397 us
ltoa()                    : 126.487 us
dtostrf()                 : 78.962 us
random()                  : 51.512 us
y |= (1<<x)               : 0.569 us
bitSet()                  : 0.569 us
analogRead()              : 111.987 us
analogWrite() PWM         : 11.732 us
delay(1)                  : 1006.987 us
delay(100)                : 99999.984 us
delayMicroseconds(2)      : 0.506 us
delayMicroseconds(5)      : 3.587 us
delayMicroseconds(100)    : 99.087 us
```

ShowInfo 实用程序为基于 Arduino 的微控制器工作。大多数微控制器有它们自己的"show info"实用程序版本。对于已经嵌入 Linux 的微控制器，有更多的选项来查找信息。例如，Mindstorms EV3 和 WowWee 公司的 RS Media 微控制器已经在处理器上嵌入 Linux 和信息，打开 proc/info 可以显示关于处理器的一些信息。例如，命令：

```
more /proc/cpuinfo
```

在 EV3 微控制器上产生的输出如代码清单 4-4 所示。

代码清单 4-4　EV3 微控制器上 more /proc/cpuinfo 命令的输出结果

```
Processor        : ARM926EJ-S rev 5 (v5l)
BogoMIPS         : 1495.04
Features         : swp half thumb fastmult edsp java
CPU implementer  : 0x41
CPU architecture : 5TEJ
CPU variant      : 0x0
CPU part         : 0x926
CPU revision     : 5
Hardware         : MindStorms EV3
Revision         : 0000
Serial           : 0000000000000000
```

在 EV3 上执行命令 uname:

```
uname -a
LINUX  EV3 2.6.33-rc4  #5 PREEMPT  CET 2014 armv5tejl unknown
```

展示的是 LINUX 的版本和 EV3 的处理器。

在 EV3 控制器上运行 free 命令展示的输出如代码清单 4-5 所示。

代码清单 4-5　EV3 控制器上运行 free 命令的输出示例

```
root@EV3:~# free
                total        used        free      shared     buffers
    Mem:        60860       58520        2340           0        1468
    Swap:           0           0           0
Total:          60860       58520        2340
```

这些数值给出了微控制器组件的一些识别信息，比如：

- 处理器类型
- 处理器速度
- 内存容量
- 可用内存
- 已用内存空间

为了避免因出厂信息与实际使用之间的差异带来的问题，需要提前将运行微控制器实用程序或观察 /proc/cpuinfo 和 /proc/meminfo 发现的信息与微控制器附带的说明书或数据手册进行对比，并且注意其中任何重要的差异。可用内存限制了可加载到机器人的程序大小，或机器人实时可以处理的传感器或通信数据量。

然而，处理器速度将限制机器人执行指令的效率，以及处理器和端口之间的数据传输速率；可用内存对于处理传感器数据的效率和可处理数据量有重要影响。记住，处理器控制机器人的数据和信号流。因此，像这样的问题：

- 机器人可以处理多少数据？
- 机器人能同时处理的最大数据块是多大？
- 机器人可以同时发送或接收多少个信号？
- 机器人可以处理信号或数据的速度有多快？

都由微控制器的实际能力来回答。微控制器中 ATmega、ARM7 和 ARM9 系列最受欢迎，它们也许是用于移动和自主机器人最常见的低成本微控制器。所有在本书中用作例子的机器人都使用这三个系列的微控制器。

## 4.2　传感器的实际检验

一个机器人拥有红外传感器、超声波传感器、光传感器、颜色传感器、热传感器和化学传感器，这听起来很酷，事实也确实如此。但是很多问题隐藏在细节里。所有传感器都有一定的基线能力并受限于它们的精度，并且相对基线能力有一定误差。所有传感器都受它们收集数据的能力、效率以及测量方式的制约。

超声波传感器的工作原理是通过从目标反射声波和测量接收到反射信号时经历的时间，从而将距离和时间联系起来。但是根据它们的实际测量距离、测量时间的方式等，超声波传感器又有所不同。

颜色传感器也是一种不错的机器人传感器。颜色可以作为机器人编程的一种手段，以确定机器人何时以及采取何种动作。例如，如果目标是蓝色，指示机器人采取动作 A；如果目标是红色，指示机器人采取动作 B；等待直到蓝色变为紫色，等等。

现在讨论我们的机器人，它有一个可以区分红色、绿色和蓝色的颜色传感器。问题是传感器的精度如何？传感器识别哪一种颜色？所有色调的红色？传感器能够报告不同色调的蓝色——海蓝色、天蓝色、水鸭色之间的差异吗？颜色传感器如何精确区分色调？如果我们的机器人是一个炸弹拆除机器人，我们指示它去切割橙色线而不是红色线，会有问题吗？传感器测量物体，机器人使用传感器测量物体。当选择机器人去执行一个任务时，需要考虑机器人传感器的精度和局限性。许多传感器在第一次使用时必须进行校准。有一些传感器在每次使用后都必须进行校准。校准过程也是考虑机器人传感器的实际能力或限制的一个重要部分。

---

### BRON 的 Believe It or Not

DARPA 机器人挑战总决赛于 2015 年 6 月 5 日至 6 月 6 日在加利福尼亚州波莫纳市法尔培游乐场举行。23 个机器人在一系列来自搜索和救援挑战的态势中竞争。执行的任务为：

- 驾驶并离开一辆汽车
- 打开一扇门并从门口走过
- 穿过一堵墙
- 转动一个阀门
- 执行一个惊奇的任务
- 走过一个残骸区域
- 在不平坦的地形上行走

参赛的机器人有 3 个轮式机器人设计、1 个四足与轮式设计和 18 个双足机器人。机器人价格在 500 000 ~ 4 000 000 美元之间。在 23 个机器人里，只有 3 个成功完成了所有任务。获胜者是 DRC-HUBO（第一名）、RUNNING MAN（第二名）和 CHIMP（第三名），如图 4-4 所示。

2015DARPA 机器人挑战赛决赛

**TEAMKLST**

Robot Name: DRC-HUBO          Height: 180 cm
Country: South Korea           Weight: 80 kg
Laboratories: HuboLab & RCV Lab    Tasks Completed: 8
DOB: 2014                       Time: 44:28

**TEAMIMC ROBOTICS**

Robot Name: UNNING MAN         Height: 190 cm
Country: International          Weight: 175 kg
Institute: Institute of Human &    Tasks Completed: 8
          Machine Cognition    Time: 50:26
DOB: 2015

**TEAM TARTAN
   RESCUE**

Robtot Name: CHIMP            Height: 150cm
Country: USA                  Weight: 201kg
Scholl: Carnegie Mellon       Tasks Completed: 8
DOB: 2012                     Time: 55:15

　　虽然允许一些机器人设计比其他机器人有更多自主权，但没有一个机器人设计是完全自主的，并且所有机器人设计都需要大量的遥操作和远程控制。即使有大量的遥操作，许多机器人还是在挑战中的某一点上跌倒了。

图 4-4　2015 DARPA 机器人挑战赛决赛三名获胜机器人的一些简短信息

**确定机器人传感器的局限性**

　　人眼可以看见的光波长在 400 ~ 700nm 之间（见图 4-5）。波长测量以纳米（nm）为单位，在长度单位的度量系统中，1 纳米等于 0.000000001 米。我们称波长大于 700nm 的光为红外光，波长小于 400nm 的光为紫外光。当机器人有一个红绿蓝（Red Green Blue，RGB）三基色传感器时，它可以测量 400 ~ 700nm 范围内的光波。对于人眼，这个范围内每一个波长都对应一种颜色。

　　问题是一个机器人颜色传感器的分辨率的精确性和一致性如何？难道传感器认定每个波长在 400 ~ 510nm 之间的光为蓝色，而不区分不同的蓝色？难道它认定每个波长在

570 ~ 700nm 之间的光为红色，而不区分红色和淡红色？我们怎样才可以有四色 RGB 传感器和 16 色 RGB 传感器？这都意味着什么？

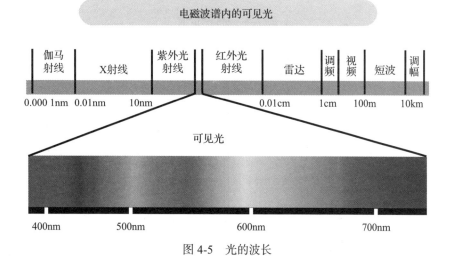

图 4-5　光的波长

在第 5 章中，我们会看到光和颜色传感器是如何工作以及机器人如何用它们来测量事物、做出决定并采取动作。光传感器和颜色传感器不是有这类分辨率问题的唯一传感器。

图 4-6 展示了如何测量声音的大小、柔软度、低音调和高音调。有些机器人发出响亮的声音或轻柔的声音，或者某些音调或类型的声音。

声音可以用作机器人程序的输入。例如，如果一个声音足够响亮，会导致机器人采取一个动作；如果声音产生一定的音调，会导致机器人采取某个其他动作。声波的幅度决定一个声音的响亮或柔和程度；声波的频率决定声音发出的音调。因此，类似于光传感器，声音传感器也可以测量波长。但不是光波长，声音传感器测量声音波长。问题是怎样才算响亮？机器人的声音传感器是否认为高于50dB（分贝）的声音属于响亮，低于 50dB 的声音属于柔和？机器人的声音传感器可以区分 100dB 与 200dB 之间的声音吗？不仅仅是

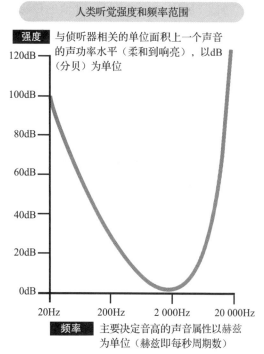

图 4-6　声音的大小、柔软度、低音调和高音调

光波，声波传感器测量也有这类分辨率问题。

　　大多数传感器测量模拟值都会有分辨率问题。例如，测量水合氢离子量的化学传感器确定了液体的酸度。表 4-1 给出了 pH 值。

表 4-1　pH 测量值

| PH 值 | 浓度示例 | PH 值 | 浓度示例 |
|---|---|---|---|
| 14 | 液体清洁剂<br>氢氧化钠 | 6 | 尿（6）<br>牛奶（6.8） |
| 13 | 光学漂白剂<br>烘炉洗净剂 | 5 | 酸雨（5.6）<br>清咖啡（5） |
| 12 | 肥皂水 | 4 | 西红柿汁（4.1） |
| 11 | 家用氨水（11.9） | 3 | 柚子汁<br>不含酒精的饮料 |
| 10 | 氧化镁乳剂（10.5） | 2 | 柠檬汁（2.3）<br>醋（2.9） |
| 9 | 牙膏（9.9） | 1 | 胃分泌的盐酸（1） |
| 8 | 小苏打（8.4）<br>海水<br>鸡蛋 | 0 | 蓄电池酸液 |
| 7 | 纯净水 | | |

　　如果机器人有一个测量 pH 值的传感器，它能够区分蓄电池酸液和柠檬汁之间的差异吗？还是报告它们都是酸？

　　在机器人新兵训练营场景 1 中，Midamba 可以使用一个机器人测量酸和碱之间的差异以帮助他解决电池问题。机器人 pH 传感器需要多大的分辨率？在为机器人挑选态势、场景和角色之前，所有机器人传感器的限制和分辨率都应该确定和标记。对于指定的态势和场景，传感器对机器人成功执行任务的影响大约占 25%。

## 4.3　执行器和末端作用器的检验

　　机器人手臂在放置、提升和定位目标上是有用的，但是所有的机器人手臂都局限于它们可以举起或托住的重量，或者伺服机构在手臂上能产生多少扭矩。并不是所有的机器人手臂在出厂时都具有一致性，也不是所有机器人手臂都可以在任何位置（即使是说明书声称的位置）操纵的最重物体。图 4-7 给出了 2 和 6 自由度（Degrees of Freedom，DOF）的机器人手臂。

 注释

　　机器人手臂的能力通常描述为自由度（Degrees of Freedom，DOF）。简单地说，在三维空间中机器人手臂可以操纵多少运动模式或轴？

**注释**

对于本书中使用的机器人手臂示例，一些代码是在基于 Arduino 由 Trossen Robotics 公司生产的 PhantomX Pincher 机器人手臂上执行的。表 4-2 列出了生产商的机器人手臂说明书。

表 4-2　PhantomX Pincher 机器人手臂说明书

| 规格说明 | 极　　限 | 规格说明 | 极　　限 |
|---|---|---|---|
| 垂直延伸 | 51cm | 夹持力 | 500g（托住） |
| 水平延伸 | 38cm | 腕力 | 250g，150g（旋转） |
| 延伸时的力量 | 30cm/200g，20cm/400g，10cm/600g | | |

这些是需要在机器人手臂上进行检验的规格说明。有时生产商给出的是保守说明，一个组件的性能可能比规定的更好一点。例如，本例中的夹持力稍微大于 500g，旋转力略高于 150g，但不能旋转 500g。这个重要的规格说明要注意。这个事实将影响到如何编程机器人手臂以及机器人手臂能做和不能做什么。

图 4-8 是一张用于本书示例的 PhantomX Pincher 机器人手臂照片。

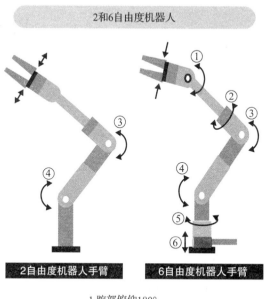

1 腕部俯仰180°
2 前臂连续360°旋转
3 肘枢200°
4 肩枢200°
5 肩角300°
6 凸肩上升

图 4-7　2 和 6 自由度机器人手臂

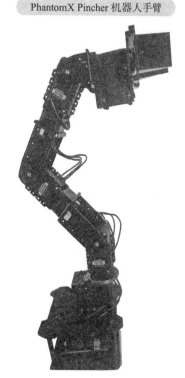

图 4-8　PhantomX Pincher 机器人手臂的照片

机器人能力矩阵是记录实际能力的一个好方法。我们使用一个电子表格记录能力矩阵。表 4-3 用表格形式给出了机器人实际能力矩阵的一个示例。

**表 4-3　机器人能力矩阵电子表格的一个示例**

|  | A | B |
|---|---|---|
| 1 | PhantomX 机器人手臂 | 极限 |
| 2 | DOF | 5d |
| 3 | 电源要求 | 12V、5A |
| 4 | 垂直延伸 | 51cm |
| 5 | 水平延伸 | 38cm |
| 6 | 延伸时的力量 | 30cm/200g，20cm/400g，10cm/600g |
| 7 | 夹持力 | 504g |
| 8 | 腕力 | 250g，150g（旋转） |
| 9 |  |  |
| 10 | HCSR04 超声波传感器 |  |
| 11 | 有效角度 | < 15° |
| 12 | 电源要求 | 5V 直流电源 |
| 13 | 距离 | 2 ~ 400cm |
| 14 | 分辨率 | 0.32cm |
| 15 | 测量角度 | 30° |
| 16 | 脉冲宽度 | 10μs |

>  **注释**
>
> 虽然我们可以将多个机器人放在一个电子表格中，但是最好还是保持一个机器人对应一个电子表格，把每个机器人的所有传感器、执行器和末端作用器的能力记录在不同的电子表格里。这样在编程和查阅机器人能力时就会容易一些。

## 4.4　REQUIRE 机器人效能

>  **注释**
>
> REQUIRE 表示实际环境中的机器人效能熵。我们使用 REQUIRE 作为最初的试金石，以确定我们可以通过编程使一个机器人做什么和不做什么。

回顾第 1 章，我们通过 4 个方面评估一个机器人的效能：

- 传感器的效能
- 执行器的效能

- 末端作用器的效能
- 控制器的效能

每个方面都受硬件规格说明中实际能力的限制。根据机器人效能熵，传感器可以占机器人效能 25% 的比重。机器人使用传感器进行测量，然后基于这些测量采取动作并做出决策。表 4-4 展示了机器人使用传感器测量的几种常见量。

**表 4-4  机器人传感器测量的常见量**

| 量类型 | 基本单位/符号 | 量类型 | 基本单位/符号 |
|---|---|---|---|
| 长度 | 米，m | 密度 | $kg/m^3$ |
| 质量 | 千克，kg | 速度 | m/s |
| 时间 | 秒，s | 加速度 | $m/s^2$ |
| 温度 | 摄氏度，℃ | 力 | 牛顿，N |
| 电流 | 安培，A | 压强 | 帕斯卡，Pa |
| 面积 | $m^2$ | 能量 | 焦耳，J |
| 体积 | $m^3$ | | |

在编程之前应该确定传感器的质量、准确度、精度、分辨率和局限性。例如，如果机器人的传感器测量距离（长度），则它有一个以米、厘米等为度量单位的最大距离和最小距离。在本书示例中，机器人使用的超声波传感器最大检测距离为 100cm，最小检测距离为 10cm。在这个距离范围之外的目标不能被机器人的距离传感器检测到。表 4-4 中给出基本单位和符号的表示法，因为当确定一个传感器的局限性和精度时，你需要能够在相同类型的东西间进行比较。

不同的传感器制造商使用不同的计量单位描述传感器的能力。当对机器人编程时，选择一个测量标准并坚持这个标准是个好主意。一个典型的机器人应用程序会使用大量数字，如果度量单位混淆了，程序将很难修改、维护和重用。例如，机器人有一个红外传感器和一个超声波传感器，两者同时测量两个目标的距离，我们想知道在任何给定的时间内距目标多远。我们可以编写机器人代码如下：

```
Begin

    Object1Distance =  Robot.UltrasonicSensorGetDistance();
    Object2Distance =  Robot.infraRedSensorGetDistance();

    …
    DistanceApart =  Object2Distance - Object1Distance;
    Robot.report(DistanceApart).

end
```

如果超声波传感器使用英寸，红外传感器使用厘米，那么 DistanceApart 表示什么？在同一个机器人身上可能有来自不同制造商的传感器，制造商 1 使用码作为距离单位，而制造商 2 以米作为距离单位。虽然可以分清楚各个单位，但是混用不同的度量单位使得事情复杂化。同时，如果机器人和库之间的度量单位不一致，将很难在不同的机器人之间使用相同的程序。

如果每个库使用一个不同的计量单位标准，将很难混合和匹配机器人程序库。当指示机器人进行测量时，应该在与机器人交互的所有指令和对象上使用同一个计量单位标准。机器人能力矩阵应该包括一个具有限制说明且使用标准计量单位的传感器能力矩阵。当我们在第 8 章中解释如何开发机器人的 ROLL 模型时，我们将阐明这个观点。在本书中，当指定所有物理量的测量时，我们使用国际单位制（International System of Units，SI）中的单位。

## 4.5　下文预告

在第 5 章中，我们将讨论不同类型的传感器以及它们如何工作，以及它们的能力和局限性。

# 第 5 章
# 详解传感器

**机器人感受训练课程 5**：当你出错时，机器人可以感知到。

在第 1 章中我们说过，机器人的基本组成部分为：

- 一个或多个传感器
- 一个或多个执行器
- 一个或多个末端作用器 / 环境作用器
- 控制器

使用一个微控制器编程机器人的传感器、执行器和末端作用器是机器人编程的全部所在。

正是传感器、执行器和末端作用器使得一个机器人有趣、能够执行任务并与它所处的环境交互。每个传感器给予机器人某种来自环境的反馈。但是，我们必须承认"感知"与"传感器"之间的区别。

"感知"是接收和感受来自感知部件刺激结果的一种特殊的功能机制，而"传感器"是以某种方式对物理刺激做出反应的一个感知部件或设备。它检测或测量环境的某一物理属性，然后产生所收到刺激的一个读数、测量、反应或信号作为输出。

人类的传感器是眼睛、耳朵、皮肤，等等。机器人也有传感器，比如摄像机、超声波和红外传感器，而且拥有许多不同类型的传感器，可能有数百种。只要资金允许、微控制器可以连接、电源可以支撑，单个机器人可以配备尽可能多的传感器。表 5-1 给出了人类和机器人传感器不同类型感知的代码清单。

**表 5-1　人类和机器人传感器**

| 感　知 | 人　类 | 机器人 |
|---|---|---|
| 视觉 | 眼睛（色彩感受体，亮度杆状细胞棒） | 摄像机，接近（超声波等），颜色 |
| 味觉 | 味觉感受体（舌头） | N/A |
| 嗅觉 | 嗅觉感受体（鼻子） | 气体传感器？ |
| 触觉 | 神经末梢 | 接触式传感器，人工皮肤 |
| 声音 | 耳鼓膜 | 声音传感器和扬声器 |
| 伤害感受（疼痛） | 皮肤的（皮肤），肉体的（骨和关节）和内脏（身体器官） | N/A |
| 平衡感受（平衡） | 内耳（前庭迷路系统） | 陀螺仪 |

（续）

| 感　知 | 人　类 | 机器人 |
|---|---|---|
| 张力 | 肌肉 | N/A |
| 热觉（热） | 热/冷感受体 | 气压计，温度传感器，红外测温仪 |
| 电磁接收 | N/A | 磁传感器 |
| 时间 | 大脑皮层，小脑和基底神经节 | 时钟 |
| 饥饿 | 饥饿感受体 | N/A |
| 渴感 | 渴感感受体 | N/A |
| 回声定位（导航） | N/A | 超声波，罗盘，GPS 传感器 |
| 电感受（电场） | N/A | 电场（EF）接近传感器 |
| 方向 | 海马体和内嗅皮层（EC） | 罗盘传感器 |
| 接近 | N/A | 超声波，EOPD，红外传感器 |
| 力，压力 | N/A | 力，压力传感器 |

　　一个配备了许多类型传感器和执行器的机器人可以完成多种物理行为。通过组合传感器和执行器、设备，机器人可以模拟各种各样的能力。

## 5.1　传感器感知

　　一些传感器是转换器，是将一种能量形式转换为另一种能量形式的装置。转换器用于感知不同形式的能量，比如：

- 磁力
- 运动
- 力
- 电信号
- 辐射
- 热量

　　根据所需要感知或操控的信号或过程的类型，可以用转换器进行输入或输出转换。传感器是输入设备，它将一个物理量转变为一个相应的电信号，然后映射为一个测量。物理量通常是非电的。

　　例如，声波是一种扰动模式，是由声源经空气进行能量传播时的运动所致。一个声传感器本质上是检测这种能量形式的麦克风。

---

 **注释**

　　许多声传感器不过是一个检测声波并随后将它们转化为电模拟信号的动态麦克风。

---

　　电信号由隔膜产生，隔膜是收集声波的一个薄金属片，该声波导致环绕隔膜的磁铁振

动。磁铁的振动导致环绕磁铁的金属丝线圈也随之振动，这就导致线圈产生了电流子，此时就转换为电信号。于是，传感器就产生了一个反映原始声波响度或柔软程度的信号。图 5-1 给出了声传感器由声波到电信号的转换，电信号测量以分贝为单位。

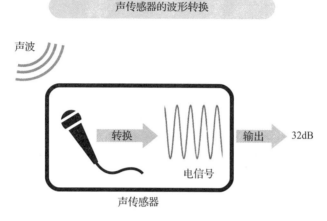

图 5-1　声传感器的声波转换

传感器测量存在于机器人环境中的不同能量形式。大多数时候我们指的是机器人的"外部"环境，但也有测量机器人内部环境——机器人内部状态的传感器。这些传感器称为本体传感器。陀螺仪、加速度计和罗盘传感器都是本体传感器。

 **注释**

陀螺仪可以计算方向变化，即以转 / 每分（rotations per minute）或度 / 每秒（degrees per second，RPM）为单位的旋转运动或角度矢量。加速度计测量机器人的加速度，以 m/s$^2$ 或重力为单位。罗盘传感器测量地球的磁场，计算反映机器人朝向的磁航向。

测量机器人与外部环境的交互、接触或影响的传感器称为外部感受传感器。机器人是这类接触、接近或测距传感器的基准点。

 **注释**

接触式传感器用于测量机器人与环境中某个其他目标之间的接触。接近传感器测量相对（机器人）附近目标的距离，但该目标不接触机器人传感器。超声波和光传感器是接近传感器的例子，它们使用超声波和光来测量其相对一个目标的距离。

测量环境中物理量（比如表面温度、液体中的 pH 值、混浊度、气压和磁场）的传感器称为环境传感器。这些物理量与机器人的视角无关。图 5-2 给出了与本体感受、外部感受、接近和环境传感器相关机器人的不同视角。表 5-2 列出了传感器类型、简单描述以及例子。

表 5-2　机器人传感器类型

| 类　型 | 描　述 | 例　子 |
|---|---|---|
| 本体感受的 | 测量机器人的内部状态 | 陀螺仪<br>加速度计<br>罗盘 |
| 外部感受的 | 测量与机器人交互、相交或影响机器人的外部环境 | 接近—不用接触（超声波，光）而测量相对目标的距离 |
| 环境的 | 测量环境中的物理量 | 温度<br>pH<br>混浊度<br>磁场 |

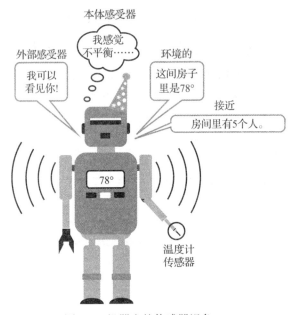

图 5-2　机器人的传感器视角

## 5.1.1　模拟和数字传感器

传感器的类型和分类可以帮助你了解关于传感器如何工作、测量什么、如何测量和怎样使用。作为转换器，传感器可以根据所测量的输入信号是来自本体感受、外部感受还是环境，以及它所产生的输出信号进行分类。

**注释**

　　模拟和数字是描述传感器如何测量的最基本分类。数字传感器产生不连续的离散输出信号，而模拟传感器产生连续的信号。模拟传感器用来帮助转换现实世界的非电信息。两种类型传感器的输出都会表示为处理器可以识别的数字形式。一些传感器不直接将信号转化为数字信号，而是产生一个模拟信号后再转化。

　　数字传感器产生的输出数值为单个"比特"，像一个简单的开关。当开关打开，电路闭合，电流通过电路；当开关关闭，电路断开，电流不流动。

　　开关是输出只有1或0（开或关）两种离散状态的二进制串行信号传输的典型例子；比特也可以合并产生一个n位的单字节输出作为并行传输，数字传感器的一个例子就是内置光学增量编码器，它输出电机相对于上一位置的相对位置。

　　编码器与微控制器和转速计组合，测量电机的速度和方向。光学编码器检测伺服电机的运动。我们将在第6章中探讨光学增量编码器和伺服电机。数字传感器还有嵌入式电路，可直接处理传感器的内部信号。数据传输也是数字化的，这意味着它对电缆长度、电阻或阻抗不敏感，也不受电磁噪声的影响。数字传感器还可以返回包含测量读数及更多信息的多个数值。

　　模拟传感器简单地产生信号输出，电压读数。真正的模拟传感器没有嵌入式芯片，因此，数字转换是在传感器外部执行的。模拟传感器更加准确，因为原始信号以较高的分辨率表示。但是，这些信号可能很容易受传输中的噪声或衰减影响。模拟信号也难以在计算和比较中使用。可是，将模拟信号转换为离散数值时存在数据损失。表5-3对数字和模拟传感器的一些属性进行了比较。

**表5-3　数字和模拟传感器属性**

| 属　　性 | 模拟传感器 | 数字传感器 |
| --- | --- | --- |
| 信号类型 | 连续 | 离散 |
| 信号准确度 | 高准确度，接近原始信号 | 一些数据损失 |
| 信号转换为数字 | 当转换为数字时损失一些准确度 | 没有转换 |
| 在微控制器上使用信号 | 必须转换<br>难以在计算中使用 | 可用 |
| 信号处理 | 在传感器外部进行信号处理<br>要求放大 | 内部电子处理<br>无需放大 |
| 信号传输 | 对衰减和噪声敏感 | 传输过程中没有衰减 |
| 信号输出 | 仅有电压读数 | 可能包含更多的信息 |

## 5.1.2　读取模拟和数字信号

　　数字和模拟传感器两者都产生一个信号，这个信号被映射或解释为一个读数或测量值。但是，什么是信号？信号如何映射为一个测量值？

首先，信号是传递某种信息的一个时变量，这意味着它是一个随时间变化的值，而不是常数。时变量是一个随时间或电流变化的电压，这些信号可以通过有线，或使用 WiFi 和蓝牙这类无线电波在空中进行传输。

模拟传感器产生一个具有连续值的信号，而数字传感器产生一个离散输出。对于模拟传感器，它产生的值与测量的物理量成正比。模拟传感器的例子有：

- 温度
- 压力 / 力
- 速度 / 加速度
- 声音
- 光

所有这些传感器都可以测量自然连续的模拟量。模拟信号的电压范围是 0 ~ 5V。声传感器若没有检测到声音将返回一个 0V 模拟信号，检测到最大声音将返回一个 5V 的最大值。声传感器检测所有在这个范围内的信号的值。图 5-3a 所示的模拟信号是在 0 ~ 5V 之间的连续信号，它不断检测信号随时间的变化，是平滑而连续的。机器人控制器中的微控制器对这些读数做不了任何事情，例如计算数值和进行信号之间的比较，所以信号必须通过一个模 / 数（analog-to-digital，A/D）转换器转换成数字信号。A/D 转换器可能位于微控制器上或者是传感器的一部分。将模拟信号转换为离散值称为量化，如图 5-3b 所示。

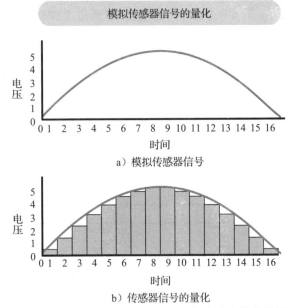

图 5-3 a）一个在 0 ~ 5V 之间连续变化的模拟信号，b）模拟信号至离散值的转换

A/D 转换器将这个范围划分为离散值，将最大值的伏特数由转换器的 n 位进行划分。例如，Arduino A/D 转换器是一个 10 位转换器，这意味着在采样中用 10 位表示每一个信号，模拟离散程度为 $2^{10}-1 = 1\ 023$。电压分辨率为总电压测量值除以离散值的数目：

$$5V/1\ 023 = 0.004\ 88 \approx 4.8mV$$

电压分辨率为 4.8mV（毫伏）。一些 A/D 转换器为 8 位（离散程度为 $2^8 = 256$，电压分辨率为 19.4 mV），其他的为 16 位（离散程度为 $2^{16} = 65\ 535$，电压分辨率为 0.076 295 109mV）。电压分辨率为两个读数之间的差异，差异越小，读数越精确。A/D 转换器位数越多，原始信号的数字化效果越好，误差越小。

一些数字传感器实际上是带有 A/D 转换器的模拟传感器；真正的数字传感器产生离散信号，它可以输出一个数值范围，但是数值一定是阶梯式递增的。当绘制离散信号的图形时，它们的样子通常像一个楼梯台阶，如图 5-4 所示。

离散传感器的另一个例子是数字罗盘，它通过发送 0 ~ 359 之间一个 9 位的数值提供当前航向，这有 360 种可能性。

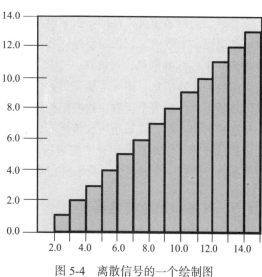

图 5-4 离散信号的一个绘制图

### 5.1.3 传感器输出

模拟传感器产生一个模拟读数，该读数为电压信号，通过 A/D 转换器转换为数字量。例如，如果一个电压读数是 4.38V 会怎样？A/D 转换器将返回什么值？为了使这个过程简单和可处理，我们使用一个 3 位转换器。3 位转换器只有 8 个离散度或 8 个可能数字量，电压分辨率为：

$$5V/8 = 0.625V$$

因此，在传感器转换模拟读数之后，将返回一个数字输出 111。我们可以制作一个模拟读数的表格，表 5-4 给出了它的二进制表示。如你所见，模拟信号读数的范围由电压分辨率 0.625 决定。4.38V 位于 4.371 ~ 5.00V 的范围内。

表 5-4 模拟读数及其二进制表示

| 电压水平（V）（电压分辨率 0.625） | 二进制表示（3 位） | 电压水平（V）（电压分辨率 0.625） | 二进制表示（3 位） |
| --- | --- | --- | --- |
| 0 ~ 0.62 | 000 | 2.51 ~ 3.12 | 100 |
| 0.621 ~ 1.25 | 001 | 3.121 ~ 3.75 | 101 |
| 1.251 ~ 1.87 | 010 | 3.751 ~ 4.37 | 110 |
| 1.871 ~ 2.5 | 011 | 4.371 ~ 5.00 | 111 |

十进制可以计算为：

$$8/5V = ADC\ 读数/模拟测量值$$

在本例中：

$$8/5V = ADC\ 读数/4.38V$$

$$(8/5V)*4.38V = ADC\ 读数$$

$$7.008 = ADC\ 读数$$

这相当于二进制到十进制的转换：

$$111 \approx 7.008$$

十进制映射到数值（如颜色）或数值范围的解释（如强光和暗光）。

### 5.1.4　读数存储

传感器的测量值可以存储于由 API 所确定的一个数据结构里。正如前文所述，数字传感器可能返回多个数值。如果需要返回多个数值，数据结构可能是必需的。例如，一个传感器检测到一个目标的颜色，可能在一个单一的结构体中返回 RGB 值。一个传感器也可能提供关于读数的额外信息，如一个检测目标位置的传感器可能获取到距离、颜色及其他信息。如果传感器可以产生多个读数，这些结构体也可以储存在一个数组中。在第 6 章中我们将讨论一些这样的传感器，比如超声波传感器，它有一个允许连续读数的模式，可以获取一个单一的读数或连续不断地获取。一个先进的超声波传感器可存储多个在其量程内的目标的距离，每个读数存储在一个数组中。我们将在第 6 章讨论用于存储数值的简单数据类型。

### 5.1.5　有源和无源传感器

有源和无源传感器描述了传感器如何测量以及它们如何满足自身能量需求。无源传感器从它们的环境或被测目标上接收能量，而对它们的环境或它们所测量的东西都没有任何影响。这在一个给定场景下，当机器人需要隐蔽时特别有用。无源传感器可看作是非侵入性的和节能的。

有源传感器直接与它们的环境交互，通过向环境发射能量来进行观测，因此需要一个电源。它们不够节能，但是更加鲁棒，因为它们受外部可检测能源发射的影响较小。

对于一个机器人目标检测系统，我们对比一下无源红外传感器（passive infrared sensor，PIR）和有源超声波传感器。PIR 测量来自目标辐射的红外线。当正常辐射有变化时，PIR 进行检测。在图 5-5a 中，一个机器人进入了传感器的视野，传感器被触发，因为机器人打破了连续场。PIR 检测的是干扰，因为不需要发射红外波束，而仅仅接收没有任何干预类型的入射辐射，所以它是无源（被动）的。

有源传感器通过施加电流或脉冲而产生一个改变激励信号的电信号，然后该传感器测量反射回来的电流变化。利用主动超声波传感器进行运动检测，所产生的声波在超声波频率范围内，通常为 30 ~ 50kHz。传感器发出 40kHZ 频率的锥形声波，这个频率在人耳接收频率（20Hz ~ 20kHz）之外，并且不能穿过大多数物体。

传感器侦听其视野中从目标反射回来的声音，从发射至接收到反射波之间获取的时间决定了传感器与目标的距离。因此，对于一个机器人检测系统，超声波传感器是连续不断地发射超声波。如果某个东西在超声波传感器的视野之内，声波则从新目标处反射，返回一个不同的读数，如图 5-5b 所示。

有些传感器有有源和无源模式，或者有主动或被动版本。数码相机就是这种装置的一个例子，它同时具有有源和无源模式。图 5-6 展示了一组铁皮玩具机器人的两幅图像：a 是采用无源模式的一幅图像；b 是采用有源模式的同一幅图像。数码相机有一个将光学图像转换为电子信号的图像传感器，对吗？在无源模式下，传感器使用现有的背景光。正如你所知道的，在低光线下机器人的特征不清楚或无法照明。图像传感器记录或捕捉的只是环境辐射。

无源和有源目标检测

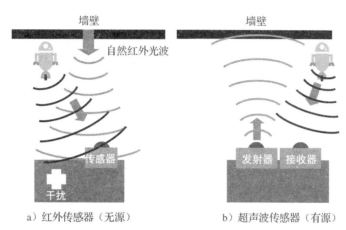

a）红外传感器（无源）　　　　b）超声波传感器（有源）

图 5-5　a）一个用于目标检测的无源红外传感器，b）一个用于目标检测的超声波传感器

照明机器人的无源和有源数码相机模式

a）无源模式下铁皮玩具机器人的数字图像　　　　b）有源模式下铁皮玩具机器人的数字图像

图 5-6　a）无源模式的图像，b）有源模式的图像

　　如果没有足够的光线，用户可以选择闪光灯，或者摄像机检测到没有足够的光线，自动切换到带有闪光灯的主动模式。闪光灯是照亮这个区域和记录反射辐射的自身能源，如图 5-6b 所示。现在机器人得到更好的照明，细节特征可以看清楚了。这也是一个光传感器有源和无源模式如何工作的情形。无源模式测量的是背景光，而不是有源模式中 LED 反射的

光。在有源模式中，传感器从自身 LED 光源发光，然后测量从目标反射的光。

表 5-5 给出了有源和无源传感器及其描述的例子。

 **注释**

有一种有源型的红外传感器，它的工作原理类似于超声波传感器，是声传感器的光版本。不同于高频声波，有源红外传感器使用不可见光来扫描一个区域。接收器检测扫描区中目标反射的光。

表 5-5　有源传感器和无源传感器

| 传感器类型 | 描　述 | 示　例 |
| --- | --- | --- |
| 有源 | 需要外部电源的传感器；它们产生一个改变激励信号的电信号，然后测量反射回来的电流变化 | 超声波<br>GPS<br>颜色（有源）<br>摄像机（带闪光灯） |
| 无源 | 不需要外部电源的传感器；它们将外部刺激的能量转换为输出信号 | 被动红外<br>罗盘<br>电场<br>温度<br>化学<br>触碰<br>摄像机（无闪光灯） |

## 5.1.6　传感器与微控制器的连接

若要使用这些传感器，就必须将它们连接到微控制器。必须有一个用于传感器的接口，包括用于模拟传感器的模数转换器，及用于与计算机内部组件进行数据传输的总线接口通信协议（如 SPI、UART 或 $I^2C$）。物理 I/O 连接器通过单线传输将数据转换为一系列的比特流，传感器通过这个串行端口连接到微控制器。传感器插入串行端口后可以实现与微控制器之间的通信。图 5-7 展示了插入到 EV3 微控制器的 3 个传感器和连接到 Arduino 传感器扩展板的磁传感器和 pH 传感器。

微控制器发送一个信号给传感器，然后传感器将一个信号发送回微控制器，通过串行端口一次发送一个比特。这些信号实际上是消息，有以下 4 种类型：

- 系统
- 命令
- 信息
- 数据

消息只是有效载荷的一部分，其中还可能包括消息类型标识以及消息的起始位或停止位。微控制器可以发送一条由命令和信息构成的消息，传感器可以发送一条由数据和信息构成的消息。消息可以通过串行端口以两种方式进行传输：异步和同步。对于串行通信的每种类型，有一个可以协调的时钟和信号。每种方式都有一个同步方法，控制如何以及何时接收高电平或低电平、1 或 0 位。

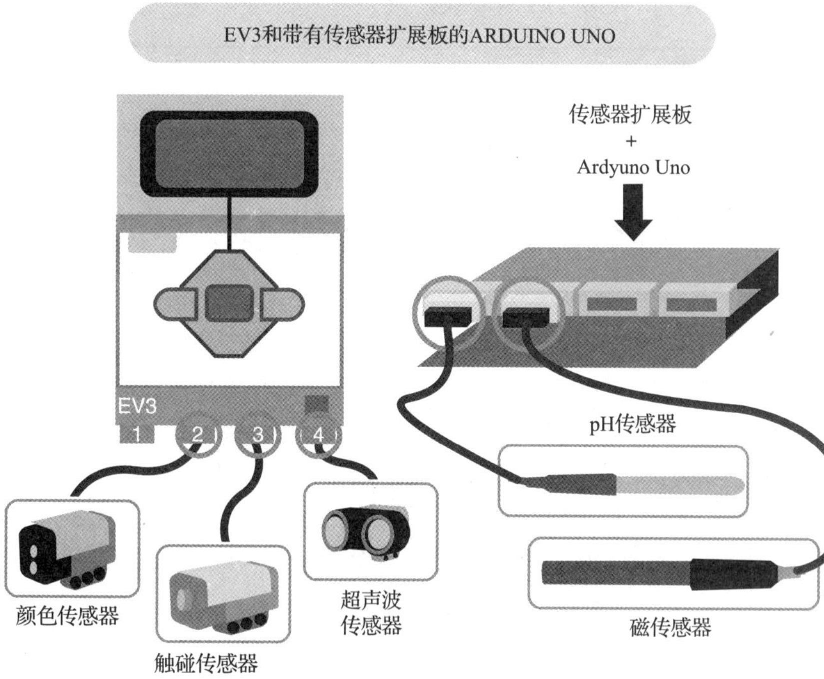

**EV3和带有传感器扩展板的ARDUINO UNO**

传感器扩展板
+
Ardyuno Uno

pH传感器

EV3
1 2 3 4

颜色传感器 超声波
传感器
触碰传感器 磁传感器

图 5-7　插入到 EV3 微控制器的 3 个传感器和连接到 Arduino 传感器扩展板的 2 个传感器

对于异步数据传输，在发射器和接收器之间没有公共的时钟信号。发送器和接收器在数据传输速率（波特率）上达成一致。数据传输开始后，波特率通常不会改变。在每条消息中加入了用于同步发送和接收单元的特殊位。传感器和微控制器之间是一个 3 线连接，它们共享一个接地连接和两根通信线，其中接地连接作为参考点用于测量电压，通信线一根用于发送数据，另一根用于接收数据。

通用异步收发传输器（Universal Asynchronous Receiver-Transmitter, UART）是一个异步串行通信。微控制器和传感器可能使用这种类型的串行通信协议（Arduino、Raspberry Pi、EV3 和一系列新的 EV3 传感器）。图 5-8 展示了一个 UART 连接。

UART 有 3 根线：Tx 为发送线，Rx 为接收线，GND 为地线。发送引脚

**3线UART连接**

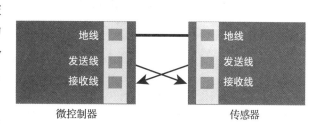

地线 地线
发送线 发送线
接收线 接收线

微控制器 传感器

图 5-8　3 线 UART 连接

总是发送数据，接收引脚总是接收数据。Tx 连接到 Rx，Rx 连接到 Tx。

内部集成电路（Inter Integrated，I²part，Circuit，I²C）是一个同步串行通信协议，用于将低速设备（如 A/D 转换器、I/O 接口和传感器）连接到微控制器。总线接口有一个用于数据信号的 SDA 线和一个用于时钟信号的 SCL 线。

>  **注释**
>
> 同步数据传输有一根针对时钟信号的特殊线，发送器和接收器两者都根据相同的时钟访问数据。微控制器为同步数据传输中的所有接收器提供时钟信号。当时钟跳动时，发送一位数据。传感器设计成知道何时侦听来自连线的多个数据位以及何时忽略它们。

这些双向连线用于传感器和设备之间发送和接收数据。I²C 总线上的设备可以既是主设备又是从设备。主设备发起数据传输，从设备只对主设备的要求做出反应。当前的主设备指定了用以决定数据传输速度的时钟速度。但是，从设备（传感器）有时会强迫降低时钟延缓主设备以避免发送数据太快，或者延迟以准备它的传输。没有严格不变的波特率。

I²C 总线使用非常简单，因为同一总线上可以有一个或更多的主设备（通常为微控制器）和几乎无限个从设备（设备或传感器），它们通过一个 I/O/ 端口接入。图 5-9 给出了一个主设备和多个从设备的总线接口。

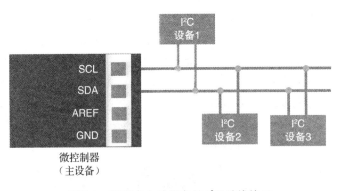

图 5-9 配有多个从设备的 I²C 总线接口

正如前文所述，只要资金允许、微控制器可以连接以及电源可以支撑，单个机器人可以配备尽可能多的传感器。这只是让它工作的一种方式。使用 I²C 总线接口，一个微控制器可以连接 1 000 个以上的装置。表 5-6 给出了 UART 和 I²C 串行总线接口的一些属性。

表 5-6　UART 和 I²C 串行总线接口的属性

| 属　　性 | UART | I²C |
|---|---|---|
| 通信类型 | 异步 | 同步 |
| 典型应用 | 键盘，字符液晶显示器 / 显示器 | 公共总线上的多个设备 |
| 典型速度 | 9kHz ~ 56kHz | 标准模式：100Kbps |
|  |  | 全速：400Kbps |
|  |  | 快速模式：1Kbps |
|  |  | 高速：3.2Mbps |
| 波特率 | 设备之间的设置：在数据传输中不能改变 | 可以在数据传输过程中变化 |
| 总线上的设备数 | 一对一通信 | 多个设备（一次一个主设备） |
| 通信 | 单向 | 双向 |
| 导接线 | GND- 接地 | GND- 接地 |
|  | Tx- 发送 | SCL- 时钟 |
|  | Rx- 接收 | VCC- 电源 |
|  |  | SDA- 数据 |

## 5.1.7　传感器属性

传感器的属性或特性描述了读数范围、响应一个刺激所需的时间、总体的准确度等。分辨率和可重复性是什么？对于连接到微控制器的几个传感器，必须考虑电压水平和功耗。这可能会决定一个单独的传感器可使用多久或高功耗的其他传感器可使用多久。

 小贴士

　　了解这些属性可以帮助确定传感器的局限性以及哪些传感器可以用来弥补这些局限。这些属性也可以帮助比较来自不同制造商的传感器的质量。

表 5-7 给出了罗盘传感器对比的例子。分辨率有可能取决于所使用的固件版本。比较这些特性有助于决定哪个传感器将在机器人场景中工作得最好。

表 5-7　罗盘传感器对比

| 制造商 | 分辨率 | 刷新率 | 范　　围 | 多个读数 |
|---|---|---|---|---|
| HiTechnic | 1° | 每秒 100x | 0 ~ 359 | N/A |
| Mindsensors | 0.01°　NBC，RobotC | N/A | 0 ~ 359 | 字节，整数，浮点数 |
|  | 1.44°　NXT-G |  |  |  |

表 5-8 列出了传感器的一些属性。作为文档或数据表的一部分，传感器的制造商应该提供这些属性的数值，但并不是所有的制造商都会提供这种详细的技术信息，或许有些制造商认为其他信息对客户更重要。大多数制造商都会提供准确度、响应时间、范围和分辨率，他们认为线性度和可重复性不是那么重要。但是，重要性是相对的，并且仅取决于传感器所使

用的系统和场景。

表 5-8　传感器的属性

| 特　　性 | 描　　述 |
| --- | --- |
| 分辨率 | 可以在输出中检测到的输入的最小变化，也可以用读数的比例或绝对值表示 |
| 范围 | 可以测量的最大和最小值 |
| 线性度 | 传感器实际测量偏离理想测量的程度 |
| 准确度 | 实际值和传感器新读数之间存在的最大差异；它既可以用一个比例表示，也可以用绝对值表示。表达式：1−［（实际值−期望值）/ 期望值］ |
| 响应时间 | 从先前状态变化到最后的稳定值所需要的时间 |
| 刷新率 | 传感器获取一个读数的频率 |
| 灵敏度 | 产生一个标准输出变化所需要的输入变化 |
| 精度 | 当在相同的规定条件下重复测量相同的数量时，传感器可以给出相同读数的能力；与真实值的不接近程度；与一组测量值的方差有关；精度是准确度的必要但非充分条件 |
| 可靠性 | 传感器的可重复性和一致性 |
| 可重复性 | 当放回相同的环境中时，传感器可重复测量的能力 |
| 尺寸 / 重量 | 传感器的尺寸和重量 |

## 5.1.8　范围和分辨率

范围和分辨率是人们最感兴趣的两个常见属性。

范围是一个传感器可以产生的最小与最大输出之间的差异，或传感器可以正确操作的最小与最大输入之间的差异。这些值可以是绝对的或者是一个相应测量值的百分比。

例如，让我们比较几个传感器的范围。对于超声波传感器，由于测量的是距离，输出范围为 0 ~ 255cm；罗盘的输出范围为 0 ~ 360°。但是，对于一个光传感器，返回给微控制器的是 0 ~ 1 023。

在一个灯火通明的房间，最黑暗的读数可能是 478，最明亮的读数可能是 891。在一个灯光昏暗的房间，最黑暗的读数可能是 194，最明亮的读数可能是 445。因此，采用百分比标度，其中 0 为最暗，100 为最亮。校准传感器至特定的光照环境。对于本例中灯火通明的房间，一旦校准，478 将为读数 0，891 将为读数 100。

分辨率是传感器测量范围内的最小步长。例如，HiTechnic 罗盘的分辨率是 1°，超声波传感器的分辨率是 3cm。分辨率影响传感器的准确度。

还记得电压分辨率吗？对于 0.625 的电压分辨率，当准确读数为 0.630 时，这个十进制表示比 000 更接近 001。对于超声波传感器，无法表示一个 7.5cm 的准确读数。

## 5.1.9　精度和准确度

精度是在相同的条件下重复测量相同的量时，传感器可以给出相同读数的能力。精度意味着连续读数之间的一致性，而不是接近真正的值，即准确度。准确度是实际值和传感器新读数之间存在的最大差异。真值和新读数之间的差异为绝对或相对误差：

$$绝对误差 = 新读数 - 真值$$

$$相对误差 = 绝对误差 / 真值$$

　　精度和准确度实际上彼此不相关，这意味着一个传感器可以精确但不准确。精度也可以作为测量分辨率的一个同义词，例如，一个可以区分 0.01 与 0.02 之间差异的测量比一个只能区分 0.1 与 0.2 之间差异的测量更加精确（有一个更大的分辨率），即使它们可能同等准确。所以，精度和分辨率也经常被滥用。图 5-10 展示了精度和准确度之间的各种关系。

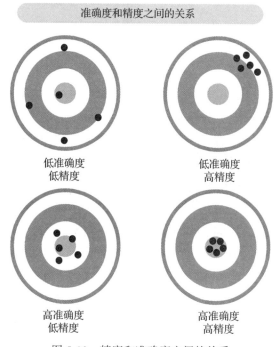

图 5-10　精度和准确度之间的关系

 **注释**

分辨率越小，传感器越准确。

## 5.1.10　线性度

　　线性度是模拟传感器读数中输入变化与输出变化之间的关系。线性度可以用来预测传感器的读数（基于输入）以及确定准确度与测量误差。如果传感器的输出是线性的，则在输入范围内任意点上的任何变化都会在输出中产生同样的变化。在整个范围内输出与输入成正比，输出与输入的斜率图将是一条直线。

例如，若输入与输出的比例是 1∶1，如果传感器在输入（激励）上增加 2，则这种变化将会反映在输出上。理想情况下，传感器设计为线性的，但是当涉及实际值时，并不是所有传感器都是线性的。图 5-11a 给出了输入与输出之间的理想线性关系和一个虚拟传感器的测量曲线，以及最大误差出现在哪里。图 5-11b 给出了一个超声波传感器的线性度。

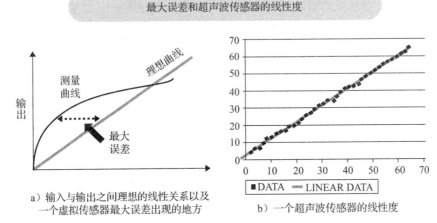

a）输入与输出之间理想的线性关系以及一个虚拟传感器最大误差出现的地方
b）一个超声波传感器的线性度

图 5-11　a）输入与输出之间理想的线性关系，以及一个虚拟传感器最大误差出现的地方，b）一个超声波传感器的线性度

当测量距离传感器 2 ~ 64cm 的一个目标时，使用 63 个采样，平均误差为 1.079cm。通常，非线性度用百分比表示：

$$非线性度（\%）=（D_{in(max)}/In_{f.s.}）*100$$

其中，$D_{in(max)}$ 为最大输入偏差，$In_{f.s.}$ 为最大量程（full-scale，f.s.）输入。但是，一个传感器的线性度，如超声波传感器，取决于在何种条件下获取读数。一个传感器在最佳条件下应具有线性读数。但是，如果环境不利于传感器的性能（例如，多个超声波传感器同时发射声波）或者目标对象不理想（奇怪的形状或古怪的位置），传感器的性能将会恶化，读数也将不是线性的。

## 5.1.11　传感器校准

正如本章前面所提到的，使用微控制器编程机器人的传感器、执行器和末端作用器是机器人编程的全部精华所在。传感器、执行器和末端作用器的作用是让一个机器人有趣、能够执行任务和与它所处的环境交互。

我们已经讨论了许多类型的传感器，它们测量什么、如何测量以及测量效果。对于机器人爱好者而言，还有许多很好的传感器可用于编程一个独特的机器人系统。但是，传感器并不是完美的，正如我们在第 7 章中将讨论的执行器，它也不是完美的。许多传感器对于很多非关键应用足以开箱即用。但要达到最佳准确度、精度等，传感器应该在它将要使用的系统中校准。有很多原因导致传感器可能无法按照预期工作，表 5-9 列出了其中几个原因。

表 5-9　传感器需要校准的几个原因

| 原　　因 | 描　　述 |
|---|---|
| 生产制造中的错误 | 生产制造的不一致 |
| 暴露于不同温度 | 对储存、运输或装配过程中的热、冷、冲击、湿度敏感 |
| 随时间推移老化 | 随时间推移部件在使用过程中老化 |
| 其他组件的可靠性 | 其他组件不再可靠，从而影响测量 |

> **注释**
>
> 当一个传感器具有前面讨论的所有属性的理想值时，这个传感器才是好的。当涉及准确度时，它实际上是精度、分辨率和校准的组合。通过消除传感器读数或测量中的结构误差，校准是改善传感器性能的有效方法。结构性误差是传感器期望输出与其测量输出之间的差异。

在获取一个新的测量时，这些误差每次都会出现。但是，这些可重复误差中的任何一个都可以在校准过程中计算，以便在实际使用过程中实时补偿由传感器产生的测量，从而数字化消除任何误差。如果你有一个具有良好分辨率且可重复测量的传感器，则它可以用于准确度的校准。

## 5.1.12　传感器相关问题

传感器是生产制造出来的设备，来自同一制造商的两个传感器由于生产中的误差可能会产生一些略有不同的读数。传感器也对诸如热、冷、冲击、湿度等环境变化敏感，它们可能已经暴露在储存、运输或装配过程中。这些变化可能最终表现在传感器的响应中。一些传感器实际上会随着时间的推移而老化，它们的响应自然也会变化，需要定期校准。

也请记住，传感器可能只是机器人测量系统的一个组成部分。例如，对于模拟传感器，ADC 也是测量的一部分，也会有变化。光和颜色传感器受光谱分布、背景光、镜面反射以及 LED 的有效性影响，这些因素将在第 6 章编程颜色传感器部分讨论。

## 5.1.13　终端用户校准过程

当然，制造商在传感器上进行过校准。但是，正如前文提到的，再次校准可能是必要的。终端用户进行这项工作可以提高传感器的测量准确度。执行校准需要一个已知值或准确获取测量的方法。表 5-10 列出了可以为校准提供一个标准参考的可能来源。

表 5-10　校准的标准参考

| 标准参考 | 描　　述 |
|---|---|
| 校准过的传感器 | 一个被认为是准确的传感器或仪器，可以用来产生作比较时的参考读数 |
| 标准物理参考 | 合理准确的物理标准，用于一些类型传感器的标准参考。例如，<br>测距仪：尺子和米尺<br>温度传感器：沸水——海平面 100℃，冰水混合——水的"三态点"在海平面 0.01℃<br>加速度计：在地球表面重力是一个常数 1G |

　　每个传感器都有一个"特性曲线",该曲线定义了传感器对输入的响应。校准过程将传感器的响应映射为一个理想的线性响应,最好的方式取决于特性曲线的性质。如果特性曲线是一个简单的偏移量,意味着传感器输出高于或低于理想输出,利用单点校准很容易纠正这个偏移量。如果差异是一个坡度,则意味着传感器输出与理想相比以一个不同速率变化,两点校准过程可以纠正坡度差异。极少数的传感器有完全线性的特性曲线。有些传感器在测量范围内是足够线性的,但有些传感器需要复杂的计算来使输出线性化。

## 5.1.14　校准方法

　　本节我们讨论两个校准方法:

- 单点校准
- 两点校准

　　单点校准是最简单的一种校准,它可以用作"漂移检查"以检测响应中的变化或当传感器的性能出现恶化时使用。单点校准在下述情况下可以用来纠正传感器的偏移误差,即:

- 当只需要一个测量点时:如果传感器的使用只需要一个单一值的准确测量,则没有必要担心其余的测量范围。例如,机器人使用超声波传感器来定位自身与一个容器距离3cm。
- 当传感器被认为是线性的以及在期望测量范围内具有正确坡度:在测量范围内校准一点,如果有必要调整偏移。

　　要执行单点校准,必须遵循这些步骤:

1. 利用传感器获取一个测量。
2. 使用参考标准比较这个测量。
3. 参考读数减去传感器读数获得偏移。

$$偏移 = 参考读数 - 传感器读数$$

4. 在程序中,将偏移加到每个传感器读数上以获得校准值。

　　对于前面提到的例子,为了校准超声波传感器,使用一个测量卷尺作为参考标准。定位机器人距离容器恰好3cm。从传感器上获取读数,如果读数不是3cm而是4cm,则有一个 –1cm 的偏移,应该从每个读数上减去1cm。如果传感器有一个线性特性曲线,这样做有效并且在其大多数范围内是准确的。

---

  **注释**

　　本书中,我们使用来自 Venier、HiTechnic、WowWee 和 LEGO Mindstorms Robotic kit 公司的传感器。虽然它们不是工业级传感器,但是可以很好地为我们所用。它们成本低且易于使用,表 5-11 列出了我们使用的传感器及其来源。

**表 5-11    使用的传感器及其来源**

| 类　　型 | 描　　述 | 传感器 | 制造商 |
|---|---|---|---|
| 接近和存在 | 使用超声波测量机器人传感器离一个目标的距离 | 超声波 | EV3 Mindstorms |
| 航向 | 测量机器人相对一个固定点的方向 | 罗盘 | HiTechnic |
| 图像、颜色、光 | 从目标表面收集数据 | 颜色 | HiTechnic |
|  |  | 相机 | Charmed Labs |
|  |  | RS Media Robosapien 摄像机 | WowWee |
| 环境 | 测量环境中的物理量 | pH | Vernier |
|  |  | 磁场 | Vernier |

## 5.2　下文预告

本章中，我们讨论了不同类型的传感器，它们如何工作以及测量什么。在第 6 章中，我们将讨论如何使用和编程传感器，即颜色、Pixy Vision、超声波和罗盘传感器。

# 第 6 章
# 通过编程控制机器人的传感器

**机器人感受训练课程 6**：*机器人可以感知，而你可能搞错。*

对于一个移动机器人而言，具备某种类型的视觉至关重要。一个移动机器人需要避障、确定自身位置及其与目标之间的距离；需使用多种传感器检测、识别和跟踪目标，如红外、超声波、摄像机、图像、光、颜色等传感器。

机器人视觉是一个复杂的话题，超出了本书介绍的范围。但是，一个机器人可能不需要一个全面的视觉系统，基于机器人编程特定的场景和态势，它可能只需要一部分视觉功能。本章中，我们专注于编程一些在机器人的"可视"能力上发挥部分作用的传感器，也就是说，通过目视进行察觉或检测。

对于一个可视机器人，它使用：

- 颜色 / 光传感器
- 超声波 / 红外传感器
- 相机、摄像传感器

---

 **注释**

在第 5 章开头，我们讨论了感官和传感器。我们在感知、视觉和器官（人眼和机器人的一系列传感器）之间进行了区分。表 6-1 列出了这些传感器以及它们如何辅助机器人的可视能力。

---

表 6-1　辅助机器人可视的传感器

| 传感器 | 描　　述 |
| --- | --- |
| 颜色 / 光 | 检测一个目标的颜色；感知房间里灯的明亮、黑暗和亮度 |
| 超声波 / 红外 | 利用从目标反射回的声波，接近传感器在其视野内用于测量传感器与目标之间的距离；红外（IR）传感器测量来自目标的光辐射 |
| 相机 / 摄像 | 数码相机用来捕捉一张环境的图像，该图像随后可处理用于识别目标 |

## 6.1　使用颜色传感器

颜色传感器用于检测目标的颜色，它由两个简单组件构成：1 个 LED 和 1 个对光敏感的光敏电阻。LED 将一束光束投射到一个目标对象上，光敏电阻测量从目标反射的光，这就是所谓的反射颜色传感。当光束射到目标（入射光）上时，可能发生三种现象：

- 反射：目标表面反射一部分光。
- 吸收：目标表面吸收一部分光。
- 透射：透射一部分光。

反射和吸收的量取决于目标的属性。反射的光就是所能感知的部分。

反射有两种类型：漫反射和镜面反射，它们都有助于探测器感知。漫反射携带了关于表面颜色最有用的信息，但是变化的镜面反射可能对传感器的性能产生负面影响。

通常对于一个给定目标，镜面反射近似为常值，可以从读数中将其分离出来。目标的材质决定了漫反射和镜面反射的量。一个磨砂面具有较多的漫反射，而一个光泽面则具有较多的镜面反射。图 6-1a 展示了入射光（来自 LED）、漫反射和镜面反射（反射、吸收和透射都进行了标识）。通过分析反射波强度来确定目标的表面颜色。例如，如果一个颜色传感器发出红色 LED 光到一个球上，如何检测颜色？传感器实际上记录了从物体反射的光强度。因此，如果球是红色，从球反射回来高强度的红色表明球面实际上是红色；如果球是蓝色，反射回来的红色将不会很强，因为大多数的光被物体吸收，则物体不是红色（见图 6-1b）。但是，如果球不是三原色（红、蓝、绿）会怎样？

颜色检测

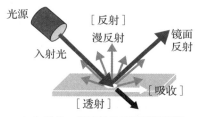

a）入射光、漫反射光和镜面反射光

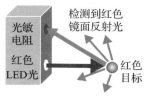

b）对于一个红色LED光和红色目标，检测到镜面反射光

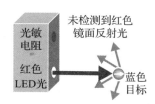

对于红色LED光和蓝色目标，光被吸收和漫反射了。很少或没有检测到镜面反射光。

图 6-1　a）入射光（来自 LED）、漫反射和镜面反射，b）基于镜面反射光如何检测目标的颜色

如果球的颜色是橙色或黄色会怎样？如何检测颜色？一个橙色球在颜色光谱上比黄色球更接近红色，因而一些红光将会反射回来。因此，对于设计用于检测所有颜色的传感器，它

将报告理论上最接近它的颜色。传感器可能根本无法检测到那些返回错误值的颜色。在不太敏感的终端上，颜色传感器只能检测 4 或 6 种颜色，其他的颜色传感器在良好的照明条件下可以检测 16 或 18 种颜色。基于颜色光谱，图 6-2 给出了可以检测到的颜色。

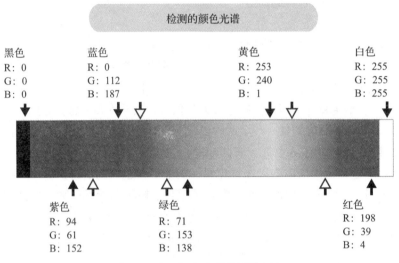

图 6-2  基于颜色光谱检测的颜色

一个典型的颜色传感器有一个可将调制光投射到目标对象上的高强度白光 LED，其他传感器有 RGB LED。对于白光 LED，可用来分析来自目标反射的红色、绿色和蓝色（red, green and blue，RGB）成分和强度。在内存中，传感器有它可以识别的所有颜色的 RGB 范围。反射光的强度将与传感器内存中的存储值进行比较，如果该值在规定的范围内，传感器可以识别这种颜色。

颜色传感器融合了整个目标对象上或视野（Field of View，FOV）内光斑区域的信号。因此，如果在视野内有两种颜色，传感器看到的是颜色的组合，而不是每一种单独的颜色。颜色标准化是从图像中去除所有的强度值同时保留颜色值，这就有了在相同颜色像素上去除阴影或光照变化的效果。

## 6.1.1  颜色传感器模式

颜色传感器可以设置不同的模式，用于描述不同方面的读数。对于某些模式，可能用或不用 LED。在使用 API 情形下，模式可用。表 6-2 描述了一些颜色传感器模式的示例，即：

- 颜色 ID
- RGB
- 背景光水平
- 光强度水平
- 反射光强度

■ 校准最小值和最大值

表 6-2　一些颜色传感器模式及其输出

| 颜色传感器模式 | 描　述 |
| --- | --- |
| 颜色 ID | 颜色 ID 编号 |
| 红色 | 对于使用一个红色 LED，反射红光的强度水平 |
| 归一化 RGB | 作为归一化值的 RGB 强度水平 |
| 组分 RGB | 作为单独值的 RGB 强度水平 |
| 背景光水平 | 作为归一化值的背景光强度水平（LED 关闭） |
| 反射强度水平 | 作为归一化值的反射强度水平 |
| 校准最小值和最大值 | 明确最大和最小光强度。校准以后，最大光强描述为 100（或使用的最大值），最小光强描述为 0 |

## 6.1.2　探测距离

传感器应尽可能靠近目标以检测它的颜色。许多人建议传感器以一个相对目标对象的角度放置，这样反射的 LED 光不会影响光敏电阻。对于廉价的传感器这样做是正确的，但对于一个给定的机器人场景可能不太实际。

传感器采用整个视场的平均结果，因此，对于大多数的精确结果，最好保持视场最小化。

一个范围很大的读数可能是令人满意的，例如，当跟踪目标的颜色时机器人和颜色传感器靠近目标。跟踪颜色的变化可能是必要的，例如，从一种白色到两种或更多种颜色平均的视场，然后再回到原有的纯色。检测范围应在制造商的传感器数据表中具体说明。此外，颜色传感器在实际应用中的范围受传感器使用的影响。

 **注释**

传感器有一个最小范围和一个最大范围的准确读数，但是制造商有时并不列出最大范围。

 **小贴士**

记住，由于目标远离 LED，这就在尺寸上扩大了 FOV。

## 6.1.3　机器人环境的照明

环境的何种属性都可以影响机器人传感器的准确性吗？背景光可能是破坏颜色读数的最大因素之一。背景光包括环境中可以影响颜色呈现方式的任何其他光。背景光总是存在，并且对于上午 8 点与下午 8 点、或房间一侧与房间另一侧，都可能会改变机器人接收的读数。

来自影响光敏电阻的 LED 反射光也被看作背景光。遮护传感器是保护光敏电阻不受背景光影响的一种方式，常用于监控摄像机。遮护是指用一些东西包围传感器以防止背景光干扰读数。如果机器人的环境有大幅度不同的光环境（从明亮到非常黑暗），这种防护尤其有意义。

> **警示**
>
> 最重要的是背景光会影响传感器质量或读数，这会最终导致读数大范围发散以及不一致、不准确的低劣结果。

>  **小贴士**
>
> 利用校准值可以减少背景光的影响。这些校准值可看作准确读数的一个基准。可以计算误差或偏移并且用于增加新读数的准确性。

## 6.1.4 校准颜色传感器

对于一个特定的应用，应该校准颜色传感器以确保其提供预期的读数。在实际使用传感器之前，需要检测一系列目标对象的颜色、记录读数，然后制作这些数据的图表。因此，当感知同样的目标（系统内）时，记得比较新读数与校正读数。传感器的一些 API 定义了校准颜色传感器的方法。在一个特定应用中，校准颜色传感器的最小值和最大值、黑色和白色。无论一个读数在哪里产生，可能必须计算传感器读数中的校正误差。例如，在一个多云的日子里，生日聚会是在一个充满自然光的房间里进行。这意味着当聚会正在进行时，云遮住太阳会改变环境中的光。BR-1 必须区分桌子上蛋糕盘和桌布的颜色。在校准阶段，BR-1 测量灰色桌布的模拟值为 98，白色盘子的模拟值为 112，然后将这些值存储在内存中。现在，使用 BR-1 去检测白色盘子，但是因为照明缘故传感器读数略有不同。测量的白色盘子读数为 108 而非 112，桌布读数为 95 而非 98。这意味着什么呢？它是在检测盘子吗？

使用阈值法，将两个校准数相加后再除以 2 得到平均数。例如：

$$(98 + 112)/2 = 105（阈值）$$

任何大于该阈值的将为白色盘子，任何小于该阈值的将为灰色桌布。

如果有 3 或 4 种颜色需要区分，阈值如何确定呢？在这种情况下，可以使用一种相似度匹配方法。问题是，每种颜色与校准值怎样才算相似？采用相似度匹配，计算式为：

$$相似度 = \frac{|新读数 - 校准读数|}{校准读数} \times 100\%$$

因此

$$灰色桌布 = \frac{|95\text{-}98|}{98} \times 100\% = 3.06\% \quad 差异$$

$$白色盘子 = \frac{|108\text{-}112|}{112} \times 100\% = 3.5\% \quad 差异$$

因为 3.06% < 3.5%，使得灰色桌布的读数比白色盘子的读数更类似于校准值，BR-1 识别为桌布。此方法可用于任何颜色和任何颜色数字，给定的校准值是预先计算的。颜色校准可看作是告诉机器人颜色之间差异的一种方法。

## 6.1.5　编程颜色传感器

本节中，我们将展示使用 EV3 微控制器编程 HiTechnic 颜色传感器及为 RS Media Robosapien 编程颜色传感器的 BURT 转换。代码清单 6-1 为使用 leJOS API HiTechnicColor Sensor 类编程 HiTechnic 颜色传感器的 BURT 转换。代码清单 6-1 给出了检测一种颜色的软件机器人框架和 Java 代码转换。这是测试颜色传感器和执行一些基本操作的主线。

代码清单 6-1　Unit2 颜色传感器测试的软件机器人框架

BURT 转换输入：

```
Softbot  Frame
Name:  Unit2
Parts:
Sensor  Section:
Color Sensor


Actions:
Step 1: Initialize and perform any necessary calibration to the color sensor
Step 2: Test the color sensor
Step 3: Report the detected color, modes, sample size and content

Tasks:
Test the color sensor and perform some basic operations.
End Frame
```

BURT 转换输出：Java 实现

```
32    public static void main(String [] args)  throws Exception
33    {
34        softbot5 SensorRobot = new softbot5();
35        SensorRobot.testColor();
36        SensorRobot.closeLog();
37    }
38
```

在第 34 行中，声明了 softbot SensorRobot，然后调用 3 种函数。我们讨论构造函数和 SensorRobot.testColor( )。代码清单 6-2 展示了构造函数的代码。

**代码清单 6-2　SensorRobot 对象的构造函数**

```
1    public softbot5() throws Exception
2    {
3          Log = new PrintWriter("Softbot5.log");
4          ColorVision = new HiTechnicColorSensor(SensorPort.S2);
5    }
```

在第 4 行中，声明了一个 HiTechnicColorSensor 对象。SensorPort.S2 是用于这种传感器的串行端口。代码清单 6-3 给出了 testColor( )softbot 框架和 Java 实现。

**代码清单 6-3　testColor()softbot 框架和 Java 实现**

BURT 转换输入：

**Softbot Frame**
**Name:** Unit2
**Parts:**
Sensor   Section:
Color Sensor

**Actions:**
Step 1: Test the color sensor by reporting mode name, color ID, mode,
        name, and RGB mode and name.
Step 2: Get and report sample size and content of the sample.

**Tasks:**
Test the color sensor and perform some basic operations.

**End Frame**

BURT 转换输出：Java 实现

```
6
7    public void testColor() throws Exception
8    {
9          Log.println("Color Identified");
10         Log.println("ColorID Mode name =
                           " +        ColorVision.getColorIDMode().getName());
11         Log.println("color ID number = " + ColorVision.getColorID());
12         Log.println("Mode name = " + ColorVision.getName());
13         Log.println(" ");
14         Log.println("RGB Mode name =
                           " + ColorVision.getRGBMode().getName());
15         Log.println("RGB name = " + ColorVision.getName());
16
```

```
17          float X[] = new float[ColorVision.sampleSize()];
18          Log.println("sample size = " + ColorVision.sampleSize());
19          ColorVision.fetchSample(X,0);
20          for(int N = 0; N < ColorVision.sampleSize();N++)
21          {
22              Float Temp = new Float(X[N]);
23              Log.println("color sample value = " + Temp);
24          }
25      }
```

代码清单 6-3 的输出：

```
Color Identified
ColorID Mode name = ColorID
color ID number = 2
Mode name = ColorID
RGB Mode name = RGB
color ID number = 2
RGB name = ColorID
sample size = 1
color sample value = 2.0
```

color ID number 返回表示蓝色的 2。表 6-3 给出了颜色指数及名字。

表 6-3 颜色指数及名字

| 颜色指数 | 颜色名字 | 颜色指数 | 颜色名字 |
| --- | --- | --- | --- |
| 0 | 红色 | 7 | 黑色 |
| 1 | 绿色 | 8 | 粉红色 |
| 2 | 蓝色 | 9 | 灰色 |
| 3 | 黄色 | 10 | 浅灰色 |
| 4 | 品红色 | 11 | 深灰色 |
| 5 | 橙色 | 12 | 青色 |
| 6 | 白色 | | |

HiTechnicColorSensor 类定义了返回颜色模式名字和颜色 ID 的几个方法。这里也有一个存储颜色 ID 值的 SampleProvider 类。为了从样品中提取颜色 ID 值，在第 17 行中声明了浮点数数组，它的大小为 ColorVision.sample.size()：

```
17          float X[] = new float[ColorVision.sampleSize()];
```

在第 19 行中，SampleProvider 的内容包含了所有从 ColorVision.getColorID() 类函数返回的颜色 ID 值：

```
19          ColorVision.fetchSample(X,0);
```

ColorVision.fetchSample(X, O) 类函数接受一个浮点数的数组和偏移。根据偏移位置，所有元素都被复制到数组中。

20 ～ 24 行常会使用，该循环输出了存储在样本数组中的所有值：

```
20          for(int N = 0; N < ColorVision.sampleSize();N++)
21          {
22              Float Temp = new Float(X[N]);
23              Log.println("color sample value = " + Temp);
24          }
```

## 6.2  用于检测和跟踪颜色目标的数码相机

颜色传感器不是唯一可以检测颜色的装置，数码相机在捕获图像中也可以用来检测颜色。考虑到数码相机可以小型化，可以购买作为机器人视觉系统的一个组件或嵌入到机器人的头部。

与数码相机密切相连的是图像传感器，它将光学图像转换为电信号以作为数码相机的"胶片"。它们对光敏感且记录下图像，处理图像的每个单元格以收集所有信息，进而准确地重构数字化图像。这种图像处理也可以识别单个像素的颜色。这些装置可以用来检测颜色和执行目标识别（形状和颜色），进而跟踪目标。通过使用一个摄像机，从一个图像流中检测目标。检测意味着从视频流的一帧中寻找有色对象。在本节中，我们讨论了两种颜色摄像机：一个嵌入到 Unit2（RS Media Robosapien），另外一个是 Unit1 所使用的 Pixy Vision 传感器。

## 6.3  利用 RS Media 跟踪颜色目标

跟踪目标是利用一个摄像机定位随时间变化的一个移动目标或多个目标的过程。方法是在每个连续的视频帧中检测目标对象。如果目标相对摄像机移动太快，则目标检测可能很困难。必须执行某种类型的目标识别以确定每一帧中的目标对象。有许多目标属性可以使用，像大小或形状，但是最简单的一个属性是颜色。必须通过看目标来训练传感器识别目标。一旦在一帧中检测到目标对象的颜色，就可以确定它的位置。

Unit2 是 一 个 RS Media Robosapien，一个具有 Linux 内核的双足机器人。它有多个传感器和一个 LCD 屏幕。图 6-3 展示了 RS Media Robosapien 的 一 个 程序，图 6-4 给 出了其在 LibreOffice 电子表格中的能力矩阵。

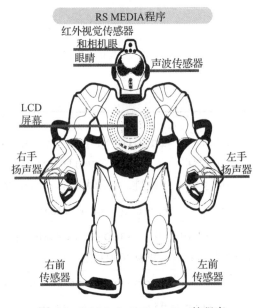

图 6-3  RS Media Robosapien 的程序

（LibreOffice 是一个开源办公套件。）

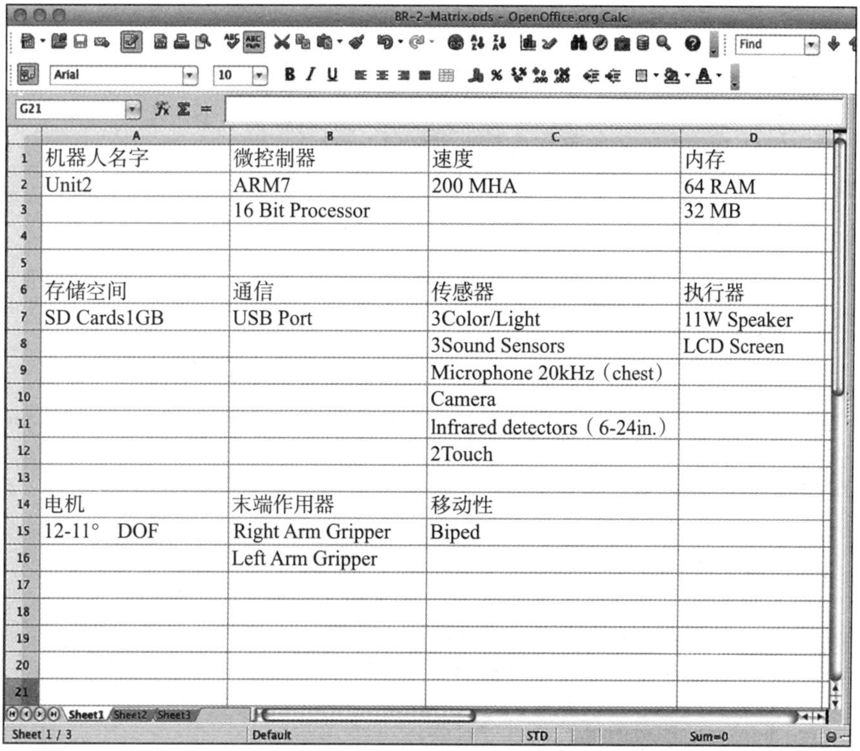

| | A | B | C | D |
|---|---|---|---|---|
| 1 | 机器人名字 | 微控制器 | 速度 | 内存 |
| 2 | Unit2 | ARM7 | 200 MHA | 64 RAM |
| 3 | | 16 Bit Processor | | 32 MB |
| 4 | | | | |
| 5 | | | | |
| 6 | 存储空间 | 通信 | 传感器 | 执行器 |
| 7 | SD Cards1GB | USB Port | 3Color/Light | 11W Speaker |
| 8 | | | 3Sound Sensors | LCD Screen |
| 9 | | | Microphone 20kHz（chest） | |
| 10 | | | Camera | |
| 11 | | | Infrared detectors（6-24in.） | |
| 12 | | | 2Touch | |
| 13 | | | | |
| 14 | 电机 | 末端作用器 | 移动性 | |
| 15 | 12-11° DOF | Right Arm Gripper | Biped | |
| 16 | | Left Arm Gripper | | |
| 17 | | | | |
| 18 | | | | |
| 19 | | | | |
| 20 | | | | |
| 21 | | | | |

图 6-4 LibreOffice 电子表格中 Unit2 的能力矩阵

代码清单 6-4 给出了 Unit2 执行颜色目标跟踪的伪代码和 Java 片段代码转换。代码清单 6-4 只包含 `colorTrack()` 类函数。

**代码清单 6-4 colorTrack() 类函数**

BURT 转换输入：

```
Softbot  Frame
Name:  Unit2
Parts:
Sensor  Section:
Camera

Actions:
Step 1: Place in default position
Step 2: Put camera in tracking mode
Step 3: Tell camera to track a blue object
Step 4: Detect and track the object
Step 5: If the object was blue
Step 6: Wave the left arm
```

Step 7: Return to default position
Step 8: Tell camera to track a green object
Step 9: Detect and track the object
Step 10: If the object was green
Step 11: Wave the right arm
Step 12: Return to default position
Step 13: Tell camera to track a red object
Step 14: Detect and track the object
Step 15: If the object was red
Step 16: Continue to track
Step 17: Turn right 3 steps
Step 18: Turn left 3 steps
Step 19: Stop

**Tasks:**

Test the color sensor by tracking a colored object and then perform some movements.

**End Frame**

BURT 转换输出：Java 实现 🤖

```
1     private void colorTrack()
2     {
3         boolean BlueInColor = false;
4         boolean RedInColor = false;
5         boolean GreenInColor = false;
6         boolean BlackInColor = false;
7         int Blue = 0;
8         int Red = 2;
9         int Green = 1;
10        int Black = 4;
11
12        Unit2.restoreDefaultPosition();
13        Unit2.VISION.track();
14        BlueInColor = Unit2.VISION.getTarget(Blue);
15        if(BlueInColor){
16            Unit2.LEFT_ARM.wave();
17            Unit2.waitUntilStop();
18            Unit2.restoreDefaultPosition();
19        }
20        GreenInColor = Unit2.VISION.getTarget(Green);
21        if(GreenInColor){
22            Unit2.RIGHT_ARM.wave();
23            Unit2.waitUntilStop();
24            Unit2.restoreDefaultPosition();
25        }
26        RedInColor = Unit2.VISION.getTarget(Red);
27        if(RedInColor){
```

```
28          Unit2.VISION.track();
29          Unit2.waitUntilStop();
30          Unit2.VISION.track();
31          Unit2.waitUntilStop();
32          Unit2.WALK.turnRight(3);
33          Unit2.waitUntilStop();
34          Unit2.WALK.turnLeft(3);
35          Unit2.waitUntilStop();
36      }
37  }
```

Unit2 跟踪一个目标时，该目标首先必须放置在距离摄像机 2.5cm 以内并且固定以便 Unit2 学习颜色。一旦学习了这种颜色，Unit2 可以检测该颜色的任何目标。Unit2 跟踪目标的运动 30s，然后退出摄像机模式。Unit2 使用一个红外传感器跟踪其范围内的目标。它有一个远距和近距。为了检测远距目标，它必须距离传感器 61cm 以内；而对于近距目标，它必须距离传感器 15cm 以内。

在第 13 行中，调用 **Unit2.VISION.track()** 类函数来激活 Unit2 的视觉。它检测一个特定颜色的目标，并且调用 **getTarget()** 跟踪这个目标。调用 3 次以检测和跟踪 3 种不同颜色的目标：

```
14      BlueInColor = Unit2.VISION.getTarget(Blue);
        ...
20      GreenInColor = Unit2.VISION.getTarget(Green);
        ...
26      RedInColor = Unit2.VISION.getTarget(Red);
        ...
```

如果检测和跟踪到目标颜色对象，则用 **getTarget()** 类函数返回一个真或假。如果真，Unit2 执行几个动作。

类函数 **Unit2.waitUntilStop()** 已使用多次。在尝试另一个任务之前，需要确保 Unit2 已经完成之前的任务，这是通常要做的。一个机器人可能需要几个计算周期、甚至几分钟来执行一个任务。如果机器人依赖前一个任务的完成，则有必要使用等待。例如，在 Unit2 检测一个位置上的目标之前，如果它必须到达该位置，根据距离，它可能需要几分钟来完成。在到达该位置之前，如果机器人立即试图检测一个颜色目标，则它可能检测到错误的目标或根本检测不到目标。如果出现这种情况则结果难以预料，机器人将无法完成任务。

## 6.4　使用 Pixy Vision 传感器跟踪颜色目标

正如前文所述，机器人的简单视觉（通过颜色识别一个目标并跟踪其位置）是一个由几个组件和传感器构成的系统：

■ 识别或颜色检测（颜色传感器）

■ 距离或接近检测器（超声波／红外）

通过一些图像处理，瞧！机器人有了视觉！正如我们讨论过的，RS Media 有一个很好的视觉系统，但是它在以下方面存在不足：

■ 它是嵌入在机器人里。

■ 它能检测一个单一的有色目标。

■ 它不提供关于目标的信息。

Pixy Vision 传感器是一个通过颜色跟踪目标并报告关于目标信息的数字颜色摄像装置。Pixy 有一个专用的双核处理器，以每秒 50 帧、640400 图像分辨率给微控制器发送有用信息，例如宽度、高度和 x y 位置。因此，检测对象的信息每 20ms 更新一次。每秒或每毫秒的图像帧数越多，目标位置的记录越精确。

Pixy 可以连接到 UART 串行、I²C 和 USB 总线接口；输出可以是数字或模拟；可以使用 Arduino 和 LEGO 微控制器。它可以一次检测几种不同的颜色目标和跟踪数百种目标颜色。使用颜色代码，它可以在 7 种主要颜色之外自定义颜色。颜色代码结合颜色来创建独特的检测目标。表 6-4 列出了 Pixy 和 RS Media 视觉摄像机的属性参数对比。

表 6-4　RS Media 和 Pixy Vision 摄像机的一些属性对比

| 属　　性 | RS Media 视觉摄像机 | Pixy Vision 摄像机 |
| --- | --- | --- |
| 颜色 # | 红色、蓝色、绿色和皮肤色调 | 不明确的 |
| 目标 # | 1 | 7 个独特的有色目标；实时不定目标 |
| 图像传感器 | N/A | OmniVision OV9715 图像传感器 |
| 帧速 | N/A | 50fps |
| 图像分辨率 | N/A | $1280 \times 900$，$640 \times 400$ |
| 检测距离范围 | 15cm ～ 61cm | 变化的 −10ft |
| 训练距离范围 | ＞ 2.54cm | 15cm ～ 50cm |
| 摄像机尺寸 | 嵌入式 | Pixy 装置：$53.34 \times 50.5 \times 35.56$mm |
| 摄像机重量 | 嵌入式 | 27g |
| 微控制器能力 | 嵌入式 | Arduino，Raspberry Pi 和 BeagleBone Black |
| 刷新率 / 跟踪时间 | 跟踪 30s | 20s 更新一次数据 |

## 6.4.1　训练 Pixy 以检测目标

训练 Pixy 以检测一个目标类似于训练 RS Media 摄像机。目标必须放在摄像机前面几英寸的位置，这样摄像机可以检测目标的颜色。一旦训练结束，Pixy 可以检测相同颜色的其他目标。对于 Pixy，有两种方法可以做到：

■ 使用 PixyMon 程序

■ 只使用 Pixy

Pixy 必须使用一根串行电缆连接到 PC 上，且它必须有一个电源。运行 PixyMon 程序以监视摄像机看到了什么。Pixy 传感器有一个用于确保传感器识别颜色的 LED，并且帮助确定多个检测目标。一旦按下 Pixy 上的按钮 1s，LED 序列以白色开始通过几个颜色。

当释放按钮时，摄像机处于光模式。目标应该放在视场中心镜头前面 15cm 至 50cm 的位置，LED 应该匹配目标的颜色。例如，当绿色目标直接放在 Pixy 前面时，如果 LED 变绿，则它已经识别这种颜色。如果成功则 LED 闪烁，如果失败则 LED 关闭。如果成功的话，Pixy 上的按钮应该按下和释放，然后 Pixy 生成一个目标颜色的统计模型并将这些颜色存储在闪存中。这个统计模型用于寻找相同颜色的目标。如果需要检测多个目标，则每个目标必须关联一个识别标志、一个检测颜色的标识符。Pixy 的 LED 通过一个 7 色序列闪烁，每种颜色是一个识别标志：

- 红色
- 橙色
- 黄色
- 绿色
- 青色
- 蓝色
- 紫色

第一个目标关联红色（1），第二个目标关联橙色（2），以此类推。按住按钮直到期望的颜色闪烁。PixyMon 显示传感器的视频图像。当一个目标颜色被识别时，目标像素化为这种颜色，如图 6-5 所示。

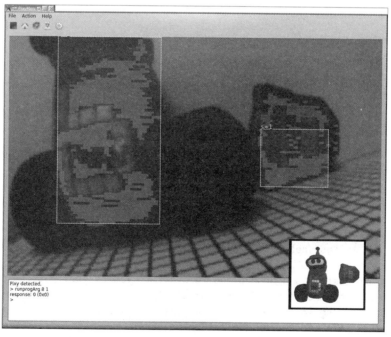

图 6-5　Pixy 识别一个目标的 PixyMon 屏幕截图，同时给出了一张实际目标的图片

## 6.4.2 编程 Pixy

一旦 Pixy 在它将要检测的颜色目标上进行了训练，就可以用来检测和跟踪目标。代码清单 6-5 是 BURT 转换，展示了通过安装在 Unit1 上的 Pixy 摄像机执行颜色目标跟踪的伪代码和 Java 代码转换。

**代码清单 6-5　Pixy 执行颜色目标跟踪**

BURT 转换输入：

**Softbot　Frame**
**Name:** Unit1
**Parts:**
*Sensor　Section:*
Vision Sensor


**Actions:**
 Step 1: Initialize the sensor.
 Step 2: Detect and track objects.
 Step 3: If any objects were detected
 Step 4: Report the number of objects, width, height, xy location and color.


**Tasks:**
Test the vision sensor, track an object, and report basic information about an
object.


**End Frame**

BURT 转换输出：Java 实现

```
1    //
2    // begin license header
3    //
4    // This file is part of Pixy CMUcam5 or "Pixy" for short
5    //
6    // All Pixy source code is provided under the terms of the
7    // GNU General Public License v2 (http://www.gnu.org/licenses/gpl-2.0.html).
8    // Those wishing to use Pixy source code, software and/or
9    // technologies under different licensing terms should contact us at
10   // cmucam@cs.cmu.edu. Such licensing terms are available for
11   // all portions of the Pixy codebase presented here.
12   //
13   // end license header
14   //
15   // This sketch is a good place to start if you're just getting started with
16   // Pixy and Arduino. This program simply prints the detected object blocks
17   // (including color codes) through the serial console. It uses the Arduino's
18   // ICSP port. For more information go here:
19   //
```

```
20      // http://cmucam.org/projects/cmucam5/wiki/Hooking_up_Pixy_
           to_a_Microcontroller_(like_an_Arduino)
21      //
22      // It prints the detected blocks once per second because printing all of the
23      // blocks for all 50 frames per second would overwhelm the Arduino's serial
           port.
24      //
25
26      #include <SPI.h>
27      #include <Pixy.h>
28
29      Pixy MyPixy;
30
31      void setup()
32      {
33          Serial.begin(9600);
34          Serial.print("Starting...\n");
35          MyPixy.init();
36      }
37
38      void loop()
39      {
40          static int I = 0;
41          int Index;
42          uint16_t Blocks;
43          char Buf[32];
44
45          Blocks = MyPixy.getBlocks();
46          if(Blocks)
47          {
48              I++;
49              if(I%50 == 0)
50              {
51                  sprintf(Buf, "Detected %d:\n", Blocks);
52                  Serial.print(Buf);
53                  for(Index = 0; Index < Blocks; Index++)
54                  {
55                      sprintf(Buf, "  Block %d: ", Index);
56                      Serial.print(Buf);
57                      MyPixy.Blocks[Index].print();
58                      if(MyPixy.Blocks[Index].signature == 1){
59                          Serial.print("color is red");
60                      }
61                      if(MyPixy.Blocks[Index].signature == 2){
62                      Serial.print("color is green");
63                      }
64                      if(MyPixy.Blocks[Index].signature == 3){
```

```
65                    Serial.print("color is blue");
66                }
67            }
68        }
69    }
70 }
```

在第 29 行中声明了 Pixy 传感器，它是一个 Pixy 对象：

**29    Pixy MyPixy;**

对象 **MyPixy** 在 setup() 函数中初始化。检测目标的信息存储于第 42 行 uint16_t 类型所声明的结构 Blocks 中。

在 loop() 函数中，第 45 行调用的 getBlocks() 类函数返回视频摄像机镜头前所识别的目标数量。如果有任何可识别的目标，则报告每个目标的信息。

正如前文所提到的，Pixy 每秒处理 50 帧，每帧中可以有许多可识别的目标。因此，Pixy 并不报告每帧的信息，仅当 I 以 50 划分时，报告来自一个给定帧的 Blocks 数量。

for loop 循环贯穿了帧中 Pixy 识别的目标阵列块。第 57 行：

**57  MyPixy.Blocks[Index].print();**

print() 类函数报告了一个特定 Pixy 目标的信息。每个目标存储的信息碎片为：

■ 识别标志

■ *x*

■ *y*

■ 宽度

■ 高度

print() 类函数报告了这些信息，也可以直接使用属性报告每一块信息，即：

```
MyPixy.Blocks[Index].signature
MyPixy.Blocks[Index].x
MyPixy.Blocks[Index].y
MyPixy.Blocks[Index].width
MyPixy.Blocks[Index].height
```

每个属性都是 uint16_t 类型。通过使用 signature，也可以报告颜色。训练 Pixy 检测 3 种颜色：

■ 识别标志 1：红色

■ 识别标志 2：绿色

■ 识别标志 3：蓝色

根据识别标志，报告正确的颜色：

**58  if(MyPixy.Blocks[Index].signature == 1){**
**59    Serial.print(" color is red");**

```
60    }
61    if(MyPixy.Blocks[Index].signature == 2){
62        Serial.print(" color is green");
63    }
64    if(MyPixy.Blocks[Index].signature == 3){
65        Serial.print(" color is blue");
66    }
```

### 6.4.3  详解属性

图 6-6 给出了 Pixy 传感器的视场。

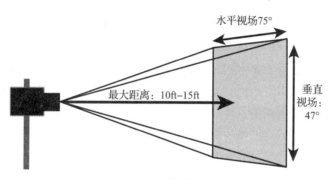

图 6-6  Pixy 传感器的视场

检测的目标在摄像机的视场内。水平视场为 75°，垂直视场为 47°。对于 75° 视场，有一个 10 英尺（约 3m）的最大观察距离。为了扩大检测距离，可使用一个较长焦距的透镜。但是，这将缩小视场。Pixy 检测目标焦点的 $xy$ 位置。表 6-5 列出了宽度、高度、$x$ 和 $y$ 这些属性的最小和最大值。

表 6-5  Pixy 属性的最小和最大值

| 最大 / 最小 | $x$ | $y$ | 高度 | 宽度 |
|---|---|---|---|---|
| 最小值 | 0 | 0 | 1 | 1 |
| 最大值 | 319 | 199 | 200 | 320 |

## 6.5  超声波传感器

超声波传感器是一种测距传感器，是机器人视觉系统的一个重要组成部分。通过产生 18kHz 以上人类听不到的声波，测量目标与实际传感器的距离。然后，在其感知范围内侦听从目标反射回来的声音。从发射到接收反射声波所需时间告诉了我们声波传输所用的时间，这个时间随后可转换为距离测量。

　　许多超声波传感器将二者合二为一，它们发射一个信号并接收一个信号。发射器发送高频声波，接收器评估接收到的回波。传感器测量发送信号和接收回波之间所用时间，这种测量随后转换为标准单位（Standard Units，SI），比如英寸、米或厘米。信号实际上是一个声音脉冲，当声音返回时停止。脉冲的宽度与声音传输的距离成正比，声音的频率范围取决于传感器。例如，工业超声波传感器在 25 ～ 50kHz 之间工作。

　　检测频率与感测距离成反比。一个 50kHz 的声波可能检测一个 10m 或更远的目标；一个 200kHz 的声波只能检测大约 1m 的目标。因此，检测远距离目标要求较低的频率，并且频率越高检测距离越近。典型的低端超声波传感器频率范围为 30 ～ 50kHz。我们所使用的超声波传感器的频率约 40kHz，感测范围为 2 ～ 3m。

## 6.5.1　超声波传感器的局限性和准确性

　　传感器发射一个锥形波束，椎体长度是传感器的范围，定义为视场。如果某个物体在超声波传感器的视场内，则声波从这个物体发射回来。但是，如果目标距离传感器较远，声波随传输距离增大而衰减，从而影响回波的强度。这或许意味着接收器可能没有检测到回波或者读数可能变得不可靠。对于不同视场端点处的目标，这种现象也是存在的。每个超声波传感器都有一个最靠近发射端面的盲区，这是一个传感器无法作用的区域。它是波束碰撞一个目标并在声波传输完成之前返回的传感器一端的距离，这样的回波是不可靠的。盲区的外边缘可看作一个目标与发射端之间的最小距离，只有几厘米。

　　传感器每一侧的目标会怎样？它们将被检测到吗？这取决于传感器的指向性。指向性是一个由发射器产生声源方向特性的测量，它表示有多强的声音指向一个特定区域。图 6-7a 展示了一个 50kHz 典型声能辐射模式的视场，其中在 *x* 轴上标准化了声音分贝。对于模式的不同点，可以确定在这一点上记录的距离和分贝量级。声源视线内的一个目标记录了最远距离上的最佳性能。每一边的波瓣都展示了较短的距离。

---

 **注释**

　　在最大距离上测量的目标可能返回一个并不可靠的弱信号。

---

　　图 6-7b 展示了一个 X 超声波传感器的视场。目标位于指示超声波传感器检测水平的地方。视场也随着距离的增大而降低，在最大距离处不到一半。如果解决了这种传感器的局限性和准确性，指向性和距离都不是问题。其他一些局限性与目标的材料、目标与传感器的角度以及这个角度如何影响传感器的准确性有关。传感器的准确度是实际值接近于期望值的程度。第 5 章表 5-8 给予了这方面的计算，其中 A 为实际值或测量值，E 为期望值或真值。因此，一个距离超声波传感器 60cm 的目标应该产生一个 60cm 的读数。

　　EV3 超声波传感器的准确度为 1cm，范围为 3 ～ 250cm。如果材料表面吸收声音，比如泡沫、棉花、橡胶，则与塑料、钢或玻璃等这些反射材料构成的物体表面相比，检测会更加困难。声音吸收材料实际上可以限制最大感测距离。当使用这类材料的物体时，准确度可能低于理想或更好状态几厘米。在应用层面，应该对准确度进行测试。当传感器位于机器人的高处位置时，可以避免声波碰撞地面或垂直于物体，超声波传感器表现最佳。

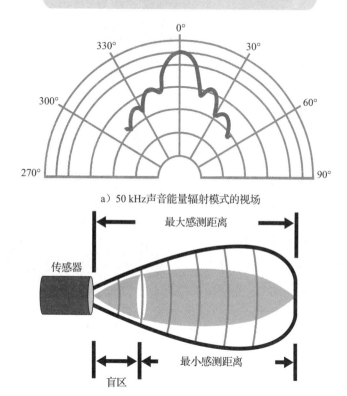

a）50 kHz声音能量辐射模式的视场

b）一个典型超声波传感器的视场

图 6-7　a）在 50 kHz 上一个典型声音能量辐射模式的视场，b）一个 X 超声波传感器的视场

图 6-8 给出了一个超声波传感器的各种局限性。该图展示了发射器发射一个声波（或声脉冲）及声波从一个物体（或墙壁）反射。图 6-8a 表示超声波返回一个准确读数。物体直接在传感器的前面且平行于传感器，波束碰撞物体。图 6-8b 阐明了透视缩短，即传感器处于一个角度且读数并不能反映一个准确的距离。脉冲比原脉冲要宽（因为距离增加了，用了很长时间返回）。图 6-8c 阐明了镜面反射，即声波以一个锐角射入物体或墙体表面，然后弹开。接收器根本没有检测到回波，异形物体也可能以这种方式反射声波。当同时使用系统中相同频率的多个超声波传感器时出现串扰，此时信号可能误被其他接收器读取，如图 6-8d 所示。但是，在一些传感器处于侦听模式的地方，这是可取的。

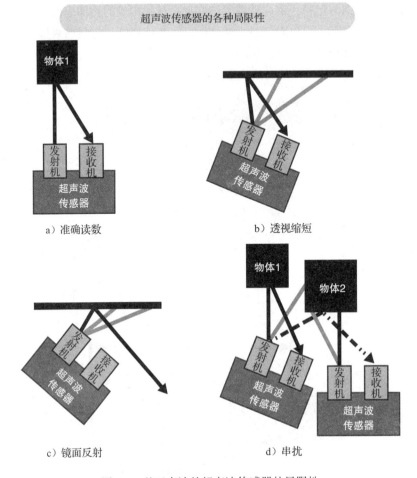

图 6-8　基于声波的超声波传感器的局限性

　　不论物体大小，一个宽大物体或一个窄小物体，对于宽的椎体和声波传播的方式，它们之间没有区别。考虑比较检测 50cm 处物体的一个超声波传感器和一个红外远程传感器。红外传感器也有一个发射器和一个接收器，但是它采用单波束红外光和三角测量来检测物体的距离。

　　在图 6-9a 中，如果传感器直接在其视线内，每个方向上都是 5°，则采用一个窄波束和一个 10° 视场可以定位一个目标。利用这种窄波束可以检测门口（没有读数），其中超声波传感器（见图 6-9b）可能检测门框。它们也可以用来检测目标的宽度。通过门口和环绕不同大小障碍的房间，一个配备 2 种类型接近传感器的机器人可以更好地导航路径。一些超声波传感器可以检测多达 8 个目标（返回多个读数），但并非所有软件都会给予用户这种选择。

　　检测目标的大小、表面或距离等方面的难度越大，最大感测距离可能越短。与较小的目标相比，较大的目标更易于检测。表面光滑或抛光的物体比表面柔软和多孔的物体反射声音效果好，更加易于检测，如图6-10所示。

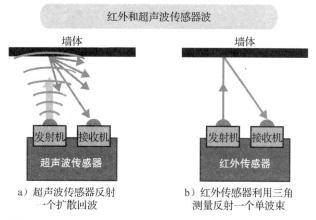

图6-9　a）超声波传感器检测一个从目标反射的声波，b）红外传感器利用三角测量检测从目标反射的一个单波束

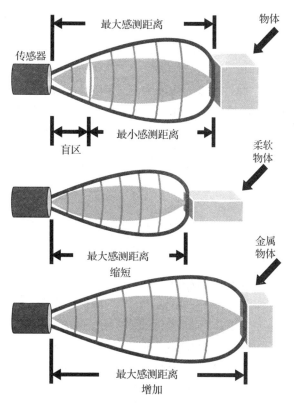

图6-10　超声波传感器的各种局限性（物体表面所致）

## 6.5.2　超声波传感器的模式

超声波传感器可以设置在不同的模式下运行。可用的模式取决于制造商、开发库的人员和发挥其功能优势的软件。一个超声波传感器可以连续地发送声波或发射单个声脉冲，并获取读数。

在连续模式下，声波是以一个固定时间间隔周期性地发送。如果检测到目标，则存储读数。在单个声脉冲模式下，传感器发射单个声脉冲并获取一个读数，如果检测到目标，则返回读数。该模式下的一些传感器可以利用单个声脉冲检测多个目标，其中每个读数存储于一个类似数组的数据结构，隐蔽的目标读数放在第一个位置。传感器的正常运作是超声波传感器的有源模式，它侦听其所发射波的回波。在无源模式下，传感器不会发射波，它只侦听来自其他超声波传感器的回波。表 6.6 列出了各种超声波传感器的模式及其简短描述。

表 6-6　超声波传感器模式

| 模式类型 | 描　　述 |
| --- | --- |
| 连续波 | 声波是以一个固定时间间隔周期性地发送 |
| 声脉冲 | 发射单个声脉冲并获取一个读数 |
| 有源 | 正常运作 |
| 无源 | 没有发射；侦听来自其他传感器的回波 |

## 6.5.3　采样读数

超声波传感器采样的是脉冲宽度，表示为声波到达目标并返回到接收机的时间，以微秒为单位。一旦返回并存储读数，它必须转换为标准单位 (SI)。我们对距离比较感兴趣，所以标准单位是距离度量单位，比如英寸、英尺、厘米和米。将微秒转换为这些标准单位是必要的。如前所述，脉冲宽度与声波到达目标的距离成正比。声速单位是以距离为单位时间表示：

- 13 503.9 英寸每秒
- 340 米每秒
- 34 000 厘米每秒

以微秒为单位，声音以 29 微秒每厘米传输。因此，如果超声波传感器返回 13 340 微秒，为了确定声波传输多远，计算必须表现为：

$$13\ 340ms/2 = 6670ms$$

除以 2 是因为读数是一个往返，而我们想要的只是一个单向距离。

$$6670ms/29ms/cm = 230cm = 2.3m$$

因此，检测的目标距离传感器 230cm 或 2.3m。如果需要，它可以很容易地转换为英寸。那么，谁来执行这个计算？作为一个内置传感器或基础传感器类的类函数，一些传感器库具有执行这种计算的功能。如果无法提供，则必须为传感器类编写转换函数或计算。

### 6.5.4　传感器读数的数据类型

 **小贴士**

应当用 int 存储微秒或返回的测量读数。微秒会是一个非常大的数字。当转换时，如果要求小数精度，则数值应存储为一个 float 类型。

### 6.5.5　校准超声波传感器

可以用许多不同的方法来校准超声波传感器以确保其正常工作，并持续产生最准确的读数。传感器应该经过测试以观察它们在系统的运行中如何表现。校准一个超声波传感器可以简化为在相同距离上获取一个对象的多个读数时，确保返回相同的读数。

如果机器人有多个超声波传感器，让一个有源另一个无源（串话，crosstalk），允许每个传感器测试另一个。但是，对准确度的关注也包括传感器的环境如何影响其性能。有些函数库已经定义了超声波传感器的校准方法。如果没有定义，使用连续波和声脉冲的组合或单独模式就足够了。对于生日聚会场景，考虑到对象 BR-1 可能使用其超声波传感器去检测：

- 生日蛋糕
- 桌上盘子
- 桌上杯子

生日蛋糕的表面柔软、多孔，在远距离上很难检测到蛋糕。盘子和杯子（如果它们是由玻璃或陶瓷制成）有一个反射面，但是盘子接近桌面。对蛋糕而言，好的方面是没有必要试图在远距离上检测桌上的蛋糕。因此，对于图 6-11 所示的不同表面类型，校准这种场景下的超声波传感器需要传感器在近距离上能够检测这些项目。

空气的温度、湿度和气压也会影响声波的速度。例如，如果超声波传感器是在一个温度波动的环境中工作，则可能影响读数。在温度较高时，分子具有更多的能量，可以更快振动，从而导致声波传播更快。室温空气中的声速为 346m/s，远快于冰点上的 331m/s。

与视场、不同大小目标、异形或表面

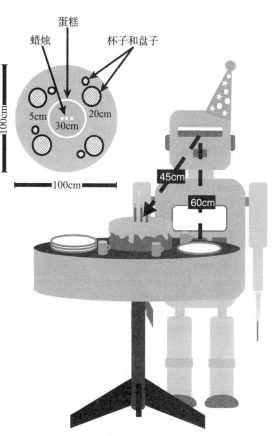

图 6-11　在生日桌上检测目标的 BR-1 的态势

相关的准确度对不同类型测试和校准的要求高于温度和气压。应该创建一个测试方案，记录测量值并与期望值比较。表 6-7 给出了一个超声波传感器的采样测试，在不同位置的几个目标上比较这个传感器的期望读数与实际读数。

表 6-7  一个超声波传感器的采样测试

| 实际距离 (cm) | 1 | 2 | 5 | 10 | 15 | 20 | 25 | 30 | 40 | 50 |
|---|---|---|---|---|---|---|---|---|---|---|
| 第 1 个读数 | 6 | 7 | 6 | 12 | 17 | 21 | 27 | 30 | 40 | 50 |
| 第 2 个读数 | 8 | 5 | 6 | 11 | 18 | 21 | 25 | 29 | 40 | 50 |
| 第 3 个读数 | 4 | 4 | 6 | 10 | 17 | 21 | 25 | 29 | 41 | 50 |
| 第 4 个读数 | 7 | 5 | 6 | 11 | 18 | 21 | 25 | 29 | 42 | 50 |
| 第 5 个读数 | 5 | 4 | 6 | 11 | 19 | 21 | 25 | 30 | 40 | 49 |

## 6.5.6  编程超声波传感器

在本节中，对于 EV3 和 Arduino Uno 微控制器，我们将展示编程超声波传感器的 BURT 转换。为了编程一个超声波传感器，传感器必须以合适的信息初始化，并且准备接收来自其环境的输入。对于系统而言，在测试、验证、校正、估计误差或确定标准值的形式方面，超声波传感器也可能需要某种类型的校准。

表 6-6 为编程 EV3 超声波传感器的 BUTR 转换。该 BURT 转换展示了超声波传感器动作的伪代码和 Java 代码转换，它是测试超声波传感器执行一些基本操作的主线。代码清单 6-6 是 Unit1 超声波传感器测试的一个软件机器人框架和 Java 代码转换。

代码清单 6-6  Unit1 超声波传感器测试的软件机器人框架

BURT 转换输入：

```
Softbot  Frame
Name:  Unit1
Parts:
Sensor  Section:
Ultrasonic  Sensor


Actions:
Step 1: Initialize and perform any necessary calibration to the
        ultrasonic sensor
Step 2: Test the ultrasonic sensor
Step 3: Report the distance and the modes


Tasks:
Test the ultrasonic sensor and perform some basic operations.
End Frame
```

BURT 转换输出：Java 实现

```
49    public static void main(String [] args)  throws Exception
```

```
50    {
51        softbot SensorRobot = new softbot();
52        SensorRobot.testUltrasonicPing();
53        SensorRobot.getUSModes();
54        SensorRobot.closeLog();
55    }
```

在第 51 行中，声明了 softbot SensorRobot。然后，调用了三种函数（类函数）：

SensorRobot.testUltrasonicPing()

SensorRobot.getModes()

SensorRobot.closeLog()

代码清单 6-7 为软件机器人构造函数的 Java 代码：

**代码清单 6-7　软件机器人构造函数**

```
8    public softbot() throws Exception
9    {
10       Log = new PrintWriter("Softbot.log");
11       Vision = new EV3UltrasonicSensor(SensorPort.S3);
12       Vision.enable();
13    }
```

传感器初始化出现在任何需要具备校准的构造函数中。在第 11 行中，类似所有其他的传感器，首先通过传感器端口初始化超声波传感器，然后启用（第 12 行）。考虑到仅执行一个简单的读数，不需要校准。代码清单 6-8 包含了"软件机器人框架"和 testUltrasonicPing() 的 Java 转换。

**代码清单 6-8　testUltrasonicPing() 类函数**

BURT 转换输入：

```
Softbot  Frame
Name:  Unit1
Parts:
Sensor  Section:
Ultrasonic  Sensor

Actions:
Step 1: Measure the distance to the object in front of the sensor
Step 2: Get the size of the sample
Step 3: Report the size of the sample to the log
Step 4: Report all sample information to the log

Tasks:

Ping the ultrasonic sensor and perform some basic operations.
End Frame
```

BURT 转换输出：Java 实现 🤖

```
15    public SampleProvider testUltrasonicPing() throws Exception
16    {
17        UltrasonicSample = Vision.getDistanceMode();
18        float Samples[] = new float[UltrasonicSample.sampleSize()];
19        Log.println("sample size =" + UltrasonicSample.sampleSize());
20        UltrasonicSample.fetchSample(Samples,0);
21        for(int N = 0; N < UltrasonicSample.sampleSize();N++)
22        {
23            Float Temp = new Float(Samples[N]);
24            Log.println("ultrasonic value = " + Temp);
25        }
26        Log.println("exiting ultrasonic ping");
27        return UltrasonicSample;
28    {
```

　　代码清单6-8展示了 **testUltrasonicPing()** 类函数的 Java 代码。**Vision** 是一个 **EV3UltrasonicSensor** 对象。传感器持续发射脉冲。在第17行中，**Vision. getDistanceMode()** 类函数侦听回波并返回离传感器最近目标的测量（以 m 为单位）。这个值存储于 **SampleProvider UltrasonicSample**。在第18行中，一个浮点数组（样本）声明为一个样本数的大小。在第20行中，**fetchSample()** 类函数从偏移0开始将 **UltrasonicSample** 中所有元素赋予到 **Samples**。然后，所有值都写入到 log。

　　代码清单6-9为 **getUSModes()** 类函数的 BURT 转换：

### 代码清单 6-9　getUSModes() 类函数

BURT 转换输入：🤖

**Softbot  Frame**
**Name:** Unit1
**Parts:**
Sensor  Section:
Ultrasonic  Sensor

**Actions:**
Step 1: Create an array that will hold all the possible mode names.
Step 2: Store the mode names in the array.
Step 3: Report the mode names to the log.

**Tasks:**
Report the mode names for the ultrasonic sensor.
**End Frame.**

BURT 转换输出：Java 实现 🤖

```
31    public int getUSModes()
32    {
```

```
33          ArrayList<String> ModeNames;
34          ModeNames = new ArrayList<String>();
35          ModeNames = Vision.getAvailableModes();
36          Log.println("number of modes = " + ModeNames.size());
37          for(int N = 0; N < ModeNames.size();N++)
38          {
39              Log.println("ultrasonic mode = " + ModeNames.get(N));
40          }
41          return(1);
42      }
```

下面是由 Unit1 产生的输出：

```
sample size = 1
ultrasonic value = 0.82500005
exiting ultrasonic ping
number of modes = 2
ultrasonic mode = Distance
ultrasonic mode = Listen
```

报告里只有一个样本。传感器读取的值为 0.825 000 05m。EV3 超声波传感器有两种模式：距离和侦听。在距离模式下，传感器发送一个脉冲，侦听回波并返回值。在侦听模式下，传感器不发送脉冲或获取读数，它返回一个表明其他超声波传感器存在的值。

代码清单 6-10 包含了获取超声波传感器读数的 BURT 转换，该传感器与一个 Arduino Uno 微控制器相连接。

代码清单 6-10　超声波传感器读数的软件机器人框架

BURT 转换输入：

**Softbot　Frame**
**Name:** Unit1
**Parts:**
Sensor　Section:
Ultrasonic　Sensor

**Actions:**
Step 1: Set communication rate for the sensor
Step 2: Set the mode as Input or Output for the appropriate pins
Step 3: Send out a pulse
Step 4: Take a reading
Step 5: Convert the reading to centimeters
Step 6: Report the distance

**Tasks:**
Take a reading with the ultrasonic sensor and report the distance
**End Frame**

接下来的 3 个程序为 3 种不同超声波传感器的 BURT 转换输出，每种传感器均连接到一个 Arduino Uno 微控制器：

- HC-SR004
- Parallax Ping
- MaxBotix EZ1

每种传感器都有自己的特点，这在前面已经讨论过。一个 Arduino 程序（称为草图 sketch）有两个函数：

- setup( )
- loop( )

setup( ) 功能就像一个构造函数，用于初始化变量、设置引脚模式等。它只在 Arduino 主板每次启动或复位时运行。在 setup( ) 函数之后就是 loop( ) 无限循环。因此，在循环函数中的任何定义都是连续地执行，永无止境或直到它停止。代码清单 6-11 包含了 HC-SR04 超声波传感器的 BURT 转换 C++ 输出。

**代码清单 6-11　HC-SR04 的 C++ 转换**

BURT 转换输出：C++ 实现

```
1    const int EchoPin = 3;
2    const int PingPin = 4;
3
4    void setup()
5    {
6        pinMode(PingPin,OUTPUT);
7        pinMode(EchoPin,INPUT);
8        Serial.begin(9600);
9    }
10
11   void loop()
12   {
13       long Cm;
14       Cm = ping();
15       Serial.println(Cm);
16       delay(100);
17   }
18
19   long ping()
20   {
21       long Time, Distance;
22       digitalWrite(PingPin, LOW);
23       delayMicroseconds(2);
24       digitalWrite(PingPin, HIGH);
25       delayMicroseconds(10);
26       digitalWrite(PingPin, LOW);
```

```
27          Time = pulseIn(EchoPin, HIGH);
28          Distance = microToCentimeters(Time);
29          return Distance;
30      }
31
32      long microToCentimeters(long Micro)
33      {
34          long Cm;
35          Cm = (Micro/2) / 29.1;
36          return Cm;
37      }
```

图 6-12 给出了 HC-SR04 超声波传感器的示意图。

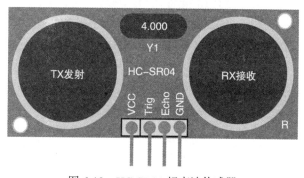

图 6-12　HC-SR04 超声波传感器

HC-SR04 有 4 个数字引脚:

- Vcc: 5V 电源
- Trig: 触发脉冲输入
- Echo: 回波脉冲输出
- GND: 0V 接地

Vcc 引脚连接到一个 5V 的电源, GND 连接到 Arduino Uno 主板上的接地端。我们对两个引脚感兴趣:

- 一个用于脉冲输出 (PingPin 用于发射一个脉冲)
- 一个用于脉冲输入 (EchoPin 用于读取这个脉冲)

pinMode() 函数设置用于输入或输出的特定数字引脚。pinMode() 函数接受两个参数:

- pin
- mode

pin 为 Arduino 引脚的数量, mode 为将要设置的模式, 不是 INPUT 就是 OUTPUT。一个设置为 INPUT 模式的引脚接受来自任何与该引脚相连的（这里为超声波传感器）输入，打开以接受一个电脉冲。它看作是一个高阻抗状态。一个设置为 OUTPUT 模式的引脚发射一个脉冲。它看作是一个低阻抗状态。在第 6 行中，PingPin（引脚 4）设置为 OUTPUT 引脚；在第 7 行中，EchoPin（引脚 3）设置为 INPUT 引脚。这意味着引脚 4 用于发射声脉冲来定位一个目标，并且如果声脉冲从这个目标反射回，引脚 3 用于接收读数。在第 8 行中，Serial.begin(9 600) 设置通信速率为 9 600。

第 11 ~ 17 行定义了 loop() 函数。第 14 行调用了 Ping() 函数并返回读数，第 15 行报告了这个读数。Ping() 和 microToCentimeters() 函数是用户定义的两个函数。Ping() 函数发射脉冲、获取读数并将读数（ms）转换为厘米。在 ping() 函数中：

- digitalWrite()
- delayMicroseconds()

调用了 2 次函数对。digitalWrite() 函数写 HIGH 或 LOW 值到指定的数字引脚。在 setup() 中，PingPin 已由 pinMode() 配置为 OUTPUT 设置；它的电压设置为 LOW，然后会有一个 2μs 的延迟。同样地，PingPin 设置为 HIGH，意味着发射一个 5V 的脉冲，然后会有一个 10μs 的延迟。在第 26 行中，另外一个 LOW 脉冲写入到这个引脚以确保一个无噪的 HIGH 脉冲。在第 27 行中，pulseIn() 将侦听的 HIGH 脉冲作为回波（从目标反射）赋予在 setup() 函数中设为 INPUT 的 EchoPin（引脚 3）。pulseIn() 函数等待引脚为 HIGH 开始计时，然后等引脚为 LOW 再停止计时。如果在某个指定时间内没有接收到完整的脉冲，则它返回脉冲的长度（μs 或 0）。它可以在脉冲长度 10μs ~ 3min 范围内正常工作。我们的脉冲长度为 10μs。如果当调用 EchoPin 函数时（记住这些读数是在一个循环中执行）它已经为 HIGH，则在它开始计数之前，等待引脚为 LOW 再至 HIGH。读数之间的延迟是一个好主意。

返回的是脉冲持续时间，而不是距离。因此，微秒读数必须转换为距离。microToCentimeters() 函数将读数转换为 cm。ms 反映了脉冲的长度，即从发射开始至路径上的某个目标，反射并返回到接收机 EchoPin。为了获得距离，这些微秒要除以 2。然后除以 29.1，即为声音传播 1cm 所用的 μs。返回该值，将其赋予 loop() 函数第 14 行中的 Cm，然后打印一个串行输出。

代码清单 6-12 包含了 Parallax Ping 超声波传感器的 C++ 转换。

**代码清单 6-12　Parallax Ping 超声波传感器的 C++ 转换**

BURT 转换输出：C++ 实现

```
1     const int PingPin = 5;
2
3     void setup()
4     {
5         Serial.begin(9600);
6     }
7
```

```
 8    void loop()
 9    {
10        long Cm;
11        Cm = ping();
12        Serial.println(Cm);
13        delay(100);
14    }
15
16    long ping()
17    {
18        long Time, Distance;
19        pinMode(PingPin,OUTPUT);
20        digitalWrite(PingPin, LOW);
21        delayMicroseconds(2);
22        digitalWrite(PingPin, HIGH);
23        delayMicroseconds(5);
24        digitalWrite(PingPin, LOW);
25        pinMode(PingPin,INPUT);
26        Time = pulseIn(PingPin, HIGH);
27        Distance = microToCentimeters(Time);
28        return Distance;
29    }
30
31    long microToCentimeters(long Micro)
32    {
33        long Cm;
34        Cm = (Micro/2) / 29.1;
35        return Cm;
36    }
```

图 6-13 给出了 Parallax Ping 超声波传感器的示意图。

Parallax Ping 有 3 个数字引脚：

- 5V：5V 电源

- SIG：信号 I/O

- GND：0V 接地

它仅有一个引脚（SIG）用于 INPUT 或 OUTPUT。因此，编程这种传感器需要一点儿改变。在 setup() 函数中，将通信速率设为：

```
 3    void setup()
 4    {
 5        Serial.begin(9600);
 6    }
```

在 ping() 函数中调用 pinMode()。因为引脚相同，PingPin（引脚 5）必须用于输入和输出，在获取读数之前，该引脚在第 25 行正确复位到 INPUT：

```
19      pinMode(PingPin,OUTPUT);
20      digitalWrite(PingPin, LOW);
21      delayMicroseconds(2);
22      digitalWrite(PingPin, HIGH);
23      delayMicroseconds(5);
24      digitalWrite(PingPin, LOW);
25      pinMode(PingPin,INPUT);
26      Time = pulseIn(PingPin, HIGH);
```

Parallax Ping超声波传感器

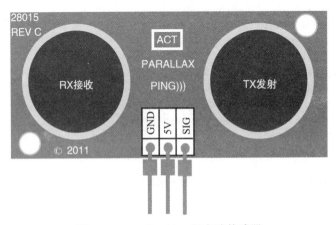

图 6-13　Parallax Ping 超声波传感器

其他的一切都是相同的。

代码清单 6-13 给出了 MaxBotix EZ1 超声波传感器的 BURT 转换 C++ 输出。

**代码清单 6-13　MaxBotix EZ1 超声波传感器的 C++ 转换**

BURT 转换输出：C++ 实现

```
1       const int PwPin = 7;
2
3       void setup()
4       {
5           Serial.begin(9600);
6       }
7
8       void loop()
9       {
10          long Cm;
11          Cm = ping();
12          Serial.println(Cm);
13          delay(100);
```

```
14        }
15
16    long ping()
17    {
18        long Time, Distance;
19        pinMode(PwPin,INPUT);
20        Time = pulseIn(PwPin, HIGH);
21        Distance = microToCentimeters(Time);
22        return Distance;
23    }
24
25    long microToCentimeters(long Micro)
26    {
27        long Cm;
28        Cm = Micro / 58;
29        return Cm;
30    }
```

图 6-14 给出了 MaxBotix EZ1 超声波传感器的示意图。

MaxBotix EZ1 包括如下几个引脚：

- PW：脉冲宽度输出
- AN：模拟输出
- 5V：2.5 至 5V 电源
- GND：0V 接地

这种传感器提供了 PWM 和模拟输出的引脚。PW 连接到一个 Arduino Uno 数字引脚，或 AN 连接到一个输入模拟引脚。类似 EV3 超声波传感器，EZ1 处于自由运行模式，连续发射脉冲，因此它不需要 ping 函数，不需要调用 digitalWrite() 函数。在第 19 行中，pinMode() 将 PwPin 置于 INPUT 模式，在第 20 行中获取读数。为了将微秒转换为 cm，读数除以 58。在这种情形下，脉冲宽度为 58 μs/cm。

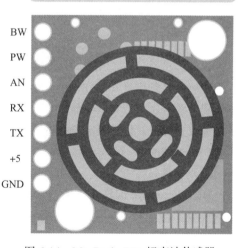

图 6-14　MaxBotix EZ1 超声波传感器

## 6.6　罗盘传感器计算机器人的航向

机器人在环境中移动，从一个位置到另一个位置执行任务。因此，在环境中导航至关重要。导航是机器人在环境中确定其位置，然后朝着某个目标位置规划路径的能力。因为机器人从一个位置走向另一个位置，它可能需要通过检查以确保在其航向上。由于滑移或环境的表面（地形），机器人有时可能会丢失方向，因此，通过检查当前航向与期望航向而进行航向校正是必要的。一个磁罗盘传感器测量地球的磁场（地磁场）并计算航向角。磁罗盘通过在地球表面弱磁场里检测和定位自身来工作，是由地球核里液态铁的旋转力所致。传感器返回一个 0（正北）至 359° 的值，该值表示机器人的当前航向角，如图 6-15 所示。

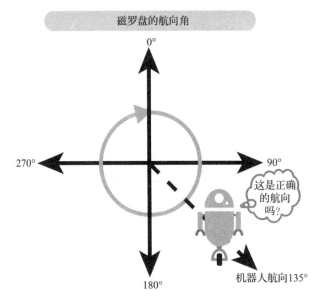

图 6-15　磁罗盘的航向角

传感器必须水平安装在机器人上。罗盘应该远离发出电磁场的任何设备，比如电机、变压器和电感器。大型导电物品，如汽车和冰箱，这些设备可以显著改变磁场而影响读数。为了尽量减少干扰，传感器应该放置在距离电机至少 6 英寸（15cm）和距离微控制器至少 4 英寸（10cm）的地方。

**编程罗盘**

HiTechnic 磁罗盘采用数字 I²C 通信协议。以 1° 为单位测量当前航向，每秒 100 次连续获取读数。在本节中，我们将给出利用 EV3 微控制器编程这种罗盘的 BURT 转换。代码清单 6-14 为采用 HiTechnicCompass 类编程 HiTechnic 罗盘传感器的 BURT 转换。它包含了获取多个罗盘读数的伪代码和 Java 代码转换。这是测试罗盘传感器的主线。

代码清单 6-14　Unit1 的罗盘传感器测试

BURT 转换输入：

```
Softbot  Frame
Name:  Unit1
Parts:
Sensor  Section:
Compass Sensor
```

**Actions:**
Step 1: Initialize and perform any necessary calibration for the
        compass sensor
Step 2: Test the compass sensor
Step 3: Report the readings

**Tasks:**
Test the compass sensor by taking multiple readings.
**End Frame**

BURT 转换输出：Java 实现

```
44    public static void main(String [] args)  throws Exception
45    {
46        softbot SensorRobot = new softbot();
47        SensorRobot.testCompass();
48        SensorRobot.closeLog();
49    }
```

代码清单 6-15 给出了构造函数的 Java 代码。

**代码清单 6-15　构造函数的 Java 代码**

BURT 转换输出：Java 实现

```
6     public softbot() throws Exception
7     {
8         Log = new PrintWriter("Softbot.log");
9         Compass = new HiTechnicCompass(SensorPort.S2);
10        calibrateCompass();
11    }
```

代码清单 6-16 包含了 calibrateCompass( ) 的 BURT 转换。

**代码清单 6-16　calibrateCompass( ) 类函数**

BURT 转换输入：

**Softbot  Frame**
**Name:**  Unit1
**Parts:**
*Sensor  Section:*
Compass Sensor

**Actions:**
Step 1: Start calibrating the compass
Step 2: Report calibration has started
Step 3: Wait for 40 seconds
Step 4: Stop calibration
Step 5: Report calibration has stopped

**Tasks:**
Test the compass sensor by taking multiple readings.
**End Frame**

BURT 转换输出：Java 实现

```
12    public void calibrateCompass() throws Exception
13    {
14        Compass.startCalibration();
15        Log.println("Starting calibration ...");
16        Thread.sleep(40000);
17        Compass.stopCalibration();
18        Log.println("Ending calibration ...");
19    }
```

第 14 行中的 startCalibration() 类函数启动 HiTechnic 罗盘的校准。为了校准该罗盘，必须将其物理旋转 360° 两次，每次旋转应该用时 20s，第 16 行中的 Thread.sleep(40 000) 就是实现这个功能的。

代码清单 6-17 包含了 testCompass() 类函数的 BURT 转换。

### 代码清单 6-17    testCompass() 类函数

BURT 转换输入：

**Softbot   Frame**
**Name:**  Unit1
**Parts:**
*Sensor   Section:*
Compass Sensor

**Actions:**
Step 1: Get the compass sample
Step 2: Repeat 10 times
Step 3: Report the reading
Step 4: Wait awhile before getting another sample
Step 5: Get the compass sample
Step 6: End repeat

**Tasks:**
Test the compass sensor by taking multiple readings.
**End Frame**

BURT 转换输出：Java 实现

```
22    public void testCompass() throws Exception
23    {
24        float X[] = new float[Compass.sampleSize()];
25        Compass.fetchSample(X,0);
26
```

```
27          for(int Count = 0; Count < 10;Count++)
28          {
29              Float Temp = new Float(X[0]);
30              Log.println("compass sample value = " + Temp);
31              Thread.sleep(5000);
32              Compass.fetchSample(X,0);
33          }
34      }
```

在第 25 行中，`Compass.fetchSample()` 类函数检索读数并将它们放入数组 X 中。只有一个值返回并放入这个数组中。由于罗盘获取了 100 个读数，`Thread.sleep(5000)` 类函数用于读数之间的停顿。

## 6.7　下文预告

本章中，我们讨论了如何编程不同类型的传感器。第 7 章中，我们将讨论不同类型的电动机，如何控制电动机和伺服机构的齿轮、扭矩和速度，以及如何编程一个机器人手臂的伺服机构。

# 第 7 章
# 电动机和伺服机构编程

**机器人感受训练课程 7**：机器人的传感器可以使它的控制力超过它的执行力。

第 5 章和第 6 章中，我们对传感器感知什么、如何感知以及如何编程进行了讨论。可知，如果没有传感器，一个机器人就不知道所在环境的状态、发生了什么事或当前的条件。有了这些信息，可以针对态势做出决策和执行任务。这种行为是由机器人的执行器实施的。执行器是让机器人对环境采取行动的机制。

## 7.1 执行器是输出转换器

第 5 章中，我们讨论了传感器和输入转换器如何将物理量转换为电能。图 5-1 展示了一个声传感器如何将声波转换为以分贝测量的电信号。图 7-1 展示了输出转换器（扬声器）将一个电磁声波转换回一个声波。

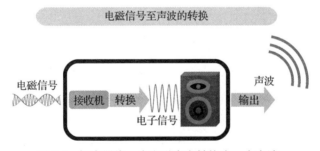

图 7-1　扬声器将一个电磁声音转换为一个声波

一种特殊类型的输出转换器是一个执行器。执行器是将能量转换为物理运动的装置，比如：

- 电位计
- 加速计
- 线性和旋转电动机

所有这些装置将电子信号转换为机电能量。本章中，我们将关注旋转电动机，用作机器人手臂和末端作用器的关节以及驱使机器人的车轮、履带和腿部移动。

不同类型的电动机有不同的用途。有些电动机比其他的功率更大，利于驱动大型机器人；其他一些电动机擅长于更加复杂的运动技能，比如机器人手臂和末端作用器。当设计、构建并最终编程一个机器人时，应该了解不同类型的电动机、它们的特性以及如何使用它们。

### 7.1.1　电动机特性

下面是针对所有电动机的一些共同特性。当试图确定哪些电动机应该用于机器人组件时，这些是需要考虑的。在电动机数据表中留意这些特性。

### 7.1.2　电压

电动机的额定电压是电动机在其峰值效率上工作时所需的电压。大多数电动机可以在略高于或稍低于它们的额定电压上工作，但是最好不要打算让它们在这些量级电压上工作。电动机在低于额定电压上工作会降低电动机功率，或许应该做出其他的选择；在高于额定电压上工作可能会烧坏电动机。电动机应该在某个点上工作于它们的最高转速（额定电压）。低于额定电压时最慢的转速应不超过 50%。

### 7.1.3　电流

电动机产生电流取决于它们拉动的负载。通常，更多的负载意味着更多的电流。每个电动机有一个堵转电流，即遇到强力阻止它转动时所产生的电流。该电流比运行时或在无负载下产生的电流高很多。一个电动机的电源应该能够处理堵转电流。当电动机启动时，为克服它们自身的惯性，会在堵转电流附近拉动一会儿。

### 7.1.4　转速

电动机转速以转数 / 分钟（Rotations Per Minute，RPM）为单位。

### 7.1.5　扭矩

扭矩是电动机牵引能力的度量，它是当反作用力（负载）附加到电动机轴上时由电动机可以拉动的力测量。这种测量可以是 ft.-lb.、lb.-ft.、oz.-in.、in.-oz.、g-cm（克 – 厘米）以及任何其他重量 – 长度变化。

### 7.1.6　电阻

电动机可以按照欧姆进行分级，这是电动机的电阻。采用欧姆定律（电压 = 电流 × 电阻），可以计算电动机的电流消耗。

## 7.2 不同类型的直流电动机

电动机可以划分为两种类型的执行器：

- 线性的
- 旋转的

一个线性执行器产生线性运动，也就是说，沿着一条直线运动。对于确定的机器人态势，这种类型的执行器是重要的和有用的，但是我们不在本书中讨论。旋转执行器将电能转换为旋转运动。许多类型的电动机为旋转执行器，有两个主要的机械特性用来区别电动机类型，它们是扭矩和转速。扭矩是电动机在一个给定距离上可以产生的力，转速与一个物体围绕一个轴可以旋转多快有关，表示为物体转动的圈数除以时间。因此，这意味着一个电动机是由它可以施加多少力和转动多快定义。本章讨论以下 3 种电动机：

- 直流
- 伺服
- 齿轮直流

虽然列出了 3 种电动机，但都是不同类型的直流（Direct Current，DC）电动机。一个伺服电动机是一个真正的齿轮系直流电动机。

### 7.2.1 直流电动机

直流电动机和伺服机构给予机器人身体动作的能力，比如两足行走、牵引轮滚动、利用手臂拾取和操纵目标。考虑这些身体动作，何时应该使用一个直流电动机，何时应该使用一个伺服电动机？直流电动机与伺服电动机之间的差异是什么？

直流电动机有各种形状和大小，大多数为圆柱形。图 7-2 展示了一个直流电动机。

DC 代表"直流"，这种电流致使电动机以数百至数万 RPM（转数每分钟）连续旋转。直流电动机有两个接线端（电线），当一端连接到直流且另一端接地时，电动机朝一个方向旋转；当另一端连接到直流且前一端接地时，电动机反方向旋转。通过切换接线端的极性来反转电动机的方向，通过改变供给电动机的电流来改变电动机的转速。

直流电动机可分为有刷和无刷。有刷电动机是由一个电枢（转子）、一个换向器、一些电刷、一个轴和一个场磁铁构成。电枢或转子是一个电磁铁，场磁铁是一个永久磁铁。换

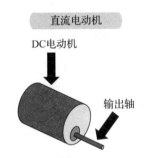

图 7-2 一种 DC 电动机和输出轴

向器是一个裂环装置，围绕物理触刷的轴缠绕，其中刷子连接到电源的相反两级。图 7-3 展示了有刷直流电动机的部件及其转动。

刷子通过永久磁铁的两极来反向掌控换向器，从而促使转子转动。旋转的方向可以是顺时针和（或）逆时针；就像逆转电池上的引线，它可以通过扭转刷子的极性反转。只要电源

满足，这个过程将持续进行。

一个无刷直流电动机有 4 个或更多以交叉模式环绕转子的永久磁铁。转子承受磁铁，因此它不需要连接装置、换向器或刷子。取而代之，电动机有像编码器那样的控制电路，在固定的时间上检测转子在哪儿。图 7-4 给出了无刷直流电动机的部件及其转动。

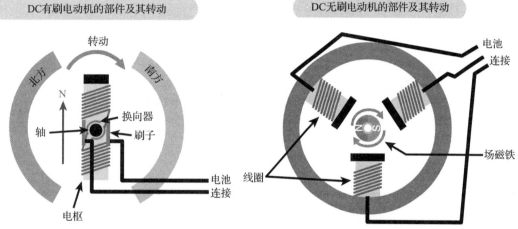

图 7-3　DC 有刷电动机的部件及其转动　　　　图 7-4　DC 无刷电动机的部件及其转动

对于许多应用和使用，有刷和无刷电动机是可对比的。每种电动机都有优点和缺点。有刷电动机通常成本低、可靠；无刷电动机在与定位相关的使用方面非常准确。表 7-1 列出了一些优点和缺点。

表 7-1　有刷和无刷直流电动机的优点和缺点

| 区　　域 | 有刷电动机 | 无刷电动机 |
|---|---|---|
| 费用 | **优点**：<br>廉价 | **缺点**：<br>较高的制造成本；<br>需要一个可能几乎等同电动机成本的控制器 |
| 可靠性 | **优点**：<br>一般在粗糙的环境中可靠 | **优点**：<br>更加可靠 |
| 准确度 | **优点**：<br>利于广泛应用 | **优点**：<br>在定位应用中更加准确 |
| 操作问题 | **优点**：<br>一定程度上延长使用寿命；<br>需要很少的外部组件或根本<br>不需要外部组件<br>**缺点**：<br>转子局限性导致散热不足 | **优点**：<br>散热较好；<br>低噪（机械和电气）运行<br>**缺点**：<br>需要可能既复杂又昂贵的控制策略 |
| 维护 | **缺点**：<br>需要定期维护；<br>对于连续运行，刷子必须清洗和更换 | **优点**：<br>很少需要维护，有时不用维护 |

（续）

| 区　　域 | 有刷电动机 | 无刷电动机 |
|---|---|---|
| 使用简单 | **优点**：<br>简单的两线控制；<br>在固定转速设计中只需简单<br>的控制或根本不需要控制 | **缺点**：<br>更难控制 |
| 扭矩 / 转速 | **缺点**：<br>随着转速的增加，电刷摩擦增加以及可用扭矩减小；<br>由于刷子施加的限制导致较低的转速范围 | **优点**：<br>在不同转速上具有保持或增加扭矩的能力；<br>较高的转速范围 |
| 功率 | **缺点**：<br>存在功耗问题 | **优点**：<br>交叉刷时无功率损耗；<br>组件更加有效；<br>高输出功率<br>**缺点**：<br>过热削弱了磁性并可能导致损害 |
| 大小 | **优点**：<br>不同尺寸 | **优点**：<br>小尺寸 |

### 7.2.2　转速和扭矩

　　要想电动机对机器人有用就必须控制电动机。它们必须启动、停止、增加和降低转速。通过控制功率量级或供给电动机的电压，可以很容易控制直流电动机的转速。电压越高，电动机试图转动的速度越高。脉冲宽度调制（Pulse Width Modulation，PWM）是控制电压并进而控制电动机转速的一种方法。利用基本的 PWM，开启和关闭电动机的工作电源来调制流向电动机的电流。"开"与"关"的时间比决定电动机的转速。这就是占空比，即电动机开的比例与电动机关的比例之比。足够快地切换电源开和关使电动机看起来正在减速而不卡顿。当使用这种方法时，不仅会有一个速度的降低，在扭矩输出中也有一定比例的下降。扭矩和转速之间是一个反比关系：转速增加，扭矩减少；扭矩增加，转速降低。图 7-5 给出了扭矩、转速和速度之间的关系。

　　扭矩是产生电动机旋转的角力，表示为：

- 磅 / 英尺（lb/ft）
- 盎司 / 英寸（oz/in）
- 牛顿 / 米（N/m）

　　扭矩不是一个常值，依据给定的信息或条件它可以有不同的值。例如，堵转扭矩是当扭矩处于最大值时对它的测量。这意味着最大的扭矩用来使电动机从一个静止状态开始旋转。满载是在电动机的全速上产生额定功率（马力）所需的扭矩量。堵转扭矩往往高于全负荷扭矩。

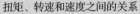

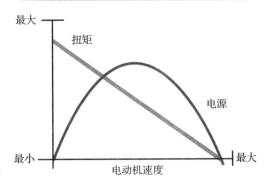

图 7-5　扭矩、转速和速度之间的关系

制造商的电动机数据表有时提供这些值。有时制造商提供的是其他信息，然后堵转和全负荷扭矩可以计算为：

$$全负荷扭矩 = （马力 \times 5252）/RPM$$

马力是以瓦为度量单位。堵转扭矩表示为：

$$堵转扭矩 = 功率_{max}/RPM$$

空载转速是电动机在无扭矩下以最高速度自由转动时的测量。堵转和空载之间为额定扭矩或标称扭矩，它是确保电动机连续运行而不出问题时的最大扭矩，近似于半堵转扭矩。启动扭矩是一个机器人执行任务所需的扭矩量，应该约为电动机最大扭矩的 20% ~ 30%。图 7-6 给出了堵转扭矩和空载扭矩的关系，并于图中标记。

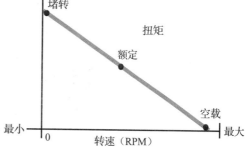

图 7-6　堵转、额定和空载扭矩之间的关系

## 7.2.3　齿轮电动机

另外一种无需降低电压而减少电动机转速的方法是利用齿轮电动机产生扭矩。电动机高速旋转，但它旋转产生的扭矩甚至不足以移动一个轻负载。齿轮箱或齿轮构造采用电动机的高输入转速，而产生的输出转速低于原来的输入转速，从而增加扭矩。结合相应扭矩的增加或减少，转速可以增大或减小。当使用齿轮发射功率时，可以完成如下一些事情：

- 改变旋转方向
- 改变旋转角度
- 将旋转运动转换为直线运动
- 改变旋转运动的位置

**齿轮原理**

齿轮减速意味着在电动机施加到轴上之前使用齿轮来减少电动机的输出。考虑图 7-7a，（X）称为小齿轮，有 16 个齿；（Y）称为大齿轮，有 32 个齿，为小齿轮齿数的 2 倍。齿轮比为大齿轮的齿数除以小齿轮的齿数。因此，X 与 Y 之比为 2∶1。这意味着对于小齿轮的每个循环，大齿轮只转一半。如果一个电动机连接到小齿轮且输出轴连接到大齿轮，则电动机转速在输出轴上减半。图 7-7b 展示了机器人手臂上的这种结构，使扭矩输出翻了一番。

给定了小齿轮的转速或扭矩，则大齿轮的转速和扭矩可计算为：

$$T_W = e\,(T_P\,R)$$

$$S_W = e\,(S_P/R)$$

其中 $T_W$ 和 $S_W$ 为大齿轮的扭矩和转速，$T_P$ 和 $S_P$ 为小齿轮的扭矩和转速，R 为齿轮比，$e$ 为变速箱效率，是 0 和 1 之间的一个常值。

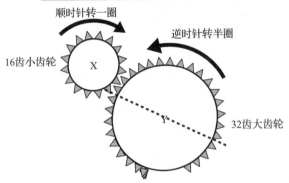

机器人手臂上的小齿轮和大齿轮

顺时针转一圈

逆时针转半圈

16齿小齿轮

32齿大齿轮

a）小齿轮（X）与大齿轮（Y）之比为2：1

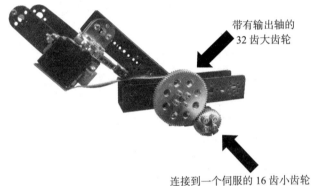

带有输出轴的
32 齿大齿轮

连接到一个伺服的 16 齿小齿轮

b）带有小齿轮和大齿轮的单自由度机器人手臂

图 7-7　小齿轮和大齿轮。其中，a）小齿轮（X）有 16 个齿，大齿轮（Y）有 32 个齿；b）机器人手臂
使用小齿轮和大齿轮

例如，一对齿轮：

$$R = 2$$
$$T_P = 10lb/in$$
$$e = 0.8 \ (80\%)$$
$$S_P = 200RMP$$

大齿轮输出扭矩为：

$$16lb/in = 0.8 \ (10 \times 2)$$

于是，大齿轮转速为：

$$80RPM = 0.8 \ (200/2)$$

如果需要较高的齿轮减速，增加更多的齿轮不仅不起作用，反而会降低效率。任何齿轮
的减速都是齿轮比的一个函数，即连接到轴（从动齿轮 Y）的输出齿轮的齿数除以连接到电动
机（驱动齿轮 X）的输入齿轮的齿数。在驱动者和从动者之间添加所谓惰轮的齿轮，不会导致

相同两个齿轮之间齿轮比的增大。为了有一个较大的齿轮比，齿轮可以分层。在大齿轮轴 Y 上附加一个小齿轮（较小齿轮 $X_2$），利用第二个小齿轮驱动较大的齿轮（$Y_2$），如图 7-8 所示。

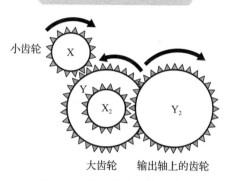

图 7-8    小齿轮和大齿轮的分层

齿轮比一目了然。附加到 Y 上的 $X_2$ 以相同速度旋转。因此，X 旋转 4 次（输入旋转），Y 旋转 1 次（输出旋转），比例为 4:1，通常这是在齿轮变速箱中完成的。基于齿轮类型的数据表，齿轮效率应该由齿轮制造商提供。表 7-2 为典型齿轮及其估计效率常数的一个代码清单。齿轮比或减速也应该由制造商提供。

表 7-2    典型齿轮和估效常数

| 齿轮类型 | 描　　述 | 齿数 / 螺纹 | 评估的齿轮效率 |
|---|---|---|---|
| | 圆柱齿轮：平行于轴的径向齿（齿从中心向外蔓延）；常用的简单齿轮；如果安装到平行轴，则齿轮齿合在一起 | 8，16，24，40 | ~ 90%<br>几乎最高的效率 |
| | 锥齿轮：大部分尖端切断的正圆锥形；轴之间的角度可以为除 0° 或 180° 之外的任何角度；在 90° 上具有同等齿数和轴心线的锥齿轮 | 12，20，36 | ~ 70<br>低效率 |
| 蜗轮<br>蜗杆 | 蜗杆和齿轮组：蜗杆是带有一个或多个圆柱形、螺旋形的齿轮，通常是一个大于其直径的面宽度。蜗杆齿轮不同于圆柱齿轮，表现为它们的齿在形状上有点不同，与蠕虫相像。蜗杆有螺纹，蜗杆齿轮有齿 | 齿 / 螺纹比<br>齿 /1 螺纹 | 50% ~ 90%<br>效率范围宽泛 |

计算一个变速箱或驱动机构的总齿轮减速很简单，将齿轮组的所有齿轮比相乘即可。

例如：

齿轮组 1：4 ：1

齿轮组 2：3 ：1

齿轮组 3：6 ：1

总齿轮减速：4\*3\*6 = 72 ：1

因此，如果一个电动机有一个带有 72 ：1 变速箱的 3 000 RPM 转速，则电动机的 RPM 为 3 000/72 = 42 RPM。利用齿轮比确定对电动机扭矩的影响。

齿轮也可以改变旋转方向。两个齿轮，类似大齿轮和小齿轮，可以颠倒旋转输出。因此，如果输入大齿轮逆时针旋转，则输出齿轮顺时针旋转。但是，要让输出大齿轮以相同方向旋转，需在输入输出齿轮之间添加一个空转齿轮，如图 7-9 所示。

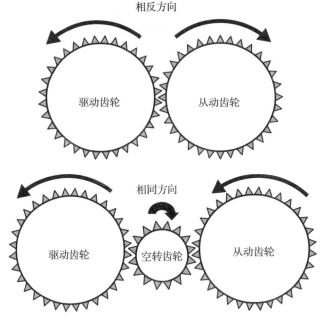

图 7-9　输入（驱动）大齿轮逆时针旋转引起输出大齿轮顺时针旋转，在两个大齿轮之间添加一个空转齿轮引起它们朝相同方向旋转

现在，输出大齿轮也逆时针旋转，和输入齿轮方向一致。但是如果有一连串 4 或 5 个齿轮接触会怎样？规则是：对于基数个齿轮，旋转（输入和输出齿轮）是在同一个方向上；对于偶数个齿轮，它们是逆向旋转的且齿轮比保持不变。获取输入和输出齿轮，忽略所有的空转齿轮，齿轮效率为：

$$总齿轮效率 = 齿轮效率^{齿轮数 - 1}$$

### 齿轮头直流电动机

一些具有变速箱的直流电动机称之为齿轮头直流电动机。图 7-10 给出了带有变速箱的直流电动机。变速箱在电动机的轴端上。变速箱使得电动机的输出或轴的旋转较慢，无需降低电压而使电动机更加强大。

### 伺服机构：齿轮组直流电动机

伺服电动机是齿轮头电动机的一个演变，它们与一个电位计（电位器）相耦合。电位给出电动机位置的反馈。伺服电动机用于精确定位和高扭矩时的转速控制，由一个电动机、位置传感器和控制器组成。伺服机构有 3 根线，前 2 根线是电源和接地线，第 3 根线是数字控制线。数字控制线用于设置伺服的位置。小型直流电动机传感器和控制器都是在一个单

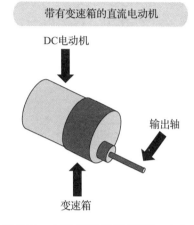

图 7-10　在轴端带有变速箱的 DC 电动机

一的塑料外壳内。伺服电动机的可用功率等级从分数瓦上至几百瓦。通过给它发送一个编码信号，伺服电动机的输出轴可以实现一个特定的角位置或旋转速度。只要使用相同的编码信号，伺服电动机就可保持轴的位置或转速。当编码信号改变时，轴也跟着改变。

一个伺服电动机可朝任一方向旋转 90°，最大旋转为 180°。伺服机构的旋转为 360°。由于内嵌一个机械止动器，一个正常的伺服电动机不能超过上述角度旋转。一个伺服引出 3 根线：正极、接地和控制线。通过控制线发送一个脉冲宽度调制信号来控制一个伺服电动机。每 20ms 发送一个脉冲，脉冲持续时间决定了轴的位置。例如，一个 1ms 的最小脉冲，移动轴至 0°；一个 2ms 的最大脉冲，移动轴至 180°；一个 1.5ms 的中间脉冲，移动轴至 90°，如图 7-11 所示。

如果一个外力试图改变轴的位置，电动机会抵抗这种变化。要想电动机保持位置，需要重复发射脉冲。电位计持续测量输出轴的位置，因此，控制器可以正确地放置和保持伺服轴在期望的位置。

伺服采用一个可以反馈给控制器的闭环控制，因此，可以做出一些调整以保持电动机输出轴的期望位置或转速。当脉冲改变时，计算输出轴当前位置（转速）与新位置（转速）之

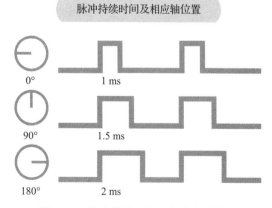

图 7-11　脉冲持续时间及相应的轴位置

间的误差。电脉冲首先发送到一个电压转换器。输出轴的当前旋转位置或速度由产生电压的转速计（电位计）读取。作为一个机电装置，转速计（电位计）将机械转动转换为一个电脉

冲。旋转位置与输出轴的绝对角度有关。表示当前的位置（转速）信号，以及表示新的或命令的位置（转速）信号均发送到一个误差增益器（Error Amplifier，EA）。EA 的输出驱动着电动机，决定了电压之间的差异：如果输出为负，电动机朝一个方向移动；如果输出为正，电动机朝另一个方向移动。差异越大，电压越大，电动机移动或转动、加速或减速也越多。当电动机转动时，即参与到将输出轴转向命令位置的齿轮系统。伺服电动机不断调整，抵制任何运动以维持数毫秒出现一次的反馈操作。图 7-12 描述了这个过程。

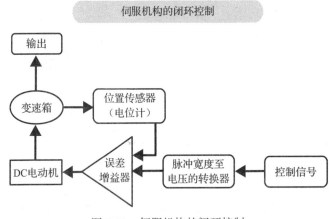

图 7-12  伺服机构的闭环控制

闭环系统监测机器人的电动机运行多快（多慢）与它应该运行多快（多慢）之间的误差差异，必要时对电动机的功率电平进行调整。图 7-13 给出了一个控制伺服转速的示例。

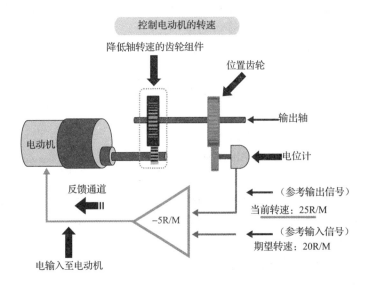

图 7-13  控制伺服转速的示例

### 编码器是什么?

编码器用来跟踪电动机轴的转动,以产生轴的数字位置和其他运动信息。它们将运动转换成数字脉冲序列。编码器可内置于伺服机构这样的电动机,或者可位于直流电动机的外部而安装在电动机的轴上。图 7-14 给出了直流电动机和 LEGO 伺服的编码器位置。

编码器可以是线性或旋转配置,但最常见的是旋转类型。旋转编码器的两种基本形式为:增量和绝对。增量编码器产生轴旋转时的数字脉冲,允许轴相关位置的测量。绝对编码器有一个针对每个轴旋转位置的独特数字。对于伺服机构,它们通常与永磁无刷电动机成对出现。

大多数的旋转编码器是由一个玻璃或塑料代码盘组成,其中有一些在磁道上组织了一个逼真的径向沉积模式。NXT LEGO 伺服有一个带有 12 个开口或狭缝的黑色大齿轮,如图 7-14b 所示。当电动机旋转时,编码大齿轮也会旋转,中断了大齿轮一侧的一束光,这束光由大齿轮另一侧上的传感器检测。旋转产生了一系列的开和关状态。位可以合并而产生作为并行传输的一个 n 位单字节输出。

直流电动机的 Tetrix 编码器(由 Pitsco 制造)为正交光学增量编码器。这意味着编码器输出电动机的一个相对位置和方向。对于这种类型的编码器,光束通过一个编码器,分裂产生一个 90° 异相的二级光束。光从 A 和 B 通道经大齿轮到光电二极管阵列。大齿轮的旋转通过透明和不透明的轮段产生一个明暗模式,该模式由一个光电二极管阵列和解码电路读取和处理。波束 A 和 B 都是由一个单独的二极管接收,并转换成关于另一个传感器 90° 异相的两个信号。这种输出称之为正交输出,随后发送到一个可以处理信号以确定脉冲数量、方向、转速和其他信息的处理器。图 7-15 展示了增量编码盘、光源和传感器。

DC电动机和伺服机构的外部和内部编码器

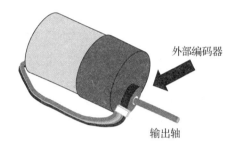

a)带有外部编码器的DC电动机

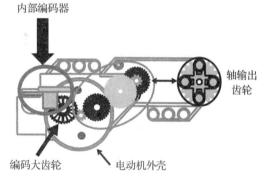

b)带有内部编码器的LEGO伺服电动机

图 7-14　DC 电动机和 LEGO 伺服
电动机的编码器

正交光学增量编码器

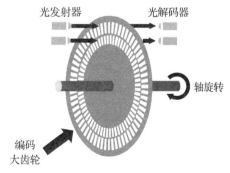

图 7-15　正交光学增量编码器的
编码盘、光源和传感器

LEGO 伺服编码大齿轮只有一级狭缝，其他伺服机构有两级狭缝，每级有一个传感器。

## 7.3 电动机配置：直接和间接动力传动系统

有两种不同方式可将电动机连接到移动或旋转的组件，而连接的方式决定了电动机机构在态势中的表现。传动系统是一个机械系统，它将旋转动力从电动机转移到驱动大齿轮。两种类型的传动系统为：

- 直接转移
- 间接转移

对于一个直接驱动转移，电动机轴直接连接到驱动大齿轮。直接驱动转移意味着在电动机和大齿轮之间没有速度扭矩变化，它是机械有效的。但是，直接驱动系统中的零件可能磨损和断裂。

对于一个间接驱动转移系统，电动机轴通过一个可能是皮带或链条的齿轮传动链连接到驱动大齿轮轴。齿轮传动链和皮带降低电动机转速的同时成比例地增加电动机扭矩。当驱动大齿轮被卡住或处于重负荷时，它也扮演一个减震器的角色。图 7-16 给出了两种类型的动力传动系统。

动力传动系统在机器人的移动性和机器人手臂的连接方面起着非常重要的作用。表 7-3 介绍了动力传动系统及其优缺点。

**直接和间接动力传动系统**

a）直接动力传动系统，其中轴直接连接到大齿轮

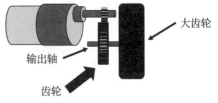

b）间接动力传动系统，其中采用齿轮和一个输出轴将轴间接连接到大齿轮

图 7-16   直接和间接动力传动系统

表 7-3   动力传动系统及其优点和缺点代码清单

| 动力传动系统 | 描述 | 优点 | 缺点 |
| --- | --- | --- | --- |
| 直接 | 电动机轴直接连接到驱动大齿轮 | 在电动机和大齿轮之间没有转速或扭矩变化 | 零件可能磨损和破裂 |
| 间接 | 电动机轴通过一个可能是皮带或链条的齿轮传动链连接到驱动大齿轮轴 | 它降低电动机转速的同时成比例地增加了电动机的扭矩；当驱动大齿轮被卡或处于重负荷时，它扮演一个减震器的角色 | 降低了整体转速；虽然小齿轮可以驱动一个较大齿轮以增加转速和减少扭矩，但是可能损坏直流电动机的内部变速箱 |

## 7.4 室内和室外机器人的地形挑战

本书中讨论的一些机器人适用于室内场景和态势。生日聚会场景和 Midamba 的困境均发生在室内。许多机器人编程用于室内工作，因为室内环境安全且更加可预测。本书编程自主机器人的前提是，在完全可控场景和可预测环境下编程它们。挑战可以通过深思熟虑克

服，成功是可能的。但是，即使室内环境也可能发生一些意外情况。表7-4列出了不同类型的环境和对于电动机应该考虑的一些因素。

表7-4　不同类型的机器人环境和一些重要因素

| 机器人环境 | 挑　　战 | 描　　述 |
|---|---|---|
| 室内<br>最常见的 | 可控 | 包括迷宫；<br>高度受限，一些惊喜；<br>机器人有一个特定任务；<br>动力传动系统简单，采用大齿轮直接连接到电动机 |
| | 不可控 | 机器人在无约束或适度约束下漫步；<br>地形问题，如地毯、提高的门槛、地毯到地板（地板到地毯）的过渡、楼梯；<br>地面杂波；<br>避障和导航 |
| 室外<br>使机器人设计<br>复杂化 | 适应气候条件 | 防止：<br>■ 极端温度<br>■ 雨（水分）<br>■ 潮湿 |
| | 防止污垢 | 污垢要远离电路、齿轮 |
| | 振动衰减 | 减少振动对安装电动机和电路板的影响，因而它们不会松掉 |

## 7.4.1　应对地形挑战

地形的挑战可以通过操纵和驱动机器人的系统、移动类型以及扭矩和转速予以解决。一些地形用腿更好越过，尤其是有需要攀爬的地方（如楼梯）。车轮和履带更适用于其他类型的地形。如果要运送一个物体，哪种类型的移动更适合这个任务呢？带有腿、车轮还是履带的机器人？

机器人的尺寸和重量成为做出这些决定的一个因素。较小的机器人在受控环境里可能问题更少，因为它们更快且便于绕过已知的小障碍。但另一方面，如果一个机器人必须在一定时间内从点 A 移动到点 C，并且经过一个厚厚的地毯区域才能到达点 C，使用用一个大型机器人会更好吗？当试图提供给机器人电动机一个高恒流来维持以扭矩为代价的转速时，小型机器人的电池可能会耗尽。虽然那些轮子是旋转的，但是机器人不能前行太远。一个带有较大轮子和更强电动机的大型机器人可能更加适合。它受地形的影响较小，较大的轮子使机器人行进更远，不过速度较慢。然而，较大较重的机器人也有挑战，大型机器人消耗更多的电流。更远的距离意味着从电池中引出更多电流，这让电池负重。当电动机堵转时，它会消耗大量的电流。大型机器人具有可以帮助减轻电动机上负载的间接驱动吗？

什么类型的移动？如果是轮子，什么尺寸，什么类型？皮履带可以更好地穿过任何类型的地形吗？虽然它们是崎岖地形的首选，但是可能使机械设计复杂化。四驱大轮子也是一个选择倾向，然而较大的轮子会使最大可用扭矩减少。两足动物的腿和模仿其他动物（如昆虫）的脚是使移动机器人更加复杂的机械装置。虽然它们在狭窄情况下是可行的，也适合荆棘且不一致的地形，但是需要很多的伺服机构和更加复杂的编程。扭矩和转速的能力取决于它们使用的电动机。表 7-5 列出了不同类型的机器人移动和相应电动机的特性。

表 7-5    机器人移动的类型及其特性

| 移动类型 | 特 征 | 电动机的特性 |
|---|---|---|
| 皮（金属）履带 | 适合各种地形；<br>室外艰难地形区域；<br>与地面恒定接触以防止滑动 | 需要连续旋转 |
| 轮子 | 初学者的良好选择；<br>适合各种地形的四驱大轮子；<br>可能滑动 | 需要连续旋转；<br>可能需要间接驱动机制；<br>减少最大可用扭矩 |
| 两足 | 适合楼梯和变化的地形；<br>复杂的机械装置 | 需要较高的电源；<br>需要复杂的定位 |
| 仿生腿 | 适合荆棘且不一致的地形；<br>复杂的编程 | 需要很多伺服机构；<br>需要复杂的定位 |

---

### 灾难和救援挑战赛

在 DARPA 的灾难和救援挑战赛上，每个机器人必须执行 8 个任务。其中一个任务必须与地形有关，另一个是楼梯任务。下面是这些任务的标志（见图 7-17）。

对于废墟任务，如果机器人成功走过一个残骸场或地形区，它就赢得了一分。机器人可能走过两个场地，但是它将仍然只赢得一分。

任务完成的标准是，机器人顺利通过竞赛场地，且通过时没有触碰到地形或残骸的任何东西。

废墟和楼梯 DRC 任务的标志

废墟          楼梯

图 7-17   用于废墟和楼梯任务的标志

地形包含铺设的水泥块，尽可能多且符合实际，所以，所有水泥块的孔面朝向赛道的一侧，而非赛道开始或结束的地方。水泥块没有固定于地面，因而机器人在行进时它们可以移动。对于残骸任务，残骸直接铺设在起点和终点之间，它是由小于 5lbs 轻量级部件构成。机器人必须通过移动残骸或越过的方式到达另一侧。

对于楼梯任务，机器人必须走上（两个楼梯平台之间的）一段楼梯。楼梯左侧有扶手，右侧没有。当所有接触点位于或高于最顶部台阶时，任务才算完成。

当机器人由起点移动到终点时，大多数团队选择让他们的机器人不执行地形任务，而是通过移动残骸去执行残骸任务。有某种类型轮子的机器人执行这项任务比双足机器人更好。作为人类，我们可以举步决定跨过物体或踩在它们上面，并保持我们的平衡。然而，让一个机器人这么做是一项艰巨的任务。一些双足机器人也具有某种类型的轮式移动，从而给予它们在两者之间切换的多样性。挑战赛的胜者 DRC-HUBO 在其膝盖关节附近配有轮子，它能够从一个站立的位置转换到一个轮式和快速运动的跪姿。轮式机器人在执行楼梯挑战方面存在着你可以想象到的困难。执行这项任务最有趣的是 CHIMP（CMU 高智能移动平台），其次为 DRC-HUBO。CHIMP 有四条腿，像黑猩猩和车轮，它使用轮子以一种最不寻常的方式通过楼梯。HUBO 能够扭转身体的顶部，所以它可以背向通过楼梯。下面是机器人执行这些任务的一些图像（见图 7-18）。

图 7-18    机器人在 2016 DARPA DRC 挑战赛上执行废墟和楼梯任务

### 7.4.2 机器人手臂和末端作用器的扭矩挑战

机器人和末端作用器的电动机是什么？什么是扭矩和最大旋转需求？一个机器人手臂所需的执行器取决于机器人手臂的类型和自由度（Degrees of Freedom，DOF）。DOF 与手臂关节相关，每个关节都有一个电动机，并且都有一个最大旋转和一个启动扭矩。确定手臂是否胜任这个任务需要计算以及一张期望手臂执行任务的清晰图片。末端作用器是机器人的手和工具，也必须进行评估。这将在本章后续章节中讨论。

### 7.4.3 计算扭矩和转速需求

转速和扭矩的计算公式是什么，究竟什么用来帮助挑选电动机以便机器人能够执行任务？扭矩和转速的计算用来确定机器人基于电动机的能力是否可以安全地执行任务。机器人执行一项任务所需的扭矩量称为启动扭矩，应该约为最大扭矩量的20% ~ 30%（见图 7-6），但不应该超过电动机的额定功率。例如，一个机器人必须加速到 1cm/s 的速度。表 7-6 列出了潜能机器人执行任务的属性。

表 7-6　小型机器人和大型机器人之间的扭矩和转速评估

| 属　　性 | 小型机器人 | 大型机器人 |
|---|---|---|
| 重量（m） | 1kg | 4.5kg |
| 轮子半径（r） | 1cm | 4cm |
| 电动机类型 | 伺服 | 直流电动机 |
| 无负载转速（RPM） | 170RPM | 146RPM |
| 无负载扭矩（堵转） | 5kg/cm | 20kg/cm |
| 额定扭矩 | 2kg/cm | 12kg/cm |
| 期望的加速度（a） | 1.0m/s$^2$ | 1.0m/s$^2$ |
| 期望的转速（ds） | 30cm/s | 30cm/s |
| C = m*a*r（启动扭矩） | 1*1*1 = 1.0Nm = 0.10kg/cm | 4.5*1*4 = 18Nm = 1.8kg/cm |
| RPM 计算： | 2*3.141*1 = 6.282cm | 2*3.141*4 = 25.1cm |
| （1）Distance_per_rev = 2*3.14*r | Desired speed = 30cm per sec. | Desired speed = 30cm per sec. |
| （2）RPM = 60*(ds/distance_per_rev) | 30/6.282 = 4.8*60 = 287RPM | 30/25.1 = 1.2*60 = 72RPM |
| 扭矩评估：<br>额定扭矩的 20% ~ 30% | 0.1kg/cm/2kg/cm = 5% 通过 | 1.8kg/cm/12kg/cm = 15% 通过 |
| 转速评估 | 287RPM > 170RPM 不通过 | 72RPM < 146RPM 通过 |

两种机器人可以选择来执行此任务。将电动机扭矩与机器人的重量和期望加速度联系在一起的一个公式给出了任务所需的扭矩，即启动扭矩。此值应不超过可能电动机额定扭矩的20% ~ 30%。一个与机器人的重量、扭矩和加速度相关的可用运动方程为：

$$C/r = m*a + Fattr$$

其中，为机器人的质量（kg），为轮子半径，a 为加速度，C 为扭矩。Fattr 为轮子和地面之间的摩擦力，与先前讨论的地形挑战有关，很难确定。所以为了简单起见，我们将该值表

示为 m*a，于是有

$$C/r = 2(m*a)$$

假定机器人有两个电动机（左轮和右轮），我们只计算该扭矩的一半：

$$C = m*a*r$$

如果启动扭矩 C 超过电动机额定扭矩的 20% ～ 30%，则机器人将不能满足期望的加速度。在这种情况下，机器人的两个电动机均满足扭矩需求。在表 7-6 扭矩评估中，启动扭矩只有小型机器人电动机额定扭矩的 5% 和大型机器人电动机额定扭矩的 15%。

转速怎么样呢？机器人能走多快？我们如何才能计算每分钟旋转多少以及每分钟行进多远？为了计算轮子在一个旋转中行驶的距离，使用公式如下：

$$distance = 2*3.14*r$$

以及 RPM 表示为：

$$RPM = (ds/distance)*60$$

在这种情况下，速度评估有点不同。小型机器人的电动机不能达到期望的转速，而大型机器人的电动机可以实现。

### 7.4.4　电动机和 REQUIRE

所有这些特性和计算应该用于帮助确定机器人是否能够执行一项任务。实际环境中机器人效能熵（Robot Effectiveness Quotient Used in Real Environments，REQUIRE）是一个可以用来解决这个问题的检查表。每个因素（传感器、执行器、末端作用器和微控制器）的目标是要尽可能地接近 100%。对于电动机任务，通过计算以确保每个任务可以由所用电动机来执行。如果是这样的话，执行器可以做到 100%。表 7-7 比较了直流电动机和伺服电动机的优点和缺点。

表 7-7　直流电动机和伺服电动机的优点和缺点

| 电动机类型 | 特　征 | 优　点 | 缺　点 |
| --- | --- | --- | --- |
| 直流 | 一些为齿轮头；<br>使用 PWM 占空比来降低或控制转速；<br>用于任何重量的机器人 | 种类多；<br>强大；<br>易于结合；<br>适合大型机器人 | 太快；<br>需要高电流；<br>昂贵；<br>难于安装在轮子上；<br>复杂的控制（PWM）；<br>可能需要外部编码器 |
| 伺服 | 具有直流电动机所含特征；<br>使用一个闭环控制以保持转速（位置）；<br>可用于高达 5 磅重的机器人 | 种类多；<br>适合室内机器人转速，小型机器人；<br>机器人手臂关节定位较好；<br>廉价；<br>易于安装在轮子上；<br>易于结合；<br>中等功率需求 | 重量方面能力差；<br>小转速控制 |

## 7.5    通过编程使机器人移动

编程电动机就是控制电动机。通过发送转速的信号（命令）和定位轴，我们先前讨论了如何控制电动机。与轮子、腿或履带耦合的电动机轴促使机器人移动。对于轮式和履带轮式机器人，一些基本的运动为：

- 在直线上前进
- 旋转
- 弧线
- 停止

这些运动可以一起进行排序以便一个移动机器人可以执行复杂的操作，在一个环境中行走。每种类型的运动需要执行一些更多的信息。例如，让一个机器人在直线上向前或向后移动，电动机需要知道移动距离。一个旋转需要知道角度和方向，等等。下面是一个需求清单：

- 向前：时间、航向、距离
- 旋转：角度、方向
- 弧线：半径、方向

一些运动也可以耦合在一起，比如弧线前进。这些运动参数可以是正或负，致使顺时针或逆时针、向左或向右、向前或向后运动。当然，转速是这些运动的一个参数。但是，如何编程一个电动机来执行这些运动呢？这取决于涉及多少电动机和其他事情。

### 7.5.1    一个电动机，还是两个、三个、更多个电动机

机器人的轮子驱动是如何编程电动机的一个重要部分，影响机器人的移动性能。就像一个汽车，一个轮式机器人可以有两轮或四轮驱动。对于四轮驱动，电动机驱动每个轮；对于两轮驱动，两个电动机在前面或后面。对于一个履带轮式机器人，可能只有两个齿轮（每个齿轮上配有一个电动机）和履带环绕的更多轮子。图 7-19 给出了机器人的轮驱动配置以及其他轮驱动配置。

每种类型的轮驱动都有优点和缺点。更多的电动机意味着更多的扭矩。我们早前讨论了移动机器人的各种挑战，包括克服重量、地形、表面摩擦等所需的转速和扭矩。

### 7.5.2    执行动作

有不同的方法可协调电动机执行向前、旋转、弧线和停止运动，例如，称为阿克曼转向的汽车式转向、驾驶室驱动转向、全方位轮和差动转向法。差动转向法是通过改变轮子的转速来改变机器人运动方向或转动机器人到某个方向。阿克曼和驾驶室驱动转向在控制机器人方面具有复杂的设计、伺服机构和逻辑。编程自主机器人的一个最简单方法是基本差动转向法。

差动转向产生不同的转速和方向以让一个机器人执行移动的基本动作。对于这种方法，通常有两个驱动轮，在机器人的每侧上各一个。有时也有让机器人翻转，被动轮子就像一个

在后面的脚轮。下面列出了差动转向的基本操作：

- 当两个轮子在相同方向上以相同转速旋转时，机器人朝这个方向直线运动（向前或向后）。

- 当一个轮子旋转快于另一个轮子时，机器人以弧线朝较慢轮子旋转。

- 当轮子以相反方向旋转时，机器人就地转动。

- 当两个轮子在每个相邻一边（左或右）以相同转速反向自旋时，机器人旋转 360°。

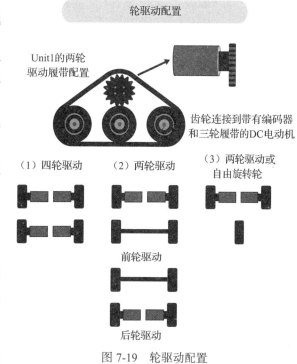

图 7-19　轮驱动配置

### 7.5.3　编程动作

本节中，我们将给出使用 EV3 微控制器和 Tetrix 电动机控制器编程 Tetrix 直流电动机的 BURT 转换。代码清单 7-1 为使用 leJOS API `TetrixController-Factory`、`TetrixMotorController` 和 `TetrixRegulatedMotor` 类编程 Tetrix 直流电动机的 BURT 转换。代码清单 7-1 展示了测试电动机的伪代码和 Java 代码转换。这是通过执行一些基本操作来测试电动机的主线。

代码清单 7-1　Unit1 电动机测试的软件机器人框架

BURT 转换输入：

```
Softbot  Frame
Name:  Unit1
Parts:
Motor  Section:
Two DC motors
Actions:
Step 1: Initialize motors
Step 2: Test the motors by performing some basic operators

Tasks:
Test the DC motors by performing some basic operations.
End Frame
```

BURT 转换输出：Java 实现

```
73      public static void main(String [] args)  throws Exception
74      {
75          basic_robot Unit1 = new basic_robot();
76          Unit1.testMotors();
77          Unit1.closeLog();
78      }
```

第 75 行声明了 **basic_robot**，然后调用了两个函数（类函数）。代码清单 7-2 给出了这个构造函数的代码。

代码清单 7-2　basic_robot 构造函数的 Java 代码

BURT 转换输出：Java 实现 🤖

```
28      public basic_robot() throws InterruptedException,Exception
29      {
30          Log = new PrintWriter("basic_robot.log");
31          Port APort = LocalEV3.get().getPort("S1");
32          CF = new TetrixControllerFactory(APort);
33          Log.println("Tetrix Controller Factor Constructed");
34          MC = CF.newMotorController();
35          LeftMotor = MC.getRegulatedMotor(TetrixMotorController.MOTOR_1);
36          RightMotor = MC.getRegulatedMotor(TetrixMotorController.MOTOR_2);
37          LeftMotor.setReverse(true);
38          RightMotor.setReverse(false);
39          LeftMotor.resetTachoCount();
40          RightMotor.resetTachoCount();
41          Log.println("motors Constructed");
42          Thread.sleep(1000);
43      }
```

在第 31 行中：

```
31      Port APort = LocalEV3.get().getPort("S1");
```

**LocalEV3** 为 EV3 微控制器的示例，它用于返回连接到微控制器的各种系统资源。在本例中，**getPort()** 返回 S1 端口，它是直流电动机控制器插入的端口。**APort** 传递给 **TetrixControllerFactory**。在第 34 行中：

```
34      MC = CF.newMotorController();
```

**MC** 是一个 **TetrixMotorController** 对象，用于返回连接它的电动机对象示例。在第 35 和第 36 行中：

```
35      LeftMotor = MC.getRegulatedMotor(TetrixMotorController.MOTOR_1);
36      RightMotor = MC.getRegulatedMotor(TetrixMotorController.MOTOR_2);
```

**LeftMotor** 和 **RightMotor** 均为 **TetrixRegulatedMotor** 对象。要让这两个类函数正确工作，可调电动机必须有一个安装并连接到控制器的编码器。在第 37 行和第 38 行中：

```
37     LeftMotor.setReverse(true);
38     RightMotor.setReverse(false);
```

LeftMotor 设置为方向，RightMotor 设置为前进。在第 39 和第 40 行中：

```
39     LeftMotor.resetTachoCount();
40     RightMotor.resetTachoCount();
```

两个电动机的转速表均复位。转速表是一个以度为单位测量电动机轴转速的装置。复位转速表使电动机停止旋转。代码清单 7-3 给出了 testMotors() 类函数的 BURT 转换，并且展示了测试电动机的伪代码以及 Java 代码转换。它也是通过执行一些基本操作测试电动机的 testMotors() 类函数。

**代码清单 7-3 Unit1 testMotors() 类函数的软件机器人框架**

BURT 转换输入：

**Softbot Frame**
**Name:** Unit1
**Parts:**
*Motor Section:*
Two DC motors


**Actions:**
Step 1: Set speed of motors
Step 2: Rotate to the right
Step 3: Go forward
Step 4: Go backward
Step 5: Rotate to the left


**Tasks:**
Test the DC motors by performing some basic operations.
**End Frame**

BURT 转换输出：Java 实现

```
48     public void testMotors() throws Exception
49     {
50         LeftMotor.setSpeed(300);
51         RightMotor.setSpeed(300);
52         LeftMotor.rotate(500,true);
53         RightMotor.rotate(-500);
54         Thread.sleep(2000);
55         LeftMotor.forward();
56         RightMotor.forward();
57         Thread.sleep(3000);
58         LeftMotor.backward();
59         RightMotor.backward();
60         Thread.sleep(2000);
61         RightMotor.rotate(500,true);
```

```
62      LeftMotor.rotate(-500);
63      Thread.sleep(2000);
64      LeftMotor.stop();
65      RightMotor.stop();
66    }
```

为了编程电动机来执行基本动作，必须控制每个电动机。要想基于差动转向法前进，两个轮子在相同方向上均以相同速度转动，机器人才会在该方向上直线运动（向前或向后）。

在第 50 行和第 51 行中：

```
50      LeftMotor.setSpeed(300);
51      RightMotor.setSpeed(300);
```

两个电动机均设置为相同转速 300deg/s$^2$（度每二次方秒）。设置或改变电动机的转速需要对电动机的功率量进行一个调整。功率值来自传递值：

$$功率 = Math.round\left[（实际转速值 -0.5553f) *0.102247398f\right]$$

实际转速值是不准确的，Tetrix 直流齿轮电动机最大可支撑转速为 154RPM，即 924deg/s$^2$。

要想基于差动转向法转动机器人，两个轮子必须反向转动，机器人才会就地转动。

在第 52 行和第 53 行中：

```
52      LeftMotor.rotate(500,true);
53      RightMotor.rotate(-500);
54      Thread.sleep(2000);
```

电动机旋转到给定的角度，即相对当前位置以度为单位旋转电动机。LeftMotor 为旋转到 500°，RightMotor 为旋转到 -500°，这导致机器人就地转动到右边。True 参数很重要，它意味着类函数不会阻塞而是立即返回，因此可以执行下一行代码。当协调两个电动机的命令时，需要这个参数；两个电动机可能必须同时（接近同时）执行它们的操作以获得期望的结果。如果不设置 true，则 LeftMotor 将在 RightMotor 之前旋转，导致一个随意的转动；然后 RightMotor 在相反的方向上导致另外一个随意的转动。在执行下一个命令之前，Thread.sleep() 给予机器人执行操作的时间。

第 55 行和第 56 行

```
55      LeftMotor.forward();
56      RightMotor.forward();
```

促使两个电动机在第 37 和第 38 行构造函数的方向设置时以该转速前进。

```
37      LeftMotor.setReverse(true);
38      RightMotor.setReverse(false);
```

电动机可以向前运动，但它们设置为朝相反的方向运动。它们怎么才能向前运动？这就是所谓的反向电动机。机器人将前进多长时间？第 57 行：

```
57      Thread.sleep(3000);
```

设置了机器人前进的持续时间。在第 58 行和第 59 行中：

```
58      LeftMotor.backward();
59      RightMotor.backward();
```

电动机使机器人后退。第 60 行：

```
60      Thread.sleep(2000);
```

是后退运动的持续时间。

在第 61 和第 62 行中：

```
61      RightMotor.rotate(500,true);
62      LeftMotor.rotate(-500);
```

电动机旋转到给定的角度。LeftMotor 为旋转到 –500°，RightMotor 为旋转到 500°，这导致机器人就地转动到左边。在第 64 和第 65 行中：

```
64      LeftMotor.stop();
65      RightMotor.stop();
```

两个电动机都停止。表 7-8 列出了代码清单 7-1、7-2 和 7-3 所使用的类。

表 7-8　代码清单 7-1、7-2 和 7-3 使用的类

| 类 | 描　述 | 使用的类函数 |
| --- | --- | --- |
| TetrixControllerFactory | 用于获得电动机和伺服控制器示例 (TetrixMotorController 和 TetrixServoController) | newMotorController() |
| TetrixMotorController | 用于获得电动机和编码器示例 TetrixMotor 和 TetrixEncoderMotor | getRegulatedMotor() |
| TetrixRegulatedMotor | 编码器支持的 Tetrix 直流抽象电动机 | resetTachoCount() setReverse() setSpeed() rotate() forward() backward() stop() |
| LocalEV3 | 一个 EV3 装置的示例；用于获得与它连接的资源示例 | get() getPort() |

## 7.5.4　通过编程使电动机移动到指定位置

移动机器人不仅来回走动、前进、后退和就地旋转，它们还有任务要执行，有地方要去。它们需要前往一个位置以执行一个给定态势下的任务。现在，编程电动机可以实现这个目标，如代码清单 7-3 所示。协调电动机让机器人运动还有很多工作要做。关于协调电动机以带动机器人到一个特定位置，将要做的一些工作如下：

1. 必须找到一条通往该位置的路径——条机器人可以移动、避免障碍等的路劲。

2. 当机器人移动时，它必须知道它在哪儿以及任何给定点上的航向。它可能需要纠正航向，以确保没有错过目标。

3. 路径必须转换成指令或动作。从当前位置开始，必须确定使机器人到达目标的动作。

4. 执行动作并到达目标。

图 7-20 展示了如何利用以上步骤使一个机器人到达一个目标位置的流程。

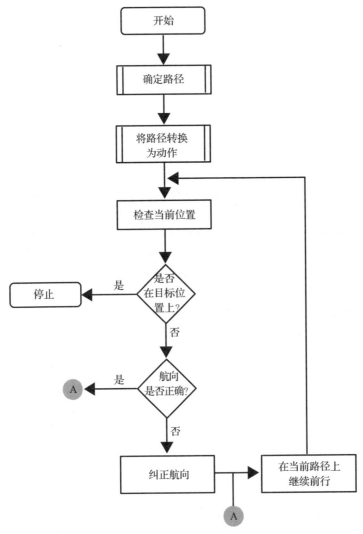

图 7-20　使一个机器人移动到一个目标位置的流程

代码清单 7-4 是测量电动机移动能力的结构函数。

**代码清单 7-4　Unit1 移动测试结构函数**

BURT 转换输出：Java 实现

```
37    public basic_robot() throws InterruptedException,Exception
38    {
```

```
39          Log = new PrintWriter("basic_robot.log");
40          WheelDiameter = 7.0f;
41          TrackWidth = 32.0f;
42
43          Port APort = LocalEV3.get().getPort("S1");
44          CF = new TetrixControllerFactory(APort);
45          Log.println("Tetrix Controller Factor Constructed");
46
47          MC = CF.newMotorController();
48          SC = CF.newServoController();
49          LeftMotor = MC.getRegulatedMotor(TetrixMotorController.MOTOR_1);
50          RightMotor = MC.getRegulatedMotor(TetrixMotorController.MOTOR_2);
51          LeftMotor.setReverse(true);
52          RightMotor.setReverse(false);
53          LeftMotor.resetTachoCount();
54          RightMotor.resetTachoCount();
55          Log.println("motors Constructed");
56          Thread.sleep(1000);
58          D1R1Pilot = new DifferentialPilot(WheelDiameter,
                                            TrackWidth,LeftMotor,RightMotor);
59          D1R1Pilot.reset();
60          D1R1Pilot.setTravelSpeed(10);
61          D1R1Pilot.setRotateSpeed(30);
62          D1R1Pilot.setMinRadius(30);
63          Log.println("Pilot Constructed");
64          Thread.sleep(1000);
65
66          CurrPos = new Pose();
67          CurrPos.setLocation(0,0);
68          Odometer = new OdometryPoseProvider(D1R1Pilot);
69          Odometer.setPose(CurrPos);
70          Log.println("Odometer Constructed");
71          Thread.sleep(1000);
72
73          D1R1Navigator = new Navigator(D1R1Pilot);
74          D1R1Navigator.singleStep(true);
75          Log.println("Navigator Constructed");
76          Thread.sleep(1000);
77      }
```

在这个结构函数中，声明了几个新的对象。在第 40 行和第 41 行中：

```
40      WheelDiameter = 7.0f;
41      TrackWidth = 32.0f;
```

WheelDiameter、TrackWidth、LeftMotor 和 RightMotor 是用于声明第 58 行中的 DifferentialPilot 对象。DifferentialPilot 定义了控制机器人诸如在直线或圆

形路径上向前或向后移动、旋转到一个新方向这些动作的类函数。

　　DifferentialPilot 类仅适用于带有两个独立控制电动机的单轮驱动，因此，它让机器人就地转向。WheelDiameter 为轮子的直径，TrackWidth 为左轮中心与右轮中心之间的距离。

　　以下类函数：

```
50    D1R1Pilot.reset();
60    D1R1Pilot.setTravelSpeed(10);
61    D1R1Pilot.setRotateSpeed(30);
62    D1R1Pilot.setMinRadius(30);
```

都是容易理解的。这些类函数设置了两个电动机的转速表、移动速度、转速和最小半径。

　　第 68 行：

```
68    Odometer = new OdometryPoseProvider(D1R1Pilot);
```

声明了一个 OdometryPoseProvider 对象。OdometryPoseProvider 保持跟踪机器人的位置和航向。一个 Pose 对象表示一个机器人的位置和航向（方向角）。这个类包含了当机器人移动时更新 Pose 的类函数。所有方向和角度以度为单位。方向 0 平行于 $X$ 轴，方向 +90 平行于 $Y$ 轴。Pose 在第 69 行中传递给 OdometryPoseProvider：

```
69    Odometer.setPose(CurrPos);
```

在第 73 和第 74 行中：

```
73    D1R1Navigator = new Navigator(D1R1Pilot);
74    D1R1Navigator.singleStep(true);
```

声明了 Navigator 对象。Navigator 控制机器人的路径遍历。如果给定多个 $x$、$y$ 位置（路径点），机器人按照指定的顺序通过移动到每个路径点来遍历路径。singleStep() 类函数控制机器人在每个路径点上是否停止。

　　代码清单 7-5 为 testMoveTo() 类函数的 BURT 转换，给出了测试移动能力的伪代码和 Java 代码转换。它也是通过执行一些基本操作测试电动机的 testMotors() 类函数。

代码清单 7-5　Unit1 testMoveTo() 类函数的软件机器人框架

```
BURT 转换输入：
Softbot  Frame
Name:  Unit1
Parts:
Motor  Section:
Two DC motors


Actions:
Step 1: Report the current location of the robot
Step 2: Navigate to a location
Step 3: Travel a distance
```

Step 4: Rotate
Step 5: Report the current location of the robot

**Tasks:**
Test the traveling capabilities by performing some basic operations.
**End Frame**

BURT 转换输出：Java 实现

```
80      public void rotate(int Degrees)
81      {
82          D1R1Pilot.rotate(Degrees);
83      }
84
85      public void forward()
86      {
87          D1R1Pilot.forward();
88      }
89
90      public void backward()
91      {
92          D1R1Pilot.backward();
93      }
94
95      public void travel(int Centimeters)
96      {
97          D1R1Pilot.travel(Centimeters);
98      }
99
100     public Pose odometer()
101     {
102         return(Odometer.getPose());
103     }
104
105     public void navigateTo(int X,int Y)
106     {
107         D1R1Navigator.clearPath();
108         D1R1Navigator.goTo(X,Y);
109     }
110
111     public void testMoveTo() throws Exception
112     {
113         Log.println("Position: " + odometer());
114         navigateTo(100,200);
115         Thread.sleep(6000);
116         travel(30);
117         Thread.sleep(1000);
118         rotate(90);
```

```
119        Thread.sleep(1000);
120        Log.println("Position: " + odometer());
121    }
```

第 113 行：

```
113    Log.println("Position: " + odometer());
```

报告了机器人的当前位置。odometer( ) 类函数：

```
100    public Pose odometer()
101    {
102        return(Odometer.getPose());
103    }
```

调用 OdometerPoseProvider getPose() 类函数，返回一个 Pose 对象，在 log 中报告，例如：

```
Position: X:30.812708 Y:24.117397 H:62.781242
```

$x$、$y$ 和航向表示为浮点数。

第 114 和第 116 行：

```
114    navigateTo(100,200);
116    travel(30);
```

是使机器人移动到目标位置的两个类函数。navigateTo(100, 200) 类函数：

```
105    public void navigateTo(int X,int Y)
106    {
107        D1R1Navigator.clearPath();
108        D1R1Navigator.goTo(X,Y);
109    }
```

是两个 Navigator 类函数的一个包装器。clearPath() 类函数清除任何当前路径，goTo() 类函数使机器人朝着 $x$、$y$ 位置移动。如果没有路径存在，则创建一个新路径。

Travel() 类函数：

```
95    public void travel(int Centimeters)
96    {
97        D1R1Pilot.travel(Centimeters);
98    }
```

是 DifferentialPilot travel() 类函数的一个包装器，使机器人在一条直线上移动。如果该值为正，则机器人向前行进；如果该值为负，机器人向后移动。当编程机器人向前行进时，每个电动机必须给定一个向前的命令，但没有办法指定距离。

作为 DifferentialPilot 类函数包装器的其他类函数为：

```
backward()
forward()
```

这些类函数使机器人在一条直线上向前或向后移动，执行类似于Tetrix-RegulatedMotor的向前和向后类函数，但它们都移动电动机。表7-9列出了代码清单7-4和7-5所使用的类。

表7-9　代码清单7-4和7-5使用的类

| 类 | 描　　述 | 使用的类函数 |
|---|---|---|
| DifferentialPilot | 用于控制机器人的动作；<br>类函数包括移动、向前、向后和旋转 | reset()<br>setTravelSpeed()<br>setRotateSpeed()<br>setMinRadius()<br>rotate()<br>forward()<br>backward()<br>travel() |
| OdometerPoseProvider | 保持跟踪机器人的位置和航向 | setLocation() |
| Pose | 拥有机器人的 $x$、$y$ 位置和航向 | setPose()<br>getPose() |
| Navigator | 控制机器人遍历的路径，基于路径点构造一条路径 | singleStep()<br>clearPath()<br>goto() |

## 7.5.5　使用 Arduino 实现电动机编程

本节中，我们展示了使用 Arduino Uno 微控制器和 Servo.h 库编程无刷电动机的 BURT 转换。代码清单7-6给出了使用 5V line 编程无刷（爱好伺服）电动机的 BURT 转换，并展示了测试电动机的伪代码和 C++ 代码转换。

代码清单7-6　伺服电动机定位测试的软件机器人框架

```
BURT 转换输入:

Softbot  Frame
Name:  ServoMotor
Parts:
Motor  Section:
1 standard brushless servo motor

Actions:
Step 1: Initialize motor
Step 2: Position the servo from 0 to 180º in 5º increments
Step 3: Position the servo from 180 to 0º in 5º increments

Tasks:
Test the servo motor by controlling its position.
End Frame
```

BURT 转换输出：Java 实现 🖳

```
1    #include <Servo.h>
2
3    Servo ServoMotor;
4
5    int Angle = 0;
6
7
8    void setup()
9    {
10       ServoMotor.attach(9);
11   }
12
13   void loop()
14   {
15       for(Angle = 0; Angle < 180; Angle += 5)
16       {
17           ServoMotor.write(Angle);
18           delay(25);
19       }
20
21       for(Angle = 180; Angle >= 5; Angle -= 5)
22       {
23           ServoMotor.write(Angle);
24           delay(25);
25       }
26   }
```

在第 10 行的 `setup()` 函数中，`attach()` 函数将引脚 9 上的伺服连接到 ServoMotor 对象。伺服库的某些版本仅在 9 和 10 这两个引脚上支持伺服机构。在 `loop()` 函数中，有两个 `for` 循环。第一个 `for` 循环以 5° 为增量在 0° ~ 180° 之间定位伺服的角度，第二个 `for` 循环以 5° 为减量在 180° ~ 0° 之间定位伺服的角度。`write()` 函数向控制轴的伺服发送一个值。如果正在使用一个标准伺服，它将以度为单位设置轴的角度；如果正在使用一个连续旋转伺服，它将设置伺服的转速，0 为一个方向上的伺服全速，180 为另一个方向上的电动机全速，90 为没有运动。延迟用于电动机定位的时间。代码清单 7-7 给出了连续电动机的转速测试。代码清单 7-7 展示了测试两个连续伺服电动机转速的伪代码。

**代码清单 7-7　两个伺服电动机转速测试的软件机器人框架**

BURT 转换输入：🖳

**Softbot　Frame**
**Name:** ServoMotor
**Parts:**
*Motor　Section:*

```
2 continuous brushless servo motor
```

**Actions:**
Step 1: Initialize motors
Step 2: Rotate servos in the same direction from 90 to
        180º in 5º increments to increase speed
Step 3: Rotate servos in the same direction from 180 to
        90º in 5º increments to decrease

**Tasks:**
Test the servo motors by controlling their speed.
**End Frame**

BURT 转换输出：Java 实现 🤖

```
1    #include <Servo.h>
2
3    Servo LeftServo;
4    Servo RightServo;
5
6    int Angle = 0;
7
8    void setup()
9    {
10       LeftServo.attach(9);
11       RightServo.attach(10);
12   }
13
14   void loop()
15   {
16       for(Angle = 90; Angle < 180; Angle += 5)
17       {
18           LeftServo.write(Angle);
19           RightServo.write(Angle);
20           delay(25);
21       }
22
23       for(Angle = 180; Angle >= 90; Angle += 5)
24       {
25           LeftServo.write(Angle);
26           RightServo.write(Angle);
27           delay(25);
28       }
29   }
```

在代码清单 7-7 中，有两个连续的旋转伺服机构：LeftServo 和 RightServo。本例中的 write() 函数使电动机增加或降低其转速或停止旋转。在第一个 for 循环中，控制变量从 90° 开始，电动机不动；角度以 5° 增量增加直到 180° ，电动机处于最高转速。在第二个 for 循环中，控制变量从 180° 开始，电动机处于最高转速；角度以 5° 增量减小直到 90° ，电动机停止旋转。

## 7.6  机器人手臂和末端作用器

电动机也用于控制一个机器人手臂及其末端作用器。控制一个机器人手臂意味着控制手臂中的每个电动机。因为目标有复杂的定位控制，所以使用伺服电动机。无论伺服在手臂何处，都看作一个关节和自由度（DOF）。定义一个机器人的运动能力是它的 DOF、每个关节的旋转范围和手臂工作的空间维度（二维或三维）。运动可以由旋转或在二维或三维空间中工作的平移运动决定。平移运动是指关节怎样向前或向后运动，这是由所使用的机器人手臂类型定义。机器人的末端作用器是机器人末端的装置。末端作用器设计用来与环境交互，是某种类型的夹持器或工具，它也是由伺服机构控制的。

### 7.6.1  不同类型的机器人手臂

机器人手臂有一个长度、关节、夹持器和某种可能的工具。图 7-21 展示了一个机器人手臂的基本组件。

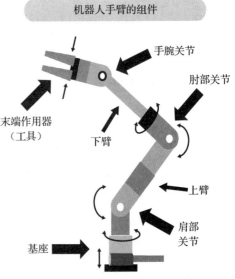

图 7-21  机器人手臂的基本组件

机器人手臂可以是一个有或没有移动性的独立装置，或者它可以连接到一个全面功能的机器人。机器人手臂具有不同类型，每种类型都特征化为：

- 位形空间
- 工作空间

位形空间是机器人手臂 DOF 的限制，工作空间是 2D 或 3D 空间中末端作用器可到达的空间。图 7-22 展示了几种不同类型的机器人手臂，以及它们的位形空间和工作空间。

基于关节上伺服的旋转范围，每个旋转关节都有其运动的限制或局限性。但是，需要旋转多少取决于手臂的设计或位置以及应用。平移运动为向前、向后、垂直或水平。工作空间定义为所有手臂关节、连杆长度（一个关节到下一个关节）的所有位形空间进行组合时，其末端作用器所能扫过空间的总和。它确定了末端作用器可能位置的固定边界，末端作用器不能到达工作空间之外的地方。一个移动机器人可以包括它物理迁移的区域。运动学逆解和正解是确定关节的方位和位置，以及给予末端作用器连杆长度和关节角度的方法。本章的结尾简要介绍了关于运动学的讨论。

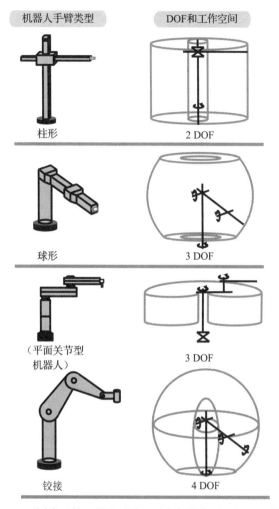

图 7-22　不同类型的机器人手臂以及它们的位形空间和工作空间

## 7.6.2　机器人手臂的扭矩

机器人手臂的扭矩计算归结为手臂中每个伺服的组合力矩。就像计算直流电动机的扭矩以确定它是否能够移动机器人，手臂的力矩必须足够举起一个期望的目标，也许为了携带或操纵它。但现在必须要考虑多个伺服机构、连杆长度、枢轴点，等等。对于用来举起一个物体的两个 DOF 机器人手臂，图 7-23 标记了重量、关节和连杆长度。

要想计算每个伺服的扭矩，机器人手臂必须伸展到它的最大长度，这也是所需的最大扭矩。此外，每个连杆的重量和长度、每个关节的重量和需要举起物体的重量都必须计算出来。每个连杆的质量中心为二分之一长度。以下扭矩的计算公式：

关节 A 的扭矩：

$$T1 = L1/2*W1 + L1*W4 + (L1 + L2/2)*W2 + (L1 + L3)*W3$$

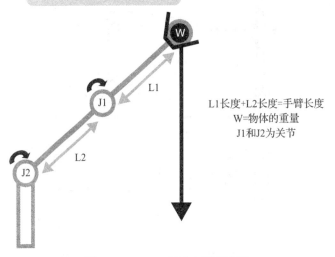

L1长度+L2长度=手臂长度
W=物体的重量
J1和J2为关节

图 7-23   2 DOF 机器人手臂标记

关节 B 的扭矩：

$$T2 = L2/2*W1 + L3*W3$$

每增加一个 DOF 会使计算更加复杂。DOF 越多，扭矩需求越高。另外，计算的扭矩是每个关节需要的扭矩量，应该远低于其最大扭矩。表 7-10 展示了在 2 DOF 机器人手臂上进行的计算。基于这个计算，T2 有足够的力矩，但 T1 没有。

表 7-10   在 2 DOF 机器人手臂上进行的扭矩计算

| 属　　性 | 机器人手臂 |
| --- | --- |
| DOF（w/o 末端作用器） | 2 |
| 手臂长度 $L_{arm}$ | 20cm |
| 烧杯 w/o 物质质量 $W_{obj}$ | 0.297kg |
| 烧杯尺寸 | 周长 24cm |
| | 直径 7.5cm |
| | 高度 9cm |
| 手臂重量 $W_{arm}$ | 0.061kg |
| 最大扭矩（包括更多的齿轮组） | 伺服 15kg・cm |
| | 伺服 26kg・cm |
| T1 = L1/2*W1 + L1*W4 + (L1 + L2/2)*W2 + (L1 + L3)*W3 | T1 = (10cm/2*0.0305kg) + (10cm*0.021kg) + (10cm + 10cm/2)*0.0305kg + (10cm + 15cm)*0.297kg |
| T2 = L2/2*W1 + L3*W3 | T1 = (0.1525kg・cm) + (0.21kg・cm) + (0.4575kg・cm) + (7.425kg・cm) = 8.245kg・cm |
| | T2 = 10cm/2*0.0305kg + 15cm*0.297kg |
| | T2 = 0.1525kg・cm + 4.455kg・cm = 4.6075kg・cm |
| 扭矩比较 | T1 = 8.245kg・cm > 5kg・cm 不通过 |
| | T2 = 4.6075kg・cm < 6kg・cm 通过 |

购买的机器人手臂应该了解上表中的信息。如果确定了所需的扭矩，可以与手臂的统计数据进行比较。表 7-11 包含了用于 Unit1 PhantomX Pincher 机器人手臂的规格。

表 7-11　PhantomX Pincher 机器人手臂的规格

| 属　　性 | 统计数据 |
| --- | --- |
| 重量 | 0.55kg |
| 垂直可达 | 35cm |
| 水平可达 | 31cm |
| 力量 | 25cm/0.04kg |
| | 20cm/0.07kg |
| | 15cm/0.1kg |
| 夹持力 | 0.5kg 握住 |
| 手腕力 | 0.25kg |

### 7.6.3　不同类型的末端作用器

末端作用器设计用来与环境交互，它们是递送货物和执行任务的装置。手臂在合适的时间将末端作用器递送到空间中它所需要的点上。不同的末端作用器类型如下：

- 机械抓
- 负压（真空）
- 磁性
- 钩
- 长柄勺（舀液体或粉末）
- 其他（静电）

我们在两个机器人手臂中均使用机械式末端作用器。RS Media 也有机器人手臂和机械式末端作用器。这些都是最常见的。机械爪可以分为：

- 平行爪
- 角爪
- 切换抓

图 7-24 展示了两个机器人使用的机械式末端作用器。

表 7-12 给出了 Unit1 和 Unit2 机器人的手臂和末端作用器类型。

表 7-12　用于 Unit1 和 Unit2 机器人的手臂和末端作用器类型

| 机器人手臂 | 手臂类型 | 末端作用器类型 |
| --- | --- | --- |
| Unit1 机器人手臂 1 | 铰接（4 DOF） | 平行（1 DOF） |
| | | 机械爪（外部夹紧） |
| Unit1 机器人 2 | 球形（1 DOF） | 角度（1 DOF） |
| | | 机械爪 |
| | | (摩擦)/ 环绕 |
| Unit2 | 铰接（2 DOF） | 角度（3 DOF） |
| | | 机械爪（环绕） |

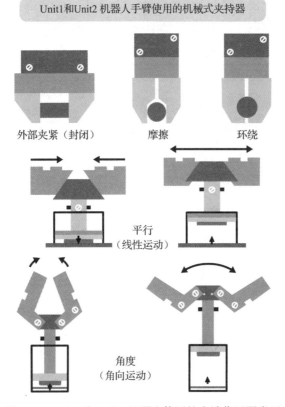

图 7-24 Unit1 和 Unit2 机器人使用的末端作用器类型

一旦确定举起物体的手臂力矩后，就应该对末端作用器进行评估。因为手臂的伺服机构可以举起物体并不意味着末端作用器可以抓住或托住物体。要确定一个机器人的末端作用器是否可以运送一个物体，可以进行如下计算以确定它是否具有托住物体的力：

$$F = \mu * W_{obj} * n$$

其中 F 为托住物体所需的力，$\mu$ 为摩擦系数，$W_{obj}$ 为物体的重量，n 为夹持器上的手指数。但是，夹持器的扭矩不是唯一因素，也必须考虑它的其他方面。看看我们使用的 3 个机器人手臂的末端作用器。夹持意味着某种类型的机械手指。RS Media 有手，但它们并未构建用于托住任何类似烧杯大小的东西。机器人手臂 1 是包括末端作用器的 5DOF PhantomX Pincher 手臂。基于表 7-11 的统计数据，夹持器可以托住烧杯：

$$0.297kg < 0.5kg$$

但是手腕不能：

$$0.297kg > 0.25kg$$

另一个问题是烧杯的直径，末端作用器的夹具不能打开足够宽。Unit1 机器人手臂 2 的末端作用器可以托住烧杯，如图 7-25 所示。

Unit1 和 Unit2 机器人手臂和末端作用器

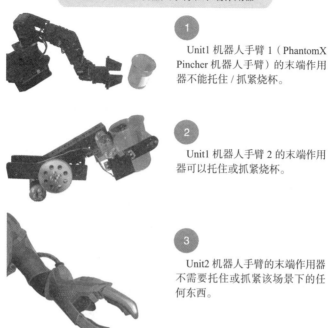

图 7-25　Unit1 和 Unit2 末端作用器和烧杯的照片

### 7.6.4　为机器人的手臂进行编程

本节中，我们使用 EV3 微控制器和 Tetrix 伺服电动机并采用 `leJOS API TetrixServoController` 和 `TetrixServo` 类函数（见代码清单 7-8）给出了机器人手臂 2（见图 7-26）的构造函数。机器人手臂 2 有一个 DOF 和一个单一的伺服来打开和关闭夹持器。

1 DOF 机器人手臂和夹持器伺服

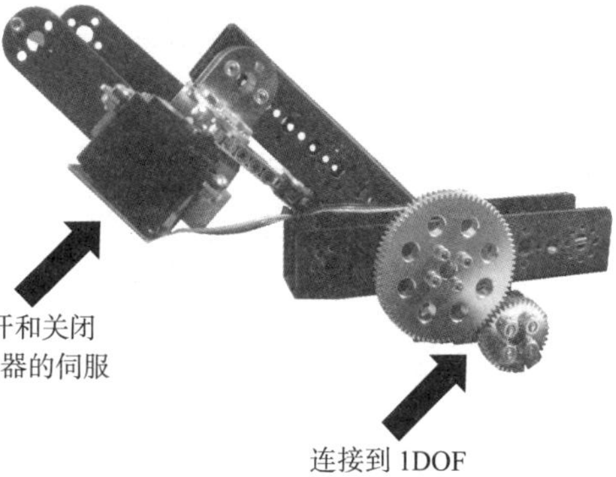


图 7-26　Unit1 机器人手臂 2

代码清单 7-8　Unit1 机器人手臂和夹持器伺服机构的构造函数

BURT 转换输出：Java 实现

```
9          TetrixServoController SC;
...
12         TetrixServo  Arm;
13         TetrixServo  Gripper;

31    public basic_robot() throws InterruptedException,Exception
32    {
33
...
49         Gripper = SC.getServo(TetrixServoController.SERVO_2);
50         Arm = SC.getServo(TetrixServoController.SERVO_1);
51         Log.println("Servos Constructed");
52         Thread.sleep(3000);
53         SC.setStepTime(7);
54         Arm.setRange(750,2250,180);
55         Arm.setAngle(100);
56         Thread.sleep(3000);
57         Gripper.setRange(750,2250,180);
58         Gripper.setAngle(50);
59         Thread.sleep(1000);
...
84    }
```

在构造函数中增加了第 9、12、13 以及 49 至 59 行。在第 49 和第 50 行中：

```
49    Gripper = SC.getServo(TetrixServoController.SERVO_2);
50    Arm = SC.getServo(TetrixServoController.SERVO_1);
```

对于手臂和夹持器的伺服机构，给 Gripper 和 Arm 指派了 TetrixServo 对象。第 53 行：

```
53    SC.setStepTime(7);
```

对于添加到控制器的所有伺服机构，设置了"step time"。它是执行下一个命令之前的一个延迟。这类似于 sleep( ) 类函数，但 sleep( ) 只是等待直到一个命令完成执行，而"step time"实际上减慢了一个命令或函数的执行，其值在 0 ~ 15 之间，如果该值设为 0，isMoving( ) 类函数总是返回错误。

以下类函数：

```
54    Arm.setRange(750,2250,180);
55    Arm.setAngle(100);
      ...
57    Gripper.setRange(750,2250,180);
58    Gripper.setAngle(50);
```

是手臂和夹持器的主要类函数。正如之前所讨论的，脉冲持续时间决定了伺服电动机的旋转。`setPulseWidth()` 类函数可以用于设置机器人手臂的位置。脉冲宽度必须在伺服最大角度范围之内。该类函数使用一个绝对脉冲宽度而非一个"相对"脉冲宽度，以 μs 为度量单位，参数范围为 750 ~ 2250μs，步进分辨率为 5.88μs。脉冲宽度的中间位置是 1 500μs，为伺服的中点。`setRange()` 类函数以微秒为单位在伺服范围内设置了脉冲宽度及总行程范围。例如，一个180°或90°伺服是 Hitec 伺服机构的总行程范围。在低至 750 高至 2 250 的情形下，默认总范围为200°。这种信息必须反映一个伺服能够准确定位自身的实际经验规格，它接受三个参数：

- `microsecLOW`：伺服响应 / 工作范围的低端（μs）
- `microsecHIGH`：伺服响应 / 工作范围的高端（μs）
- `travelRange`：伺服总机械行程范围（度）

在这些情况下，手臂和夹持器伺服机构有一个180°的范围，对于伺服机构的复杂定位而充分利用低微秒和高微秒。`setAngle()` 类函数设置伺服的角度目标，它的准确性取决于 `setRange()` 设置的参数。

上述类函数用于设置机器人手臂和夹持器的位置。代码清单 7-9 包含了定位 Gripper 和 Arm 伺服对象的类函数。

**代码清单 7-9　使 Gripper 和 Arm 伺服对象移动的类函数**

BURT 转换输出：Java 实现

```java
87      public void moveGripper(float X) throws Exception
88      {
89
90          Gripper.setAngle(X);
91          while(SC.isMoving())
92          {
93              Thread.sleep(1000);
94          }
95      }
96
97      public void moveArm(float X) throws Exception
98      {
99
100         Arm.setAngle(X);
101         while(SC.isMoving())
102         {
103             Thread.sleep(1000);
104         }
105     }
106
107
108     public void pickUpLargeObject() throws Exception
109     {
```

```
110        moveGripper(120);
111        moveArm(40);
112        moveGripper(10);
113        moveArm(100);
114    }
115
116    public void pickUpVeryLargeObject() throws Exception
117    {
118        moveArm(60);
119        moveGripper(120);
120        moveGripper(20);
121        moveArm(140);
122    }
123
124    public void putObjectDown() throws Exception
125    {
126        moveArm(10);
127        moveGripper(120);
128        moveArm(140);
129        moveGripper(10);
130    }
131
132    public void putLargeObjectDown() throws Exception
133    {
134        moveArm(40);
135        moveGripper(120);
136        moveArm(140);
137        moveGripper(10);
138    }
139
140    public void resetArm() throws Exception
141    {
142        moveArm(5);
143        moveGripper(10);
144    }
```

在代码清单 7-9 中，类函数：

- moveGripper()

- moveArm()

两者都接受旋转伺服机构的角度，从而依次定位夹持器和手臂。其他的类函数：

- pickUpLargeObject()

- pickUpVeryLargeObject()

- putObjectDown()

- putLargeObjectDown()

■ `resetArm()`

调用这些类函数，传输期望的角度。

### 7.6.5  计算运动学

机器人手臂两只有一个 DOF 和带有一个伺服的末端作用器。但是，DOF 越多，必须控制的伺服机构越多。更多的 DOF 意味着需要更多的工作来使末端作用器确切明白它们应该在哪儿。怎样才能确定伺服机构应该在何处定位末端作用器呢？如果在某个角度上定位伺服机构，则末端作用器定位在哪里？运动学可用来回答这些问题。

运动学是力学的一个分支，用来描述点、物体和群目标的运动，而不考虑引起运动的原因。因此，运动学可以用于描述机器人手臂的运动或机器人的运动。平面运动学（Planar Kinematics，PK）是指在一个平面上或 2D 空间内的运动，可以通过旋转或平移等手段描述两点间的位移。在一个环境中移动的机器人是在一个平面上，除非机器人从桌子或崖上掉落。PK 可以用来计算使机器人在平面上运动的电动机的旋转，也可以用来改变一个末端作用器在 2D 空间中的位置（见图 7-27）。

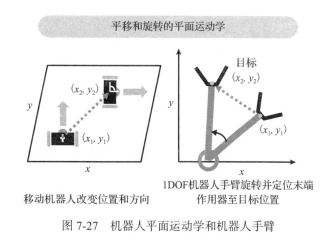

图 7-27  机器人平面运动学和机器人手臂

用于机器人手臂操作的运动学是正逆向运动学，但这两个领域却有 3D 和 2D，我们简要讨论 2D（平面）。正向运动学回答第一个问题：如何计算关节的角度来定位末端作用器？

正向运动学是根据关节角度的位置来计算末端作用器的位置。因此，对于伺服 1（肩）和伺服 2（肘）在某个角度的 2 DOF 机器人手臂，末端作用器在哪里？基于末端作用器的位置，逆向运动学用于计算关节的位置（伺服 1 和伺服 2）。另外，对于给定 DOF 的末端作用器和相同的 2 DOF 机器人手臂，伺服 1（肩）和伺服 2（肘）的角度位置是多少？图 7-28 比较了这两种态势。

两者都是有用的，但使用它们需要三角函数和几何方程。在有许多关节的 3D 空间里，这些方程可能会变得复杂。一旦求出方程解，它们必须转换成用来进行机器人编程的任何语言。下面我们使用平面运动学求解机器人手臂 1 的伺服角，图 7-29 展示了推演过程。

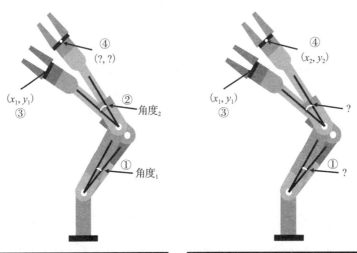

图 7-28　2 DOF 机器人手臂的正向和逆向运动学对比

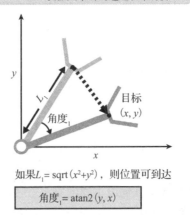

图 7-29　1DOF 机器人手臂的逆运动学

　　因此，给定了手臂的长度和末端作用器的期望位置，可以计算出伺服角。代码清单 7-10 包含了获得一个伺服角的 BURT 转换，给出了相应的伪代码和部分 C++ 代码转换。

## 代码清单 7-10  机器人手臂 1 的逆运动学

BURT 转换输入：

**Softbot  Frame**
**Name:**  ServoMotor
**Parts:**
*Motor  Section:*
1 servo motor

**Actions:**
Given the length of the robot arm and the desired x,y location of
the end-effector,
Step 1: Square the x and y values
Step 2: If the Square root of the sum of squared x and y is less than
        the length of the arm
        Step 2:1: Take the arc tangent of x, y.
        Step 2:2: Use this value for the angle of the servo.

**Tasks:**
Test the servo motors by controlling their speed.
**End Frame**

BURT 转换输出：Java 实现

```
...
300        SquaredX = Math.pow(X,2);
301        SquaredY = Math.pow(Y,2);
302        if(ArmLength >= Math.sqrt(SquaredX + SquaredY))
303        {
304            ArmAngle = math.atan2(X,Y);
305        }
306        ...
```

对于一个 2D 2DOF 的机器人手臂，使用另外一个程序。图 7-30 展示了其推演过程。

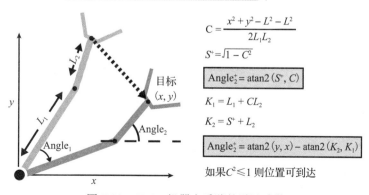

2 DOF机器人手臂的逆运动学计算

$$C = \frac{x^2 + y^2 - L^2 - L^2}{2L_1L_2}$$

$$S^+ = \sqrt{1 - C^2}$$

$$\text{Angle}_2^+ = \text{atan2}(S^+, C)$$

$$K_1 = L_1 + CL_2$$

$$K_2 = S^+ + L_2$$

$$\text{Angle}_2^+ = \text{atan2}(y, x) - \text{atan2}(K_2, K_1)$$

如果 $C^2 \leq 1$ 则位置可到达

图 7-30  2DOF 机器人手臂的逆运动学

因此，给定两个连杆的长度和末端作用器的期望位置，可以计算伺服角。这种 BURT 转换的完整代码代码清单可以在网站 www.robotteams.org/intro-robotics. 查看和下载。

## 7.7  下文预告

本章中，我们讨论了如何编程不同类型的电动机。在第 8 章中，我们将讨论如何让机器人具有自主性。

# 第 8 章

# 开始自主：构建机器人所对应的软件机器人

**机器人感受训练课程 8**：它不是关于机器人的硬件，而是关于机器人是"谁"的内涵问题。

根据定义，所有真正的机器人都有某种类型的末端作用器、传感器、执行器以及一个或多个控制器。所有这些都是必要的组件，然而它们的集合并不足以称为一个机器人。这些组件既可以作为独立的部件，也可以放在许多其他类型的机器和设备中。而使之成为机器人，就是利用编程来组合、连接和协调这些组件的过程。

机器人只有通过编程才有用。每个有用的自主机器人都有一个最终给出机器人目的、方向和定义的软件机器人。对于每一个在机器人内部或连接到机器人的可编程硬件，都必须建立一组指令来控制它。这些指令用于编程每个组件在给定某个特定输入下执行什么功能。总的来说，一组指令是机器人的软体部分，用来捕捉机器人的潜在行为。对于自主机器人，软件机器人控制机器人的行为。

---

### 组件使用开源软硬件可以建造出更安全的机器人

开源机器人是利用开源的软件组件、机器人模型和硬件组件所构建的机器人。开源机器人软件组件为程序员提供了这样的选择，即在使用一个软件机器人组件之前，可以检查它是如何设计或实现的，以及做出任何必要的安全改进或调整。越多的人去查看一个软件的设计与实现，就会有越大的可能性去发现和修改隐藏的漏洞或缺陷。机器人操作透明是一件好事，同样地，开放和可访问的硬件设计和实现也会受益于建设性的批评和来自知识丰富的社群的反馈。

Born Team 最近找到了来自 Trossen Robotics 的 Kyle Granat。Trossen Robotics 是获取开源机器人和机器人组件的主要来源之一，它销售机器人手臂、六脚节足动物、两足动物以及 Arduino 可兼容的控制器、传感器和执行器，它的一些机器人项目如图 8-1 所示。

Kyle 除了制造商的公平责任，他在 Trossen 公司拥有很多头衔，如工程师、承运人、销售员，甚至各种开源布道者。如 Kyle 所言，"机器人将会是日常生活的一个基本组成

TROSSEN 机器人项目

**1** HR-OS1 人形内
骨骼

- 20 AX-12A 机器人执行器；
- Arbotix-Pro Robocontroller；
- 带有 SD 卡的 Raspberry Pi 2 CPU；
- 无线上网卡和无线蓝牙；
- C++ 开源框架；
- Xbee、Wifi、蓝牙

**2** PhantomX Pincher
机器人手臂

- AX-12A Dynamixel 执行器；
- 5 DOF；
- 车载处理的 Arbotix Robo-controller；
- 自定义平行爪

**3** PhantomX AX 金属
昆虫

- DYNAMIXEL 系列机器人伺服机构；
- 3 DOF 腿；
- Arduino 可兼容的 Arbotix；
- 开源软件；
- 无线 Xbee 控制；
- 完全可自主编程

图 8-1    Trossen Robotics 的 HR-OS1 人形内骨骼、PhantomX Pincher
机器人手臂和 PhantomX AX 金属昆虫

部分，一种或另外一种形式的机器人编程将是下一代的基本技能……机器人应用将无处不在，从垃圾收集到汽车建造。由 Arduino 协调的各类传感器和执行器的易用性和易获得性，对任何感兴趣的人开启了机器人学的可能性。"奖金并不总是最多机器人经费的人得到。据 Kyle 说，"当你没有资金来建立最大和最好的机器人时，你会发现那些并非专门设计用于机器人的零件有更巧妙的使用……在很多情况下，当你必须精简和节俭时，所建造出的机器人可能是最好的机器人。"Kyle 建议："当构建或学习如何编程机器人时，相对于使用隐藏了工作细节的软件和部件，真正了解传感器、执行器和控制器如何工作将会很有优势。"因为机器人的应用发展太快且最终将无处不在，任何真正感兴趣的人都可以参与，这使得机器人的安全成为一个明显的问题。类似机器人操作系统（Robot Operating System，ROS）这样具有开放的标准和组件，将使我们能够设计更具兼容性的复杂系统。Kyle 说，"开放的东西越多，所定义的协议就会更好。目前 ROS 正在努力尝试尽可能多的模块，并尝试将机器人组件连在一起。"

 **注释**

我们使用软件机器人（softbot）这个术语，因为它可以帮助我们避免混淆机器人的微控制器与机器人控制器，或者机器人的远程控制。

软件机器人扮演着机器人控制器的一部分。使用软件机器人这个术语能帮助我们避免混淆机器人微控制器与机器人控制器，或者机器人远程控制。对于自主机器人，软件机器人是控制机器人的一组指令和数据。构建软件机器人的方法很多，从显式地编程机器人所要采取的每个动作，到进行只是反应式或反射式的编程，这样当机器人与环境进行互动时，能够自行选择动作。因此，机器人可以有一个主动式软件机器人、一个反应式软件机器人或二者的某种组合。根据软件机器人结构的不同，我们能够得到 3 种自主机器人：

- 主动式自主机器人
- 反应式自主机器人
- 混合式（主动式和反应式）自主机器人

从完全主动至完全反应的范围内，我们划分了自主控制的 5 个基本层级，如表 8-1 所示。

表 8-1　机器人自主控制的 5 个基本层级

| 层　　级 | 编　　程 | 自主控制 |
| --- | --- | --- |
| 1 | 显式编程所有机器人动作和功能 | 主动式 |
| 2 | 显式编程一部分机器人动作，并使用显式规划算法处理其他动作及功能 | 主动式 |
| 3 | 对于所有的动作和功能，机器人使用显式规划算法 | 主动式 |
| 4 | 对于动作和功能，机器人使用一些显式规划算法和一些反应式算法 | 混合式（主动式＋反应式） |
| 5 | 对于动作和功能，机器人仅使用反应式算法 | 反应式 |

 注释

本书中，我们将展示如何构建简单的 1 级和 2 级软件机器人。对于 3 ～ 5 级控制策略的详细内容，参见 Thomas Braun 撰写的《Embedded Robotics》和 Ronald C. Arkin 撰写的《Behavior-Based Robotics》。

## 8.1　初探软件机器人

为了弄明白软件机器人如何工作，我们使用一个简单的机器人构造。我们称之为 Unit1 的简单机器人具有向前、向后移动以及朝任何方向旋转的能力。Unit1 只有两个传感器：

- 超声波传感器：一个测距传感器
- 16 色光传感器：一个识别颜色的传感器

在任务开始前，创建这样一个场景，即房间里有一个单一的物体与机器人。机器人的任务是定位这个物体，识别它的颜色，然后回来报告。我们想要机器人自主地执行这项任务（即无需远程控制或人类操作员的帮助）。一个成功的机器人自主性具有以下 5 个基本要素：

- 机器人具有一些能力
- 一个场景或态势

- 机器人在场景或态势中扮演一个角色
- 利用机器人的能力可以完成任务，并且任务可以满足机器人的角色
- 编程机器人自主执行任务的某种方法

表 8-2 列出了一个成功的自主机器人的 5 个基本要素，以及每个要素的提供方。现在，我们确定已具有 5 个基本要素，下一步将布局 Unit1 软件机器人框架的基础部分。一个软件机器人框架至少有 4 个部分：

表 8-2　Unit1 的 5 个基本要素

| 要素编号 | 要素（要求） | 提供的要素 |
| --- | --- | --- |
| 1 | 机器人具有一些能力 | Unit1 可以向前、向后移动以及旋转；<br>Unit1 有一个：<br>■ 工艺超声波传感器<br>■ 工艺 16 色光传感器 |
| 2 | 一个场景或态势 | 内有一个未知颜色物体的房间 |
| 3 | 机器人在场景或态势中扮演一个角色 | 研究者 |
| 4 | 利用机器人的能力可以完成任务，并且任务可以满足机器人的角色 | 定位物体、确定颜色并报告 |
| 5 | 编程机器人自主执行任务的某种方法 | Unit1 有一个 EV3 微控制器，运行 Linux，可以用 Java 对其编程 |

- 部件
- 动作
- 任务
- 场景或态势

用简单的英语描述这些部分，然后利用 BURT 转换器将其转换成一种支持面向对象编程的计算机语言。对于这个简单的例子，我们在 BURT 转换器中使用面向对象的 Java 语言。代码清单 8-1 展示了 Unit1 软件机器人框架的第一个切割布局。

代码清单 8-1　Unit1 软件机器人框架的第一个切割布局

BURT 转换输入：

```
Softbot  Frame
Name:  Unit1
Parts:
Sensor Section:
Ultrasonic Sensor
Light Sensor
Actuator Section:
Motors  with decoders (for movement)

Actions:
Step 1: Move forward some distance
```

```
Step 2: Move backward some distance
Step 3: Turn left some degrees
Step 4: Turn right some degrees
Step 5: Measure distance to object
Step 6: Determine color of object
Step 7: Report
```

**Tasks:**
Locate the object in the room, determine its color, and report.

**Scenarios/Situations:**
Unit1 is located in a small room containing a single object. Unit1 is playing the role of an investigator and is assigned the task of locating the object, determining its color, and reporting that color.

**End Frame.**

## 8.1.1　部件部分

部件部分应该包含机器人每个传感器、执行器和末端作用器的一个组成部分。在本例中，Unit1 只有两个传感器。

## 8.1.2　动作部分

动作部分包含机器人可以执行的基本行为或动作的列表。例如，举起、放置、移动、起飞、着陆、行走、扫描、滑翔等。所有这些动作将与机器人的构建、传感器、执行器和末端作用器提供的某种能力相关。基于机器人的实体设计，考虑机器人可以执行的基本动作，然后提出易于理解的名称和这些动作的描述。机器人编程的一个重要部分是为机器人的动作和组件指派实际的、有意义的名称和描述。最终确定的名称和描述构成了机器人的指令词汇。我们将在本章后面讨论指令词汇和 ROLL 模型。

## 8.1.3　任务部分

动作部分是机器人及其物理能力特有的，然而任务部分描述了一个特定场景或态势中的具体活动。类似于动作和部件部分，任务的名称和描述应该易于理解、可描述且最终形成机器人的词汇。机器人使用动作部分的功能完成任务部分中的特定场景活动。

## 8.1.4　场景（态势）部分

场景（态势）部分包含机器人将要处于的场景、机器人在场景中的角色以及期望机器人所执行任务的一个简单（但相当完整）描述。这 4 个部分构成了一个软件机器人框架的基本部分。正如稍后会讲到的，一个软件机器人框架偶尔可以多于这 4 个部分，但是它们代表了基本的软件机器人主体。软件机器人框架充当机器人和机器人场景的一个规范。完整的软件机器人框架必须最终转换为机器人的微控制器可以执行的指令。

## 8.2  机器人的 ROLL 模型和软件机器人框架

软件机器人框架通常使用第 4 ~ 7 级语言来进行说明（见图 8-2）。在软件机器人框架的规范中，我们不会试图使用任何特定的编程语言，而是用手头上与任务相关且易于理解的名称和描述。软件机器人框架是实际软件机器人的一个设计规范，通过使用任务词汇、机器人的基本动作词汇以及直接来自机器人所处场景或态势的术语来对它进行描述。

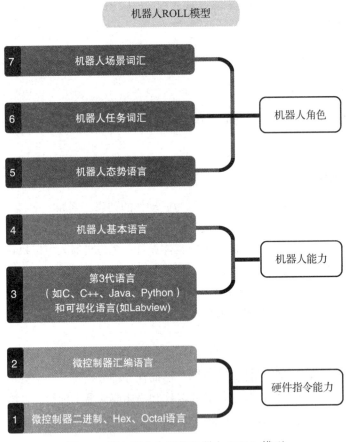

图 8-2  第 2 章中介绍的机器人 ROLL 模型

使用第 4 ~ 7 级的语言、词汇和指令会让你初步专注于机器人的角色、任务和场景，而不用考虑微控制器编程语言或编程 API 的细节。相对于微控制器或任何其他机器人硬件的视角，软件机器人框架允许你从场景或态势的角度考虑机器人的指令。

当然，软件机器人框架最终必须利用某种编程语言转换为第 3 级或第 2 级语言指令。但是，使用第 4 ~ 7 级语言指定机器人和场景有助于阐明机器人的动作，以及机器人将在场景和态势中扮演的预期角色。

我们开始于第 4 ~ 7 级语言规范，结束于第 3 级（有时第 2 级）语言规范，编译器或解释器再将其转换为第 1 级语言规范。图 8-3 展示了在软件机器人框架部分使用何种 ROLL 模型层级。

我们可以开发自己的机器人语言，从最低级的硬件开始逐步上升到机器人所处的场景或态势，也可以逼近自己的机器人语言设计，从场景开始降至机器人最低级的硬件。

在机器人编程的初始设计阶段，由场景至硬件来获取事物是有利的。最初应该使用第 4 ~ 7 级有意义且恰当的名称和描述来指定软件机器人框架。一旦较好地理

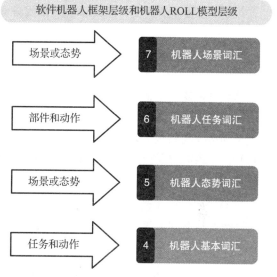

图 8-3　软件机器人层级及其相应的 ROLL 模型层级

解了态势且明确了机器人的期望，就可以将第 4 ~ 7 级规范转换成第 3 级或第 2 级规范。本书中，我们假定你负责软件机器人框架的各级规范。

在一些机器人应用中，责任要进行划分。编程机器人部件驱动程序的人可能不同于编写第 3 级机器人指令的人，编写第 3 级指令的人可能不负责编写第 4 ~ 7 级的规范，等等。当涉及机器人程序员的一个团队，或者机器人的软件组件来源于不同的地方时，这种情形通常会出现。然而，利用将软件机器人框架转换成 Java 或 C++ 的第 4 ~ 7 级规范，我们由软件机器人框架的高级规范（类似于自然语言）开始来描述完整的过程。

---

 小贴士

注意，在表 8-2 的元素 5 中，Unit1 使用 Java。特别注意，Unit1 使用在 Mindstorms EV3 微控制器的 Linux 系统上运行的 Java 和 leJOS Java 类库。我们使用 BURT 转换器来展示软件机器人框架和 Java 之间的转换。

---

## 8.2.1　BURT 把软件机器人框架转换为类

软件机器人框架的任务部分表示了所谓的智能体循环，而部件、动作、态势和场景由对象和对象类函数来实现。在第 8 ~ 10 章中，只呈现了对象和智能体的入门级内容，因为它们与机器人编程有关。对于这个主题更加详细的讨论，参阅 Leon S. Sterling 和 Kuldar Taveter 撰写的《面向智能体的建模艺术》。

>  **注释**
>
> 　　需要重点注意的是，采用面向对象的语言，如 Java 或 C++，可将每个软件机器人框架转换成一个或多个类规范。从技术上讲，一个软件机器人框架是指定机器人控制器的一个对象或面向智能体的方法。

### 从软件机器人框架到 Java 代码的 BURT 转换

　　BURT 转换器由一个输入部分和一个输出部分组成。输入部分包含一种自然语言或机器人规范和指令的高级描述，输出部分则包含一个机器人规范或指令的低级描述的转换。输出级总是低于输入级。输入部分可能包含 ROLL 模型第 4 级指令，而输出部分可能包含第 3 级转换；输入级可能是第 5 级，而输出级可能是第 2 级，等等。在某些情况下，BURT 展示了从一个高级向另一个高级的转换。例如，将第 6 级指令（机器人任务词汇）转换成第 4 级指令（机器人基本词汇）。在代码清单 8-2 中，BURT 转换给出了 Unit1 软件机器人框架至 Java 代码的一个初步转换。

**代码清单 8-2　Unit1 软件机器人框架至 Java 的 BURT 转换**

BURT 转换输入：

```
Softbot  Frame
Name:  Unit1
Parts: SECTION 1
Sensor Section:
Ultrasonic Sensor
Light Sensor
Actuator Section:
Motors  with decoders (for movement)

Actions:  SECTION 2
Step 1: Move forward some distance
Step 2: Move backward some distance
Step 3: Turn left some degrees
Step 4: Turn right some degrees
Step 5: Measure distance to object
Step 6: Determine  color of object
Step 7: Report

Tasks: SECTION 3
Locate the object in the room, determine its color, and report.

Scenarios/Situations: SECTION 4
Unit1 is located in a small room  containing  a single object. Unit1 is playing the
role of an investigator and is assigned the task of locating the object, determining
its color, and reporting that color.

End Frame.
```

BURT 转换输出：Java 实现 🤖

```java
class basic_ robot{

//PARTS: SECTION 1
// Sensor Section
    protected  EV3UltrasonicSensor  Vision;
    protected HiTechnicColorSensor ColorVision;
// Actuators
    protected TetrixRegulatedMotor LeftMotor;
    protected TetrixRegulatedMotor RightMotor;
    DifferentialPilot  D1R1Pilot;
//Situations/Scenarios: SECTION 4
    PrintWriter Log;
    situation Situation1;
    location RobotLocation;


//ACTIONS: SECTION 2
    basic_robot()
    {
        Vision = new EV3UltrasonicSensor(SensorPort.S3);
        Vision.enable();
        Situation1 = new situation();
        RobotLocation = new location();
        RobotLocation.X = 0;
        RobotLocation.Y = 0;
        ColorVision = new HiTechnicColorSensor(SensorPort.S2);
        Log = new PrintWriter("basic_robot.log");
        Log.println("Sensors  constructed");
        //...
    }

    public void travel(int Centimeters)
    {
        D1R1Pilot.travel(Centimeters);
    }

    public int getColor()
    {
        return(ColorVision.getColorID());
    }

    public void rotate(int Degrees)
    {
        D1R1Pilot.rotate(Degrees);
    }
```

```
//TASKS: SECTION  3

    public void moveToObject() throws Exception
    {
        travel(Situation1.TestRoom.TestObject.Location.X);
        waitUntilStop(Situation1.TestRoom.ObjectLocation.X);
        rotate(90);
        waitForRotate(90);
        travel(Situation1.TestRoom.TestObject.Location.Y);
        waitUntilStop(Situation1.TestRoom.ObjectLocation.Y);

    }

    public void identifyColor()
    {
        Situation1.TestRoom.TestObject.Color = getColor();
    }

    public void reportColor()
    {
        Log.println("color = " + situation1.TestRoom.TestObject.Color);
    }

    public void  performTask() throws Exception
    {
        moveToObject();
        identifyColor();
        reportColor();
    }

    public static void main(String [] args)  throws Exception
    {
        robot   Unit1 = new basic_robot();
        Unit1.performTask();
    }

}
```

软件机器人框架分成 4 个部分：
- 部件
- 动作
- 任务
- 场景或态势

通过填写每一部分，可以构造出一个完整的想法：
- 你有什么样的机器人

- 机器人可以完成什么样的动作
- 你期望机器人执行什么任务
- 机器人将在什么场景或态势中执行任务

回顾我们第1章中介绍的定义一个真正机器人的标准2或7个标准：

标准2：可编程的动作和行为

必须有某种方式来给予机器人一组指令：

- 执行什么动作
- 何时执行动作
- 何处执行动作
- 在什么态势下执行动作
- 如何执行动作

软件机器人框架的4个部分可以让我们完整地描述机器人的可编程动作和行为。通常，如果你不具备填写这4个部分的所有信息，则在给定态势下无法理解、没有规划或不会考虑关于机器人角色和责任的内容。另一方面，一旦这些部分是完整的，我们就有了一个如何实现机器人自主性的路线图。

软件机器人框架的规范不应该是一种编程语言，而应该完全是一种自然语言，类似西班牙语、日语、英语等。如果需要明确某个描述的部分，可以使用一些伪代码。软件机器人框架4个部分中的每一部分都应该是完整的，这样就不会存在机器人将要执行什么、何时、何地以及如何执行的问题了。一旦软件机器人框架的4个部分完整且容易理解，则可以用一种合适的面向对象的语言来为它们编写代码。我们为软件机器人框架的实现指定面向对象的语言，因为类、继承和多态性在实际的实施中都起着关键的作用。

**每个软件机器人框架部分都有面向对象的代码部分**

如果观察代码清单8-2，会发现每个软件机器人框架部分对应一个Java代码部分。尽管最初的草稿没有考虑一些低级细节，但我们展示了软件机器人框架所有主要组件的Java代码。代码清单8-2展示了上传给机器人用于执行的实际Java代码。

第1部分：机器人部件规范。第1部分包含机器人传感器、电动机、末端作用器和通信器件这些组件的声明。任何可编程的硬件组件都可以在第1部分中指定，尤其是如果这个组件将要用于机器人编程的任何态势或场景。对于第一个自主机器人例子，我们有一个普通硬件的 basic_robot 类：

- 超声波传感器
- 光颜色传感器
- 两个电动机

无论规划机器人的什么任务都必须利用这些部件来完成。注意在软件机器人框架的规范中，只需要列出机器人有一个超声波传感器和光颜色传感器的事实。如果观察第1部分的BURT转换，会看到实际部件的声明及其Java代码：

```
protected EV3UltrasonicSensor Vision;
protected HiTechnicColorSensor ColorVision;
```

在电动机方面也是相同的情形。在软件机器人框架中，我们简单指定解码器的两个电动机，并最终将其转换成以下合适的 Java 代码声明：

```
protected TetrixRegulatedMotor LeftMotor;
protected TetrixRegulatedMotor RightMotor;
```

在这种情况下，传感器和电动机组件是 leJOS 库的一部分。leJOS 为基于 Java 的固件，由 LEGO Mindstorms 机器人套件所取代。它提供了一个可兼容 JVM 的类库，该库有许多 Mindstorms 机器人功能的 Java 类。当一个软件机器人框架是独立的平台时，它可以是且通常是最好的。在明确了机器人需要实际执行什么以后，才可以选择这种方式下特定的机器人部件、传感器和执行器。例如，可以使用 Arduino 和 C++ 实现软件机器人框架，那么我们可能有 Arduino 环境中使用的以下代码：

```
Servo LeftMotor;
Servo RightMotor;
```

一旦指定了软件机器人框架，就可以利用不同的机器人库、传感器组和微控制器来实现。本书中，我们在基于 Mindstorms EV3 NET 的机器人示例和 RS Media 机器人示例中使用 Java，在 C++ 示例中使用 Arduino 平台。

---

 **注释**

作为设计技巧的一部分，软件机器人框架允许你设计机器人需要在某个特定场景或态势中执行的一组指令，而不必首先担心特定的硬件组件或机器人库。

---

第 2 部分：机器人的基本动作。第 2 部分是机器人可以执行的基本动作的一个简单描述。本节中，我们不想列出机器人准备执行的任务，而只想列出独立于任何特定任务并代表机器人基本能力的基本动作，例如：

- 向前走
- 向左扫描，向右扫描
- 举起手臂等

BURT 转换代码清单 8-1 展示了具有以下 7 个基本动作的 basic_robot：

- 向前移动一定距离
- 向后移动一定距离
- 向左旋转一定角度
- 向右旋转一定角度
- 测量相对目标的距离
- 确定目标的颜色

■ 报告（日志）

在指定机器人的基本能力以后，我们应该有一个关于机器人是否能够执行所分配任务的提示。例如，如果场景需要机器人爬楼梯或实现不同高度，`basic_robot` 可以执行动作的代码清单将会出现短板。在动作部分列出的机器人能力是机器人能否胜任这一任务的一个很好的早期指示。

指派机器人去执行的任务必须最终由动作部分中一个或多个基本动作的组合实现。然后，这些动作由控制器代码实现。图 8-4 展示了任务和动作之间的基本关系。

第 2 部分中的 Log 动作使机器人保存其在动作和任务执行过程中积累的传感器值、电动机设置或其他信息。代码副本应该总是对应软件机器人框架中的某个东西，但是，软件机器人框架组件并不总是对应所使用的一段代码。以下所示代码为代码清单 8-2 Java 代码第 2 部分包含的 `basic_robot()` 构造函数：

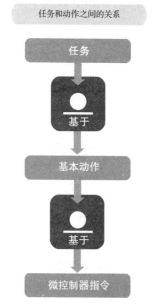

图 8-4　任务和动作之间的基本关系

```
basic_robot()
{
    Vision = new EV3UltrasonicSensor(SensorPort.S3);
    Vision.enable();
    Situation1 = new situation();
    RobotLocation = new location();
    RobotLocation.X = 0;
    RobotLocation.Y = 0;
    ColorVision = new HiTechnicColorSensor(SensorPort.S2);
    Log = new PrintWriter("basic_robot.log");
    Log.println("Sensors  constructed");
    //...
}
```

软件机器人框架没有提到这个动作。

构造函数负责机器人的启动顺序，可以用来控制当机器人最初启动时会发生什么，包括任何组件、端口设置、变量初始化、校准、速度设置、电源检查，等等的任何启动程序。当机器人第一次供电时，许多硬件和软件将开始启动。放入构造函数是最好的，但有时也可以放入初始化程序中，就像 Arduino 编程环境使用的 setup( ) 程序。这种层次的细节可以根据所指定的自主设计级别放入软件机器人框架中，这里选择忽略它而保持最初简单又实用的软件机器人框架。

注意，软件机器人框架第 2 部分的基本动作在动作代码部分中转换为一种实现。例如：

```
Softbot Frame Section 2:
Determine color of object
```

最终转换为第 2 部分中的 **basic_robot** Java 类函数，作为一个完整的实现如下：

```
public int getColor()
{
return(ColorVision.getColorID());
}
```

这里的 **getColor()** 类函数使用 **ColorVision** 对象来扫描一个物体的颜色并返回其 **ColorID**。这段代码是 **getColor()** 指令的实现。注意，软件机器人框架的描述与 Java 代码成员函数和方法的名字表达同样的想法，例如：

```
Determine Color of Object and getColor()
```

这不是巧合。软件机器人框架的另一个重要用途是针对如何命名例程、程序、对象类函数和变量而给机器人程序员提示、指示和想法。回忆一下机器人的 ROLL 模型，我们努力保持 3 级类函数、例程和变量名字以尽量实际地对应 4 级和 5 级描述。通过对比 BURT 转换及其 Java 代码等效中的每个部分，可以看出这是如何实现的。

第 3 部分：机器人特定态势下的任务。虽然动作部分用于描述独立于任何特定任务或态势的机器人基本动作，然而任务部分意味着描述机器人对于一个特定场景或态势而将要执行的任务。

---

 **注释**

动作是机器人的特性，任务是态势（场景）的特性。

---

在示例场景中，机器人的任务涉及接近某个物体并报告它的颜色。软件机器人框架列出的任务为：

定位房间中的物体，确定它的颜色并报告。

BURT 转换展示了这 3 个任务的实际实现：

```
Move to object
Determine its color
Report
```

利用第 2 部分中描述的 **basic_robot** 动作来实现任务。代码清单 8-3 展示了 BURT 转换中 **moveToObject()** 类函数的实现。

代码清单 8-3　moveToObject() 类函数的定义

---

BURT 转换输出：Java 实现 🤖

```
public void moveToObject() throws Exception
{
    travel(Situation1.TestRoom.TestObject.Location.X);
```

```
      waitUntilStop(Situation1.TestRoom.ObjectLocation.X);
      rotate(90);
      waitForRotate(90);
      travel(Situation1.TestRoom.TestObject.Location.Y);
      waitUntilStop(Situation1.TestRoom.ObjectLocation.Y);
}
```

注意，`travel()`和`rotate()`动作是在动作部分定义的，用于帮助完成任务。

同步和异步机器人指令。代码清单8-3包含了我们还未讨论的两个其他动作：`waitUntilStop()`和`waitForRotation()`。在一些机器人编程环境中，一系列指令可以认为是完全同步的（有时称为阻塞）。换言之，在第1个指令完成之前将不会执行第2个指令。但是在很多机器人编程环境中，尤其当机器人由许多可以独立运行的伺服机构、执行器、传感器和电动机组成的情况下，指令可能会异步执行（有时称为非阻塞）。这意味着机器人在前一道指令完成之前可能试图执行下一个指令。在代码清单8-3中，`waitUntilStop()`和`waitForRotate()`强迫机器人等待直到`travel()`和`rotate()`命令完全执行。`moveToObject()`没有采用任何特殊的参数，因此机器人可能会疑惑，移动到什么目标？哪里？看看代码清单8-3调用的`travel()`函数的参数，它们确切地告诉了机器人前往何处：

```
Situation1.TestRoom.ObjectLocation.X
Situation1.TestRoom.ObjectLocation.Y
```

`Situation1`、`TestRoom`和`TestObject`是什么？编程自主机器人的方法需要指导机器人在某个场景或态势中扮演某个特定角色。软件机器人框架必须包含场景和态势的一个说明。

第4部分：机器人的场景和态势。软件机器人框架的第4部分指定了机器人的场景为：

将Unit1定位在包含一个单一物体的小房间里。Unit1扮演调查者的角色，并被指派定位物体、确定以及报告其颜色的任务。

对于机器人执行特定任务和扮演特殊角色而言，指定一个特定态势是编程机器人自主行动的核心。图8-5展示了自主机器人程序设计的3个重要需求。

代码清单8-2展示了我们的态势所需的声明：

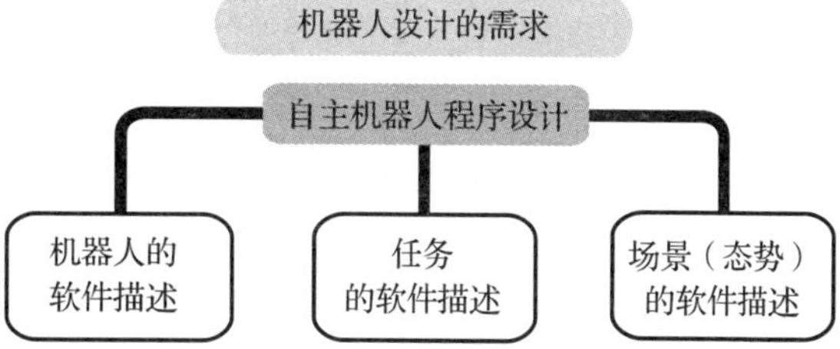

图8-5　自主机器人程序设计的3个重要需求

```
situation Situation1;
location RobotLocation;
```

然而，它没有给出实际的实现。首先，注意`basic_robot`类和机器人态势之间的关系比较重要。对于一个自主行动的机器人，每个机器人的类都有作为其设计一部分的一个或多个态势类。我们可以使用面向对象的语言来实现模型态势，如C++和Java。因此，`basic_` robot 类用于在软件中描述机器人，而态势类用于在软件中描述机器人的场景或态势。我们将在第 9 章中详细介绍捕捉一个场景（态势）类的细节过程。下面首先看一下机器人态势的一个简单定义，如代码清单 8-4 所示。

代码清单 8-4　situation 类的定义

BURT 转换输出：Java 实现

```java
class situation{
    public room TestRoom;
    public situation()
    {
        TestRoom = new room();
    }
}
```

态势类由名为 TestRoom 的单个数据元素类型 room 和创建一个房间示例的构造函数组成。因此，代码清单 8-4 展示了一个态势类，即 basic_robot 类有一个由单个房间构成的态势。但是，机器人应该如何接近物体并确定它的颜色呢？这不是态势的一部分。机器人是在房间里定位物体，因此，我们也有一个 room 类，如代码清单 8-5 所示。

代码清单 8-5　room 类

BURT 转换输出：Java 实现

```java
class room{
    protected int Length = 300;
    protected int Width = 200;
    protected int Area;
    public something TestObject;

    public  room()
    {
        TestObject = new something();
    }

    public int area()
    {
        Area = Length * Width;
        return(Area);
    }

    public int length()
    {
        return(Length);
    }

    public int width()
```

```
    {
        return(Width);
    }
}
```

basic_robot 有一个由单个房间构成的态势。房间有 Length、Width、Area 和 TestObject。通过调用 area()、length() 或 width() 类函数，机器人可以找到关于 TestRoom 的信息。同样地，TestObject 是 room 类的一部分。TestObject 也实现为一个类型 something 的对象。代码清单8-6 展示了 something 和 location 类的定义。

代码清单8-6　something 和 location 类的定义

BURT 转换输出：Java 实现

```java
class location{
    public int X;
    public int Y;
}

class something{
    public int Color;
    public location Location;
    public something()
    {
        Location = new location();
        Location.X = 20;
        Location.Y = 50;
    }
}
```

这些类允许我们讨论物体及其位置。注意在代码清单8-6中，一个 something 对象将有一个 color 和一个 location。在这个例子中，我们知道物体定位在何处：coordinates(20, 50)，但是不知道物体的颜色。利用颜色传感器识别并报告颜色是 Unit1 的任务。因此，先前在代码清单8-4 ~ 代码清单8-6中所展示的 situation、room、something 和 location 类允许我们用 Java 代码描述机器人的场景（态势）。一旦用代码描述了机器人及其任务和态势，就可以指导机器人去执行代码而无需进一步的人为干预或交互。

代码清单8-7中的 Java 代码展示了机器人将如何在给定态势下实现它的任务。

代码清单8-7　moveToObject()、identifyColor()、reportColor() 和<br>performTasks() 类函数

BURT 转换输出：Java 实现

```java
public void moveToObject() throws Exception
{
    travel(Situation1.TestRoom.TestObject.Location.X);
```

```
    waitUntilStop(Situation1.TestRoom.ObjectLocation.X);
    rotate(90);
    waitForRotate(90);
    travel(Situation1.TestRoom.TestObject.Location.Y);
    waitUntilStop(Situation1.TestRoom.ObjectLocation.Y);
}

public void identifyColor()
{
    Situation1.TestRoom.TestObject.Color = getColor();
}

public void reportColor()
{
    Log.println("color = " + situation1.TestRoom.TestObject.Color);
}

public void performTask() throws Exception
{
    moveToObject();
    identifyColor();
    reportColor();
}
```

要想让机器人自主地执行任务，我们需要发出命令：

```
public static void main(String [] args)  throws Exception
{
    basic_robot Unit1 = new basic_robot();
    Unit1.performTask();
}
```

然后，Unit1 执行这个任务。

## 8.2.2　第一次实现自主机器人程序设计

让 Unit1 接近一个物体并报告它的颜色是自主机器人设计的第一步。在这个过程中，我们呈现了一个非常简单的软件机器人框架、场景和机器人任务，以便了解自主机器人编程的基本步骤和部件。但是这种简单化带来了很多问题：如果机器人未能找到物体会怎样？如果机器人去了错误的位置又会怎样？如果机器人的颜色传感器未能检测物体的颜色会发生什么？如果在机器人的初始位置和物体位置之间有一个障碍物会怎样？如何知道机器人的初始位置？在接下来的几章中，我们将为简化的软件机器人框架提供更多的细节，并且在利用类表示态势和场景的技术上进行扩展。

我们要求 Unit1 不仅报告物体的颜色，而且要取回物体。细看场景和态势的建模，以及它们如何在 Java 或 C++ 环境中实现。记住，所有的设计都要实现为基于 Arduino、RS Media

和 NXT Mindstorms 的机器人。你所阅读的一切都可以并且已经成功地应用于这些环境。

## 8.3　下文预告

"SPACES"是环境态势中传感器前提或后置条件断言检查（Sensor Precondition/Postcondition Assertion Check of Environmental Situations）的英文缩写。第9章中，我们将讨论 SPACES 怎样才能用于验证机器人自主执行任务是可行的。

# 第 9 章
# 机器人 SPACES

**机器人感受训练课程 9**：如果你不熟悉机器人编程，那么就不要随意进入这个领域。

第 8 章中，我们编程机器人（Unit1）自主地去接近一个物体，确定它的颜色，然后报告。Unit1 的场景和角色都很简单。自主机器人程编的主要方法之一是保持机器人的任务定义明确，场景和态势尽可能简单，以及机器人的物理环境可预测并可控。

目前机器人学中有一些处理未知的、不可控和不可预测的环境、意外情况，以及临时性任务的机器人编程方法。但是，到目前为止，这些方法大多数都需要某种形式的遥控或遥操作。此外，受限于很多因素（其中安全是最主要的），机器人在这些条件下可以执行的任务种类是非常有限的。

机器人学的这些方法对初学者来说门槛太高，我们并不推荐。我们的机器人编程方法依赖于定义明确的任务、场景、态势和控制环境，这样可以实现机器人的自主。在这种情况下，机器人的局限性取决于自身硬件的能力和机器人程序员的技能水平。

然而，即使一个机器人的任务和态势有明确定义，事情还是可能会出错。机器人的传感器可能会发生故障、电动机和执行器可能会滑动、机器人的电池和能量可能会耗尽、环境可能并不完全像预期的那样。在第 4 章中，我们讨论了发现一个机器人基本能力的过程。回想一下，即使机器人的传感器、执行器和末端作用器正常工作，它们的精度也有限制。自主编程的一个好习惯是将这些考虑融入机器人的编程、任务和角色，如果不这样做，我们就无法合理地期待机器人去完成它的任务。

例如，如果第 8 章 Unit1 所在场景中的物体有一种颜色在它可以识别的 16 种颜色范围（淡紫色或紫红色）之外会怎样？这种情况下会发生什么？如果 Unit1 和物体之间有某个障碍使 Unit1 无法足够接近物体而确定颜色，或即使足够接近 Unit1 也不能够扫描颜色会怎样？当然，我们应该知道 Unit1 颜色传感器的局限性是什么，不应该期望它去检测一种在颜色范围之外的物体颜色。

此外，在一个定义明确的环境中，我们应该意识到 Unit1 及其目标之间任何潜在的障碍。但是，如果 Unit1 的执行器滑动一点，当它理应移动 20cm 却只移动了 15cm 会怎样？这可能背离我们对 Unit1 的编程和规划。因为没有态势或场景可以完全受控，意想不到的事情在所难免，那么当事情并没有照计划进行时我们该怎么做？我们采用一种对预期进行编程的方法并称之为 SPACES。

## 9.1 机器人需要自身的 SPACES

SPACES 是环境态势中传感器前提或后置条件断言检查（Sensor Precondition/Postcondition Assertion Check of Environmental Situations）的英文缩写。我们使用 SPACES 来验证机器人是否可以执行它当前和下一个任务。SPACES 是编程机器人自主执行任务的一个重要步骤。如果一个机器人的 SPACES 被违反、毁坏或未确认，机器人按照设定会报告 SPACES 被违反并停止执行任务。如果机器人的 SPACES 检查合格，则意味着可以让机器人去执行当前任务，并有可能开始执行下一个任务。

### 9.1.1 扩展的机器人场景

在第 8 章的机器人场景中，Unit1 位于一个包含单个物体的小房间里。Unit1 扮演着调查者的角色，并被指派定位物体、确定并报告其颜色的任务。在扩展的场景中，Unit1 有一个检索物体并将其带回到机器人初始位置的额外任务。RSVP 是机器人场景（态势）及其任务的图形规划。

回想一下，在第 3 章中，一个 RSVP 包含以下几方面：

- 机器人场景的实体布局图
- 机器人执行程序的流程图
- 场景中发生态势转换的状态图

图 9-1 是 Unit1 场景的一个布局，给出了区域的大小、区域中 Unit1 的位置以及 Unit1 将要接近的目标位置。

机器人场景的图形布局应该指定机器人场景中必须与之交互的任何东西的合适形状、大小、距离、重量和材料，以及场景中与机器人角色相关的任何东西。

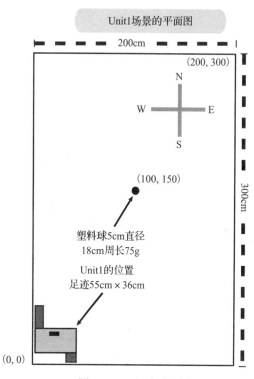

图 9-1   Unit1 场景的布局

例如，Unit1 物理区域的布局为 200cm × 300cm。Unit1 必须接近的目标是一个重 75g、周长约为 18cm 的球。坐标 (0，0) 位于区域的西南角，表示 Unit1 的起始位置和最终位置。

首先，我们使用一个简单的二维坐标系来描述相对目标位置的机器人位置。机器人位于坐标 (0，0)，目标位于近似区域中心的坐标 (100，150)。为什么要考虑所有的细节？为什么我们要指定位置、重量、大小、距离等？如果这是一个遥控机器人，操作员就是机器人的眼睛和耳朵，所以其中某些细节可能不是必需的。使用遥控器控制机器人时，操作员可以利用自己的常识和经验。但是，机器人自己不具备常识和经验（至少目前还没有）。如果我们想要编程自主机器人，那么机器人就需要它自己的信息和知识。表 9-1 列出了一个自主机器人获得关于其场景信息和知识的 4 种基本方法。

表 9-1    自主机器人获得场景信息的 4 种基本方法

| 编　　号 | 方　　法 |
| --- | --- |
| 1 | 通过编程环节，将信息和知识显示地存储于机器人 |
| 2 | 机器人使用其传感器来获得关于它场景和环境的信息 |
| 3 | 机器人通过推理过程来"估计"关于其场景和环境的信息 |
| 4 | 方法 1 至方法 3 的各种组合 |

在这里，我们采用表 9-1 中方法 1 和方法 2 的结合，使机器人有足够的信息去执行任务。这两种方法都需要机器人场景和环境物理方面的细节。信息和知识部分通过编程明确给予 Unit1，但机器人经验部分则是通过其传感器的使用来积累。对于该场景，Unit1 只配备了一个超声波测距仪传感器、一个颜色传感器、一种运动方法（本例中为履带）和一个机器人手臂。图 9-2 是 Unit1 的照片。

图 9-2    Unit1 的照片

## 9.1.2    REQUIRE 检查表

一旦知道机器人将处于何种场景和机器人将扮演什么角色，接下来就是确定机器人是否真的有能力执行任务，REQUIRE 检查表可以用于实现这个目标。表 9-2 展示了一个简单的 REQUIRE 检查表。

**注释**

记住，REQUIRE 代表实际环境中机器人效能熵。

表 9-2　扩展场景的 REQUIRE 检查表

| 机器人的有效性 | 是 / 否 |
| --- | --- |
| 传感器满足要求？ | 是 |
| 末端作用器满足要求？ | 是 |
| 执行器满足要求？ | 是 |
| 微控制器满足要求？ | 是 |

在我们的扩展场景中，机器人必须识别一个物体的颜色。既然机器人本来就有一个颜色传感器，则假定机器人的传感器可以胜任这项任务。机器人必须取回一个重约 75g 的塑料球。Unit1 可以实现吗？表 9-3 是 Unit1 的一个简单能力矩阵。

表 9-3　Unit1 的一个简单能力矩阵

| 机器人名字 | 微控制器 / 控制器 | 传感器 | 末端作用器 | 移动性 | 通　信 |
| --- | --- | --- | --- | --- | --- |
| Unit1 | ARM9(Java)：<br>■ Linux OS<br>■ 300MHz<br>■ 16MB Flash<br>■ 64MB RAM<br>1 个 HiTechnic<br>伺服<br>控制器<br>1 个 HiTechnic<br>DC 控制器 | 传感器阵列：<br>■ 色光<br>■ 超声波<br>触碰<br>（夹持器）<br>智能手机的<br>摄像头 | 右前<br>手臂 –6 DOF<br>PhantomX<br>夹锭钳<br>w/ 线性<br>夹持器<br>左后<br>手臂 –2 DOF<br>w/ 角度<br>夹持器 | 履带<br>轮式 | USB 端口<br>蓝牙 |

能力矩阵明确了 Unit1 的机器人手臂可以举起的重量约为 500g，因此 75g 应该没有问题。Unit1 有履带，可以移动到指定区域，所以我们对执行器检查注明"是"。Mindstorms EV3 控制器和 Arduino Uno 控制器（对于机器人手臂）也都能胜任它们的任务。回想一下，机器人的整体潜在效能可以通过使用一个简单的 REQUIRE 检查表来测量。

- 传感器　　　　–25%
- 末端作用器　　–25%
- 执行器　　　　–25%
- 控制器　　　　–25%

REQUIRE 检查表的每一列有一个"是"，因为在机器人尝试执行任务之前我们知道它具有 100% 的潜能来执行这个任务。然而，执行任务的潜能和实际执行任务并不总是一回事。在机器人已经尝试执行完任务之后，查对 4 个 REQUIRE 指标，看看它们在每个地方的执行效果。或许需要改变传感器以及调整传感器的程序，或许机器人手臂的 DOF 不合适，或许虽然可以举起 75g 但能托住的时间不够长。

REQUIRE 检查表可以采用一种前（后）的方式来确定机器人是否具有执行任务的潜能，以及机器人实际执行情况。如果机器人最初不能通过检查表，那么这些指标必须予以调整、改变或完善直到通过为止。否则，机器人将不能有效地执行任务。如果机器人通过了检查表且有一个机器人场景的实体布局图，接下来就是产生一个流程图，用于展示机器人需要逐步执行哪些动作才能成功地执行它在场景中的角色。这是过程中一个重要的部分，表现为以下几个原因：

- 在努力编写代码之前，它有助于你理解机器人在做什么。
- 它有助于你发现还没有想到的关于场景的方面或细节。
- 你可以使用此图作为一个参考以供将来用于设计和文档的目的。
- 当与他人分享机器人任务的想法时，你可以用它作为一种交流工具。
- 它有助于你在机器人的逻辑中发现错误或误差。

图 9-3 展示了 Unit1 扩展的场景动作的一个简化流程图，标记了机器人必须执行的 8 个动作，步骤 1 至步骤 8。这里我们使用一些过程框作为快捷方式。例如，步骤 1 中的初始化表示几个步骤，如初始化传感器和设置传感器为恰当的模式（模拟或数字）；初始化电动机和设置电动机的初始转速；定位机器人手臂至它的初始位置。

---

 **注释**

　　注意，步骤 1 和步骤 3 的框是双线。第 3 章中说过，双线意味着这些框代表多个步骤或一个可以分解成几个更简单步骤的子程序。

---

机器人初始化包括机器人检查，看它是否有足够的电源来完成任务。初始化也包括检查机器人的初始位置，希望机器人一开始就在正确的地方。每个步骤都可以使用独立的框，但是现在为了简单起见，使用一个简单的过程框用于步骤 1 的初始化和步骤 3 的机器人移动。在步骤 1 中完成的初始化通常是利用某种形式的 setup( ) 或 startup( ) 子程序来实现，在本书所有的示例中，这些子程序都是 Java 或 C++（Arduino）构造函数的一部分。在图 9-4 的步骤 2、步骤 4 和步骤 7 中，我们检查了 Unit1 的 SPACES。换言之，我们检查了关于机器人态势的前提条件、后置条件和断言。前提条件是某个动作发生时或在它发生之前必须为真的某个条件。后置条件是在一个动作发生之后即为真的条件。

### 9.1.3　前提或后置条件不满足时会发生的情况

　　如果一个机器人动作的前提条件没有满足或不为真，我们应该做什么？如果一个机器人动作的后置条件不为真，这又意味着什么？如果动作的前提条件不为真，机器人还应该继续努力执行动作吗？

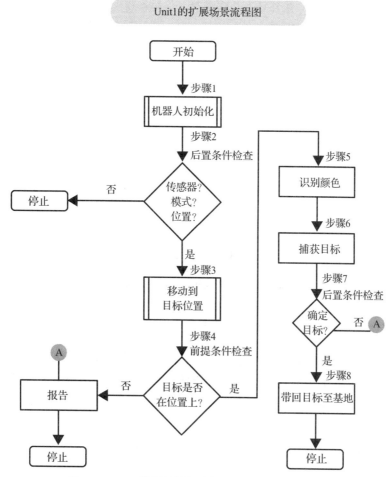

图 9-3  Unit1 扩展场景行为的一个简化版本流程图

例如，在图 9-3 的步骤 2 中，对于机器人的初始化过程有一个后置条件检查，它检查传感器是否置于恰当的模式。如果电动机已设置为适当的转速，后置条件检查机器人的手臂是否处于正确的起始位置等。

如果这些条件没有满足，我们还应该向机器人发送任务吗？这对于机器人安全吗？这对于当前态势是谨慎的吗？注意，流程图已说明，如果步骤 2 中的后置条件不满足，则我们希望机器人停止。如果后置条件不满足，意味着机器人正遭遇一个重大故障，这时我们不希望机器人还去尝试执行任务。如果前提或后置条件或断言不满足或不为真，称为违反了机器人的 SPACES。

## 9.1.4  前提或后置条件不满足时的行动选择

如果某个前提或后置条件不满足，机器人下一步行动将有什么可供选择？我们看看机器人可以采取的 3 种基本动作。虽然还有更多选择，但是本质上还是基于这 3 种，即：

1. 机器人可以忽略前提或后置条件的违反，继续尝试执行它仍可以执行的任何动作。

2. 通过纠正一个动作或调整某个参数、一个或多个机器人元器件、执行器或末端作用器的位置，尝试以某种方式修复或矫正态势。这相当于让机器人试图使前提或后置条件为真，如果能够实现，则继续进行这个任务。

3. 机器人可以报告前提或后置条件违反的性质，将自身置于一个安全状态，然后停止或关闭。

如果事情未按计划或预期进行，下一步做什么呢？机器人编程的很多挑战都与此相关。围绕未知的环境、环境中的意外、变化或演变的态势以及机器人的故障问题，目前已经开发有一整套机器人的编程方法。但是，我们一开始着手编程自主机器人时，还是要先在完全可控的态势下编程，其中环境是明确定义的，并且我们可以对符合或不符合环境的前提条件和后置条件进行预测、测试并做出反应。我们从封闭的态势和场景开始，学习如何给予机器人 1 至 3 级的自主（见表 9-1）。

在第 12 章中，通过与单纯用反应式方法实现机器人自主性相对比，我们将解释安全自主机器人应用架构（Safe Autonomous Robot Application Architecture，SARAA）。

## 9.2　详解机器人初始化后置条件

机器人的初始化子程序按图 9-3 的步骤 1 中执行。由于步骤 1 使用一个过程框，说明它包含多个步骤或涉及多个步骤的一个子程序。我们使用 BURT 转换器展示初始化程序采用的动作代码清单。代码清单 9-1 展示了来自图 9-3 步骤 1 的 Unit1 构造函数（如初始化程序）的 BURT 转换。

**代码清单 9-1　构造函数（初始化程序）的 BURT 转换**

BURT 转换器输入：

```
Softbot  Frame
Name:   Unit1

Initialization Routine Start:
Step 1: Initialize ultrasonic sensor
Step 2: Initialize color sensor
Step 3: Setup left and right motors
Step 4: Initialize arm servos
        Set arm to initial angle of 100
Step 5: Set robot's initial position to 0,0
Step 6: Set wheel diameter to  7
        Set track width to 32
        ...
If robot's startup routine is successful then continue, otherwise report problems,
and shutdown.
Initialization Routine  End:
```

BURT 转换器输出：

```
{
  1    public unit1() throws InterruptedException,Exception
  2    {
  3
  4        try{
  5            Exception SoftbotError;
  6            //Set up ultrasonic sensor
  7            Vision = new UltrasonicSensor(SensorPort.S4);
  8            if(Vision == null){
  9                Messages.add("Could Not Initialize Ultrasonic Sensor on Port 4");
 10                SoftbotError = new Exception("101");
 11                throw SoftbotError;
 12            }
 13            Vision.enable();
 14            //Set up color sensor
 15            ColorVision = new HiTechnicColorSensor(SensorPort.S2);
 16            if(ColorVision == null){
 17                Messages.add("Could Not Initialize Color Sensor on Port 2");
 18                SoftbotError = new Exception("100");
 19                throw SoftbotError;
 20            }
 21            // set up motors
 22            CF = new TetrixControllerFactory(SensorPort.S1);
 23            if(CF == null){
 24                Messages.add("Could Not Setup Servo Port");
 25                SoftbotError = new Exception("102");
 26                throw SoftbotError;
 27            }
 28
 29            LeftMotor = MC.getRegulatedMotor(TetrixMotorController.MOTOR_1);
 30            RightMotor = MC.getRegulatedMotor(TetrixMotorController.MOTOR_2);
 31            if(LeftMotor == null || RightMotor == null){
 32                Messages.add("Could Not Initialize Motors");
 33                SoftbotError = new Exception("103");
 34                throw SoftbotError;
 35            }
 36
 37            LeftMotor.setReverse(true);
 38            RightMotor.setReverse(false);
 39            LeftMotor.resetTachoCount();
 40            RightMotor.resetTachoCount();
 41
 42            //Set up arm servos
 43            Messages.add("Tetrix Controller Factor Constructed");
 44            MC = CF.newMotorController();
 45            SC = CF.newServoController();
```

```
46              Gripper = SC.getServo(TetrixServoController.SERVO_2);
47
48
49              Arm = SC.getServo(TetrixServoController.SERVO_1);
50              if(Arm == null){
51                  Messages.add("Could Not Initialize Arm");
52                  SoftbotError = new Exception("104");
53                  throw SoftbotError;
54              }
55              Arm.setRange(750,2250,180);
56              Arm.setAngle(100);
57              // Set Robot' initial Position
58              RobotLocation = new location();
59              RobotLocation.X = 0;
60              RobotLocation.Y = 0;
61
62
63              //Set  Wheel Diameter and Track
64              WheelDiameter = 7.0f;
65              TrackWidth = 32.0f;
66
67              Situation1 = new situation();  // creates new situation
68
69
70      }
71  }
//Burt Translation End Constructor
```

## 9.2.1　启动前提条件和后置条件

第一个前提条件和后置条件通常出现在构造函数中。回想一下，无论什么时候创建一个对象，第一步都是执行构造函数。当 Unit1 的软件机器人（控制代码）启动时，第一个要执行的就是构造函数。初始化、开启或启动程序对于一个自主机器人尤其重要。如果在启动顺序中出错，一切就都结束了。如果启动顺序在某种程度上出错，机器人未来的动作有能出现问题。

在代码清单 9-1 的 BURT 转换器中，我们给出了 6 个 Unit1 的启动程序步骤。记住，在 RSVP 这个阶段，在指定机器人将要采取步骤的设计时，我们想简单地表达每一步，使它易于理解。清晰、完整和正确的指令代码清单是很重要的，一旦你理解了即将以自身语言给予机器人的指令，那么就可以将这些指令转换为机器人的语言。代码清单 9-1 中的输出转换展示了这些步骤转换为 Java 语言后的样子。理想情况下，变量、程序和类函数的命名应尽可能地与输入设计语言相匹配。

这是第一个后置条件。我们称之为一个后置条件，是因为在尝试或执行某个动作代码清单之后，我们会检查它是否为真。在本例中，动作为步骤 1 至步骤 6。设计的初衷是安全总比遗憾好。如果步骤 1 至步骤 6 中的任何行为失败，则不给机器人发送任务。例如，如果超声波传感器不能连接到端口 3，或左右电动机无法设置，这将是一个 SPACES 违反，因为构造函数的后置条件之一要求启动程序必须成功。那么，如何编码前提条件和后置条件呢？

---

 **注释**

　　注意转换器的输入规则：如果一个机器人的启动程序成功，则继续；否则，报告问题并关闭。

---

## 9.2.2　编码前提条件和后置条件

让我们看看代码清单 9-1 中 BURT 转换的第 5 至第 12 行：

```
5          Exception SoftbotError;
6          //Set up ultrasonic sensor
7          Vision = new UltrasonicSensor(SensorPort.S4);
8          if(Vision == null){
9             Messages.add("Could Not Initialize Ultrasonic Sensor on Port 4");
10            SoftbotError = new Exception("101");
11            throw SoftbotError;
12         }
```

我们指示机器人在第 7 行初始化超声波传感器。如果未能执行初始化动作，第 8 至第 12 行决定将会执行什么。第 7 行有一个初始化的指令，随后是一个检查是否执行初始化的条件，这就是所谓的后置条件。首先尝试动作，然后检查条件。如果超声波传感器没有初始化，即（Vision==null），则会采取一些其他的动作。我们增加消息

"Could Not Initialize Ultrasonic Sensor on Port 4"

至 Messages ArrayList。Messages ArrayList 用于记录所有重要的机器人动作和机器人未能执行的动作。这个 ArrayList 稍后要么保存用于将来检查，要么通过串口、蓝牙或网络连接传送给一台计算机以便查看。在添加一条信息之后，产生了一个 SoftbotError Exception（"101"）的异常对象，然后抛弃这个对象。构造函数第 11 行之后的任何代码都不执行。相反，机器人的控制传递给可以捕获类型对象 exception 的第一个异常处理程序，机器人也会停止。

　　注意，第 11、29、26 和 34 行均抛弃一个 Exception 对象。这些行中的任何一行被执行，机器人都会停止不再进行进一步处理。如果执行这些行中的任何一行意味着一个后置条件未满足，第一次未满足的后置条件就会最终导致机器人停止。注意，在本章代码清单 9-1 中，构造函数有 5 个后置条件检查：

```
    // Postcondition 1
8       if(Vision == null){
        ...
12      }

    // Postcondition 2
16      if(ColorVision == null){
        ...
20      }

    // Postcondition 3
23      if(CF == null){
        ...
27       }

    // Postcondition 4
31      if(LeftMotor == null || RightMotor == null){
        ...
35      }

    // Postcondition 5
50      if(Arm == null){
        ...
54      }
```

构造函数中这 5 个后置条件检查的影响是什么？如果机器人的视觉、色觉、伺服机构、电动机或手臂有任何问题，机器人的任务肯定要取消。在本例中，后置条件检查采用 if-then 控制结构。回想一下第 3 章中介绍的控制结构，我们可以使用图 9-4 所示的任意 5 种控制结构来检查前提或后置条件和断言。

图 9-4 中结构 1 表示如果一个条件为真，则机器人可以采取某个行动。如果结构 1 在一组动作执行之后用来检查一个条件，则结构 1 就是用于检查一个后置条件。

如果结构 1 在一个或多个动作将要执行之前用来检查一个条件，则结构 1 就是用于检查一个前提条件。当一个条件为真（结构 2）或直到一个条件成为真（结构 3）时，结构 2 或 3 执行一个或多个动作。当从一组条件中选择一个条件且此条件为真才执行一个独立动作时，采用结构 4。结构 5 用于处理异常的、未预料到的条件。重要的是，由我们来决定哪些条件不满足时中断。准备程序、启动程序、初始化程序和构造函数应该是第一个使用前提或后置条件的地方。如果机器人没有成功启动或开始，通常是某方面出现了问题，但也有例外。我们可以使用还原和恢复程序，赋予机器人容错和冗余程序。稍后我们会介绍这些技术，但现在，我们继续基础知识。机器人只有在启动顺序成功时才继续进行；否则，"终止任务"！

在本章前面的流程图 9-3 的步骤 3 中，我们给予了机器人移动到目标位置的指令。在代码清单 9-1 第 58 行至第 60 行中，设置了机器人的初始位置。对于移动到目标位置而言，机器人需要知道它从哪里开始，将要移动到何处，这种信息是机器人态势和场景的一部分。初始

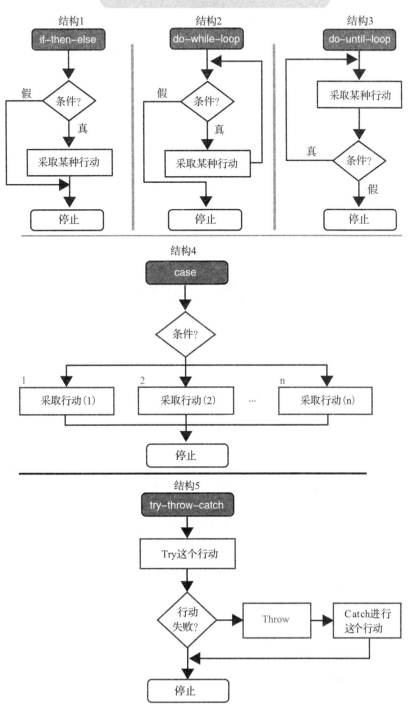

图 9-4　检查前提条件和后置条件的基本控制结构

X 和 Y 位置为 0，这是机器人移动行为的一个前提条件。如果机器人不是在正确的位置上开始，那么它遵循的任何进一步方向都将是错误的。记住，我们编程的是自主机器人，它不是由远程控制引导前往正确的位置。机器人将遵循一组预先设定的方向，如果机器人的起始位置不正确（例如，前提条件不满足），则机器人将无法成功到达目的地。

一旦到达物体的位置，机器人必须确定物体的颜色。这里有一个前提条件。如果物体不在指定的位置，机器人就不能确定物体的颜色。因此，前提条件是物体必须在指定的位置，图 9-4 步骤 4 执行这个前提条件检查。让我们看一下步骤 3 和 4 的实际编程，细看一下它到底是什么。在步骤 3 中，我们给予了机器人移动的指令。不同的移动方法取决于机器人的执行器以及机器人的构建是否为：

- 两足动物
- 四足或六足动物，等等
- 履带或轮子
- 水下

在低级（ROLL 的 1 级或 2 级）编程上，使用面向电动机或伺服端口和引脚的微控制器命令，机器人移动（或行走）是通过对电动机直接编程来实现。

---

 **注释**

参考第 7 章，了解机器人电动机编程。

---

激活电动机和伺服机构是机器人运动的原因。编程电动机朝一个方向旋转致使轮子、腿、螺旋桨等朝该方向转动。运动的准确性取决于电动机的精度，以及对电动机的控制。非稳压或 DC 电动机可能适合某些类型的运动，而步进控制电动机可能更适合其他类型的运动。

低层的电动机编程可以用来将电动机的旋转或步数转换成距离。然而，即使低成本的机器人环境，比如 RS Media、Arduino、Mindstorms EV3 和 NXT，也具有电动机或运动的类库，它们已经处理了很多使机器人运动的电动机和伺服机构的底层编程细节。表 9-4 展示了机器人电动机控制的一些常用类库示例。

表 9-4　低成本机器人的常用电动机和伺服类示例

| 类 / 库 | 语　言 | 机器人环境 |
|---|---|---|
| Servo | C++ | Arduino |
| BasicMotor | Java(leJOS) | NXT |
| TetrixRegulatedMotor | Java(leJOS) | NXT |
| EV3LargeRegulatedMotor | Java(leJOS) | EV3 |
| EV3MediumRegulatedMotor | Java(leJOS) | EV3 |
| Servo | Java | RS Media |
| Walk | Java | RS Media |

在高级机器人编程（例如，ROLL 的 3 至 5 级）中，编程机器人移动涉及使用表 9-4 所示的类，以及调用类函数或由这些类提供的函数。例如，Arduino 环境中有一个 Servo 类，Servo 类有一个 write() 类函数。如果我们想要使一个 Arduino 伺服旋转 90°，可以编写以下代码：

```
#include <Servo.h>

Servo  Servo1;  //Create an object of type Servo called Servo1
int  Angle = 90;
void setup()
{
    Servo1.attach(9)    //Attach the servo on pin 9
    if (Servo1.attached()){
        Servo1.write(Angle);
    }
}
```

上述代码可以让伺服旋转 90°。如果这个电动机连接到机器人的轮子、牵引装置、腿，等等，它会产生某种 90° 的运动。但是，这种类型的程序与移动或行走有什么关系呢？通常 travel()、walk() 和 move() 程序可以由基于 Arduino Servo 或 leJOS TetrixRegulatedMotor 类所提供的类函数和函数构建。因此，你可以在内置类函数的基础上建立程序。在使用一个类之前，首先熟悉下类的类函数和基本功能是一个好主意。例如，表 9-5 展示了 Arduino Servo 类的一些常用成员函数（或类函数）。

表 9-5  Arduino Servo 类的常用类函数

| 类函数 | 描述 |
| --- | --- |
| attach(int) | 将一个引脚变成一个伺服驱动器。调用 pinMode |
| detach() | 从伺服驱动释放一个引脚 |
| write(int) | 以度为单位设置伺服的角度 |
| read() | 返回上个 write() 设定的值 |
| attached() | 如果伺服器目前是 attached()，则返回 1 |

如果希望机器人可以移动，则应该包括某种通用的 travel()、moveForward()、moveBackward()、reverse() 和 stop() 程序，它们建立在由微控制器库所提供的类函数之上。程序涉及传感器测量、最终采用某种度量单位的电动机或伺服运动。在图 9-3 步骤 3 中，移动程序必须假设某种度量单位。机器人的 moveForward()、travel() 或 reverse() 程序将采用千米、米、厘米等中的哪一个？编程一个机器人移动时，你应该在脑海中有明确的度量单位。我们在编程示例中采用厘米。在图 9-3 步骤 3 至步骤 5 中，我们编程机器人让其移动到目标位置，检查目标是否在那里，并采取某种动作。代码清单 9-2 中的 BURT 转换展示了 5 级指令及其 3 级 Java 实现。

代码清单 9-2 移动到目标的 BURT 转换

---

BURT 转换器输入：

**Softbot Frame**
**Name:** Unit1 Level 5

**Travel to the object Algorithm Start:**
if the object is there  {this is precondition}
determine its color.
**Travel to the object Algorithm End.**

BURT 转换器输出：3 级

//Begin Translation

```
1   Unit1 = new softbot();
2   Unit1.moveToObject();
    ...
5   Thread.sleep(2000);
6   Distance = Unit1.readUltrasonicSensor();
7   Thread.sleep(4000);
8   if(Distance <= 10.0){
9       Unit1.getColor();
10      Thread.sleep(3000);
11  }
```

//Translation End.

---

代码清单 9-2 中的代码指示机器人移动到物体附近，然后利用超声波传感器获取一个读数。记住，超声波传感器测量距离。假设机器人将要移动的地方在物体 10cm 范围内。注意，在第 8 行我们检查距离物体的距离 Distance 是否 ≤ 10.0，这就是图 9-3 步骤 4 中提及的前提条件。如果该前提条件没有满足，我们做什么呢？

如果机器人处于正确的位置，但 10cm 范围内没有物体，它怎样才能确定物体的颜色？如果物体距离机器人 12cm、15cm 或 20cm，如何知道这就是我们想要测量的物体？在我们的例子中，我们指定一个物体距离机器人的停止位置小于等于 10cm。如果这个范围内没有物体，我们希望机器人停止并报告问题。当违反了 SPACES 时机器人总是停止，这并不是一个必要条件。然而，如果在程序执行过程中违反了 SPACES，为机器人设计一些符合期望的行动计划是很重要的。

### 9.2.3 前提和后置条件的出处

我们如何知道机器人应该在距物体 10cm 内停止？当我们给予机器人代码清单 9-2 中的 moveToObject() 命令时，参考的对象是什么呢？它在哪儿？回想一下，SPACES 是 Sensor Precondition/Postcondition Assertion Check of Environmental Situations 的英文缩写。其

中的 Situations 是该缩写的关键词，在编程自主机器人的方法中，需要根据特定场景和态势编程机器人。其中，态势作为编程的一部分给予机器人。前提和后置条件是给定机器人态势或场景中天然的一部分，换言之，态势或场景指定了前提条件或后置条件是什么。回顾第 8章对机器人态势的高级概述：

### 扩展的机器人场景

Unit1 位于一个包含单个物体的小房间里。Unit1 扮演一个调查者的角色，并被指派定位物体、确定并报告其颜色的任务。在扩展的场景中，Unit1 有一个检查物体并将其带回到机器人初始位置的额外任务。

待到将这个高级态势转换为机器人可以执行的细节时，很多问题都明确了。例如，扩展的机器人场景包含一些立即产生疑问的陈述句：

- 陈述句：Unit1 位于一个小房间里。
- 疑问：在房间里的何处？
- 陈述句：……包含单个物体。
- 疑问：物体在哪里？它有多大？
- 陈述句：……将其带回到机器人的初始位置。
- 疑问：初始位置在哪？物体应该放哪？

这些陈述和疑问有助于产生前提条件和后置条件。让我们看一下 **Unit1.moveToObject()** 的 Java 实现，如代码清单 9-3 所示。

**代码清单 9-3　moveToObject() 类函数的 BURT 转换**

BURT 转换器输出：Java 实现

```
1     public void moveToObject() throws Exception
2     {
3         RobotLocation.X = (Situation1.TestRoom.SomeObject.getXLocation() -
                             RobotLocation.X);
4         travel(RobotLocation.X);
5         waitUntilStop(RobotLocation.X);
6         rotate(90);
7         waitForRotate(90);
8         RobotLocation.Y = (Situation1.TestRoom.SomeObject.getYLocation() -
                             RobotLocation.Y);
9         travel(RobotLocation.Y);
10        waitUntilStop(RobotLocation.Y);
11        Messages.add("moveToObject");
12
13    }
```

机器人有一个 $X$ 和一个 $Y$ 位置，机器人的 $X$ 和 $Y$ 位置分别由代码清单 9-3 的第 3 行和

第 8 行指定。指令

RobotLocation.X=(Situation1.TestRoom.SomeObject.getXLocation()-RobotLocation.X);

表示从测试房间中的物体位置扣除机器人当前的 $X$ 位置，即获得机器人移动到东部或西部的距离（cm）。如果扣除之后 RobotLocation.X 为正，机器人移动到西部；如果 RobotLocation.X 为负，则机器人移动到东部。用于确定机器人移动到北部或南部多远的一个简单计算指令为

RobotLocation.Y=(Situation1.TestRoom.SomeObject.getYLocation()-RobotLocation.Y);

如果扣除之后 RobotLocation.Y 为正，机器人移动到北部；如果 RobotLocation.Y 为负，则机器人移动到南部。但是，注意以下对象结构：

Situation1.TestRoom.SomeObject

它意味着一个称谓为 Situtation1 的对象有一个名为 TestRoom 的成分，而 TestRoom 有一个名为 SomeObject 的成分。组件 SomeObject 有一个返回 $X$、$Y$ 坐标（cm）的 getXLocation() 和 getYLocation() 类函数。在第 10 章中，我们将系统讲解一个或多个态势下的机器人编程技术。现在，我们在代码清单 9-4 中只给出 situation、x_location、room 和 something 的类声明。

**代码清单 9-4  situation、x_location、room 和 something 类的 BURT 转换**

BURT 转换输出：Java 实现

```
1     class x_location{
2         public int X;
3         public int Y;
4         public x_location()
5         {
6
7             X = 0;
8             Y = 0;
9         }
10
11    }
12
13
14    class something{
15        x_location Location;
16        int Color;
17        public something()
18        {
19            Location = new x_location();
20            Location.X = 0;
21            Location.Y = 0;
22            Color = 0;
```

```
23          }
24          public void setLocation(int X,int Y)
25          {
26
27              Location.X = X;
28              Location.Y = Y;
29
30          }
31          public int getXLocation()
32          {
33              return(Location.X);
34          }
35
36          public int getYLocation()
37          {
38              return(Location.Y);
39
40          }
41
42          public void setColor(int X)
43          {
44
45              Color = X;
46          }
47
48          public int getColor()
49          {
50              return(Color);
51          }
52
53      }
54
55      class room{
56          protected int Length = 300;
57          protected int Width = 200;
58          protected int Area;
59          public something SomeObject;
60
61          public  room()
62          {
63              SomeObject =  new something();
64              SomeObject.setLocation(20,50);
65          }
66
67
68          public int  area()
69          {
```

```
70                  Area = Length * Width;
71                  return(Area);
72              }
73
74          public  int length()
75          {
76
77                  return(Length);
78          }
79
80          public int width()
81          {
82
83                  return(Width);
84          }
85      }
86
87      class situation{
88
89          public room TestRoom;
90          public situation()
91          {
92                  TestRoom = new room();
93
94          }
95      }
```

在代码清单 9-4 中，我们声明

situation  Situation1;

为 Unit1 软件机器人框架的一个组件。像 room、situation、something 和 x_location
这些类提供了构成机器人 SPACES 前提和后置条件的基础。如果观察代码清单 9-4 的第 64
行，会看到物体位于（20，50）。如果代码清单 9-2 第 8 行的前提条件

if(Distance <= 10.0)

得到满足，意味着一旦机器人执行 moveToObject() 指令，它距离位置（20，50）小于等
于 10cm。

## 9.3  SPACES 检查和 RSVP 状态图

回顾第 3 章介绍的状态图，我们使用每个状态来表示场景中的一个态势。因此，可以说
一个场景是由一系列态势组成的。机器人在场景中可能处于的每个态势之前，一个或多个前
提和后置条件检查是一个好的经验法则。如果没有违反 SPACES，机器人从当前态势到下一

个态势的处理是安全的或可行的。图 9-5 给出了颜色识别和场景检索的 7 个态势。

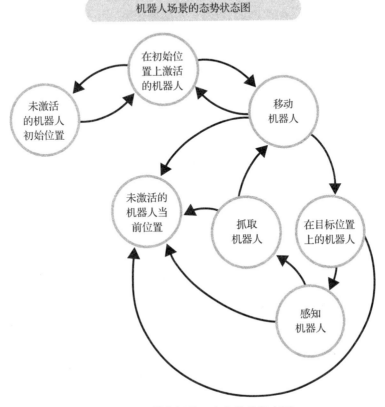

图 9-5　机器人场景 7 个态势的状态图

图 9-5 所绘制的状态图有助于规划机器人的自主性，识别和阐明机器人将处于场景中的什么态势。这种类型的图能帮你发现机器人的 SPACES 在哪里。一般来说，在每个态势中至少需要满足一个前提或后置条件。对于自主机器人，通常每个态势有一个以上的前提或后置条件。让我们回顾一下用于扩展机器人场景的 3 个 RSVP 基本工具。

第一个工具是图 9-1 中机器人场景的一个物理布局，它给了我们一些想法，即机器人开始在何处、它必须前往何处、目标位于何处、区域大小是多少，等等。这个级别的布局是场景内机器人初始态势的一个快照。第二个工具为图 9-3 中机器人将要执行的一组指令的流程图，它展示了机器人将要自主执行的主要动作，以及前提条件和后置条件在指令的何处出现。该工具为我们提供了一张行动规划和机器人必须自主执行决策的图。第三个工具为图 9-5 所示的态势（场景）状态图，它展示了场景如何分解成一组态势，以及机器人怎样才能在态势之间合理转换。例如，在图 9-5 中，机器人不能从一个移动态势直接到一个捕获态势，或从一个捕获态势到一个感知态势。态势（场景）状态图告诉了我们如何在场景中连接态势，以及 SPACES 可能出现在哪里。

虽然 RSVP 用于一组图形规划，以支持机器人 SPACES 和 REQUIRE 检查表的识别和规划，但请记住，这 3 个图表描述的组件必须有 C++ 或 Java 副本（取决于实际用于实现的是何种语言）。代码清单 9-4 包含了用于我们机器人扩展场景中一些态势的 Java 类，代码清单 9-1 和代码清单 9-2 中的 BURT 转换为如何以 Java 语言实现一些机器人 SPACES 的示例。我们展示了怎样才能利用 SPACES 识别特定的 C++ 或 Java 类组件、类函数以及像 Servo 类这样的 Arduino 类。从这里可以看出，RSVP 的视觉工具和技术有助于机器人自主性的可视和规划。

## 9.4　下文预告

第 10 章中，我们将展示机器人扩展场景的完整程序。详细分析 SPACES 和异常处理。我们也将介绍机器人的 STORIES，即编程机器人自主执行任务的最后难题。

# 第 10 章
# 自主机器人需要 STORIES

**机器人感受训练课程 10**：机器人不会知道它不知道什么。

在硬件层面上，机器人只是芯片、电线、引脚、执行器、传感器和末端作用器的一种简单组合。利用这些组件，怎样才能让一个机器人点燃生日蛋糕上的蜡烛或在聚会结束后进行清理？对于 ROLL 1 级，编程机器人就是设置高（低）电平、捕获信号和读取引脚。

对于 ROLL 2 级，我们升级到开始制作机器人传感器和执行器的软件驱动。我们可以使用 1 级和 2 级机器人编程来控制齿轮转速。但是，在某种程度上，我们希望机器人可以在一个有意义的环境中做有用的事情。不仅如此，我们还希望机器人在没有人工监督和遥控设备情况下做有用的事情。我们希望机器人替我们遛狗，为我们取一杯凉爽的饮料，关灯以及关门，所有这些都由它们自主完成。从设置引脚电压和步进电机开始，所有这一切是一个很漫长的过程。怎样才能从发送信号到一堆硬件部件上升到机器人产生一个有用的自主行为？

回顾第 1 章中定义机器人的 7 个标准：

1. 通过编程，其必须具备以一种或多种方式来感知外部或内部环境的能力。

2. 其行为、动作和控制是执行一组程序指令的结果，并可重复编程。

3. 通过编程，其必须具备以一种或多种方式来影响外部环境、与外部环境交互或者在外部环境操作的能力。

4. 必须拥有自己的电源。

5. 必须具有一种语言，适合表示离散指令和数据以及支持编程。

6. 一旦启动，无需外部干预即具备执行程序的能力。

7. 一定要是一个没有生命的机器。（因此，它不是动物或人。）

---

 **注释**

标准 5 明确提出一个机器人必须有一种可以支持指令和数据的语言。一种编程语言有一个指定动作的方法和一个表示数据或对象的方法。一个自主机器人必须在某个指定的场景和环境中执行针对物体的操作。与机器人相关的语言提供了这些基本手段。使用一种编程语言，我们可以指定机器人必须执行的一系列动作。此外，编程语言也可以用于描述机器人必须与之交互的环境和对象。标准 1、3 和 6 则可以用于实施机器人的自主性。

## 10.1 不只是动作

当考虑机器人编程时，机器人执行的动作通常是中央舞台。但是，机器人执行的环境、机器人与之交互的对象至少和机器人执行的动作一样重要。我们希望机器人去执行任务，这些任务包括机器人在一定背景、态势和场景中与之交互的对象。

编程机器人的过程不仅使用编程语言表示机器人的动作，还要表示机器人的环境、态势以及机器人必须与之交互的对象。对态势和对象表示的需求使我们选择 C++ 和 Java 这些面向对象的语言来编程自主机器人。这些语言支持面向对象和面向智能体的编程技术，而这些技术是自主机器人的基础部分。下面让我们重温一下生日聚会机器人。

### 10.1.1 Birthday Robot Take 2

回顾一下生日聚会场景，BR-1 负责点燃生日蛋糕上的蜡烛，然后在聚会结束后清理桌子上的纸盘子和杯子。如何给机器人详细说明什么是生日蛋糕？如何描述蜡烛？点燃蜡烛意味着什么？BR-1 如何确定聚会结束？如何编程 BR-1 识别纸盘子和纸杯子？

在第 6 章中，我们解释了怎样结合传感器使用基本的数据类型。例如，如何使用 float 和 int 表示传感器测量的温度、距离和颜色值，如下：

```
float   Temperature  =  96.8;
float   Distance  =  10.2;
int     Color    =  16;
```

然而，简单的数据类型不足以向机器人描述一个生日蛋糕或一个生日聚会场景。我们可以采用哪种简单的数据类型来表示蜡烛或生日蛋糕？如何描述有机器人存在的生日聚会场景？任务是由动作和事物组成。机器人编程必须有一种方法来表达必须执行的动作和其中涉及的事物，必须有某种方法来描述机器人的环境，也必须有某种方式向机器人传递我们想要它参与的部分场景的一系列事件。编程自主机器人的方法需要机器人完全配备一个场景、态势、情节或脚本的描述。那么，我们所说的场景、态势或脚本到底是什么意思呢？表 10-1 给出了一些常用的定义。

表 10-1　场景、态势、情节和脚本的常见定义

| 概　念 | 常见的定义 |
|---|---|
| 场景 | 一系列事件、一个可能行动过程的描述 |
| 态势 | 影响某人或某事的所有事实、对象、条件和事件 |
| 情节 | 一个独特的和独立的事件，但它只是大型场景中的一部分 |
| 脚本 | 描述某个常规活动的标准化系列事件（例如，去一个生日派对） |

基本思想是给予机器人你所期望的东西、它所扮演的角色、它要执行的一个或多个任务，然后以机器人可以接受的方式发送给它。这个方法中的一切都是由期望驱动的。在机器人执行任务的过程中，我们避免或至少减少它发生任何意外。这种期望驱动的方法是完全独

立的，场景、态势、情节和脚本包含了与机器人交互的所有相关系列的动作、事件和对象。例如，仔细想想生日聚会的场景，我们需要的所有信息都是场景中的一部分。一个生日聚会的想法是很普通的，包括：

- 某种类型的庆祝活动
- 一个贵宾（过生日的某人）
- 生日客人
- 生日蛋糕或可能的生日派
- 冰淇淋，等等

当然，任何的特定生日聚会在细节上会有所区别，但是基本思想是相同的，一旦决定了这些细节是什么（例如，蛋糕或派、巧克力或香草、客人和魔术蜡烛的数量，等等），对于生日聚会应该如何展开我们就有了一张非常完整的图片。因此，如果我们能够将机器人的工作打包成场景、态势、脚本或情节，困难的部分就完成了。接下来，我们需要对生日聚会机器人进行编程，从而使其以使用 Java 或 C++ 这种面向对象的语言描述生日场景的方式执行其生日聚会任务，然后向机器人上传将要执行的场景。在 Ctest 实验室，我们开发了一个称为 STORIES 的编程技术和数据存储机制，它就是从事上述工作的。

## 10.1.2　机器人 STORIES

STORIES 表示转换为本体推理意图和认知态势的场景（Scenarios Translated into Ontologies Reasoning Intentions and Epistemological Situations）。STORIES 是将一个场景转换成可以由面向对象语言表示的组件的最终结果，然后上传给一个机器人。表 10-2 是 5 步过程的一个简化概述。

表 10-2　创建机器人 STORIES 的 5 步过程的简化概述

| 步　　骤 | 创建 STORIES 的基本步骤 | STORIES 组件 |
| --- | --- | --- |
| 1 | 将场景分解成一系列的事件、动作和构成场景的一些事物 | 本体 |
| 2 | 利用一种面向对象语言（例如，C++ 或 Java）描述来自步骤 1 的元素 | 本体 |
| 3 | 关于步骤 1 中所描述的元素，制定机器人应该如何使用及做出决策（这是推理部分）的规则，将这些规则写入编程语言 | 推理 |
| 4 | 描述在场景中将要执行的机器人的特定任务 | 意图 |
| 5 | 将步骤 3 中作为前提或后置条件的组件连接到步骤 4 中所描述的机器人任务的执行动作 | 一个认知态势 |

STORIES 是使我们能够完成机器人编程让其在一个特定场景中自主执行一项任务的技术和存储机制。由于场景成为给机器人上传指令的一部分，使得这一切成为可能。

本书中，我们使用 C++ 或 Java 代码编写希望机器人执行的动作及它执行任务所处的场景。STORIES 使得我们对自主机器人的剖析细致而全面。一旦将 STORIES 组件集成到机器人编程中，你就具有了编程机器人自主执行任务所需要的基本组件。图 10-1 是本章所呈现的自主机器人剖析的第一个蓝图。之后的每个蓝图都提供了更多的细节，直到我们拥有一个完整而详细的蓝图。

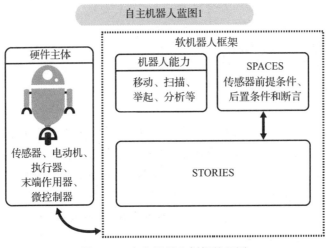

图 10-1    自主机器人剖析的蓝图

图 10-1 中的两个主要组件是机器人主体（硬件）和软件机器人框架。在蓝图中这个级别的细节上，机器人软件的 3 个主要组件为基本能力、SPACES（第 9 章中所介绍的）和 STORIES。为了明白所有这些在基于 Arduino 和 Mindstorms EV3 的机器人上如何工作，让我们回顾一下第 9 章中扩展的机器人场景程序。

### 10.1.3    扩展的机器人场景

机器人（Unit1）位于一个包含单个物体的小房间里。Unit1 扮演一个调查者的角色，并被指派定位物体、确定并报告其颜色的任务。在扩展的场景中，Unit1 有一个检索物体并将其带回机器人初始位置的额外任务。

### 10.1.4    将 Unit1 的场景转换为 STORIES

我们使用表 10-2 所示的 5 步方法将扩展的机器人场景转化或转换为可以上传用于机器人执行的 STORIES。这 5 个步骤代表了 STORIES 软件组件的每一个主要部分。图 10-2 展示了自主机器人的一个更加详细的蓝图。

首先，我们把场景分成一系列的事物、动作和事件。我们有很多方法可选，可以在不同层次的细节上做到这一点。但是，我们在这里选择一种简单的分解。表 10-3 给出了构成扩展机器人场景的 3 种事物、3 个事件和 3 个动作。

### 10.1.5    详解场景的本体

表 10-3 中所示的事物构成了扩展机器人场景的一个基本本体。我们想表达的是，本体

是构成一个场景、态势或情节的一组事物。识别一个自主机器人场景的本体是很重要的。大多数遥操作或遥控机器人的本体信息存在于机器人操控者的头脑和眼中，这意味着一个态势的很多细节可以不在机器人的程序之中，因为操控者可以依赖自己关于场景的知识。

表 10-3　扩展机器人场景的一个简单图表分解

| 事　物 | 事　件 | 动　作 |
|---|---|---|
| 机器人 | 离开原始位置 | 定位目标 |
| 小房间 | 到达目的地 | 确定目标的颜色 |
| 目标 | 带回原始位置 | 取回目标 |

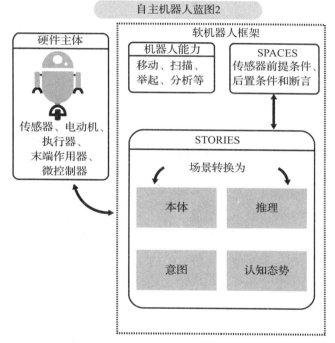

图 10-2　自主机器人蓝图 2：更多细节

　　例如，在有些情况下，机器人不必操心它会去哪里，因为操控者会指示它。类似目标大小、形状或重量这些细节也可以省略，因为机器人操控者能够看见目标多高或多宽，可以相应地控制机器人的末端作用器。在其他情况下，机器人的编程不必包括何时执行或不执行某个动作，因为遥操作控制员将在合适的时间按下启动和停止按钮。机器人的很多方面都是在远程控制之下，这意味着机器人需要的本体规范较少。一个机器人具有的自主性越多，它需要的本体信息越多。

　　在一些机器人自主的方法里，程序员设计机器人的编程以便机器人可以自己发现场景中的事物。这将是一个 4 级或 5 级的自主机器人，如表 8-1 中描述的那样。但是现在，我们关注 1 级和 2 级的自主，并提供一个简单和通用的场景本体。然而，正如你所看到的，对于所关注的机器人，你能够提供关于本体事物的细节越多越好。

**提供"事物"的细节**

场景中的目标大小是多少？虽然我们不知道颜色（这由机器人确定），但是我们或许知道目标的大小和重量，甚至目标的形状。目标定位在区域中的何处？机器人的起始位置到底在区域中的什么地方？重要的是，不但要知道构成一个场景的是何种事物，而且要知道这些事物中的哪些细节将会或应该会影响机器人的编程。此外，当我们试图确定机器人是否可以满足任务的 REQUIRE 规范时，细节就派上用场了。

利用场景的术语化的说明来描述事物及其细节是有用的。如果我们知道表 10-3 中的目标是一个篮球，为什么不在代码中称之为篮球呢？如果该区域是一个体育馆，我们应该使用术语体育馆代替区域。分解场景为一系列事物并相应地给它们命名，有助于提出 ROLL 模型，用于命名变量、程序、函数和类函数。提供多少细节需要具体分析，不同的程序员从不同的角度看待场景。但是请记住，无论采取哪种方法，当描述诸如度量单位、变量和术语的细节时，重要的是保持一致性，不要来回切换。图 10-3 给出了扩展机器人场景中事物的一些细节。

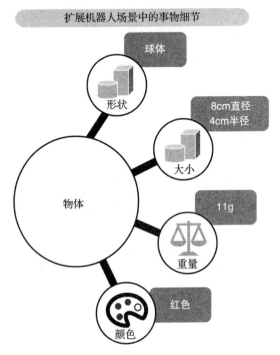

图 10-3　扩展机器人场景中的事物细节

**使用面向对象的编程来表示场景中的事物**

第 8 章介绍了软件机器人框架的思想并演示了如何使用类和对象来表示机器人的软件组件。使用类和类函数，一个机器人场景中的所有事物和动作都可以表示为面向对象的编程技术。例如，在扩展的机器人场景中，有 5 个主要的类，如表 10-4 所示。

表 10-4　扩展机器人场景的主要类

| 类 | 描　　述 |
| --- | --- |
| softbot 类 | 用于表示机器人 |
| situation_object 类 | 用于表示态势中的对象 |
| action 类函数 | 用于表示机器人必须在态势中执行的动作 |
| situation 类 | 用于表示场景中的各种态势 |
| scenario 类 | 用于表示多个场景和机器人的主要目标 |

场景的细节是每个类的一部分，态势的细节是 `situation_object` 的一部分，软件机器人的细节是 `softbot` 对象的一部分，等等。细节有时可以由诸如字符串、整数或浮点数这些内置数据类型表示，也可以由类表示。但是，这 5 个类代表了机器人 STORIES 组件的主要组成部分。图 10-4 是一个机器人剖析得更加详细的蓝图，其中本体组件分解为更多细节。

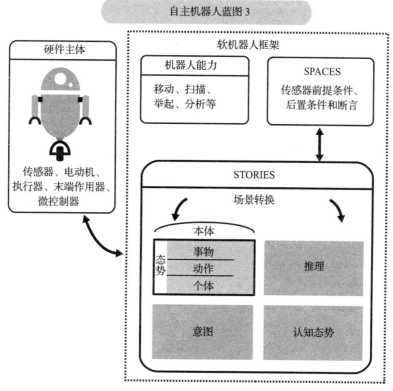

图 10-4　在本体组件分解方面更加详细的机器人剖析蓝图

为了说明它是如何工作的，我们看一下 EV3 微控制器上的 Java 代码和 Arduino 微控制器上的 C++ 代码，它们构成了用于扩展机器人场景的 Unit1 机器人代码。代码清单 10-1 给出了 `situation` 类的定义。

代码清单 10-1　`situation` 类的定义

BURT 转换输出：Java 实现 🤖

```
//ACTIONS: SECTION 2
179     class situation{
180
181        public room Area;
182        int ActionNum = 0;
```

```
183        public ArrayList<action>  Actions;
184        action RobotAction;
185        public situation(softbot  Bot)
186        {
187            RobotAction = new action();
188            Actions = new ArrayList<action>();
189            scenario_action1 Task1 = new scenario_action1(Bot);
190            scenario_action2 Task2 = new scenario_action2(Bot);
191            Actions.add(Task1);
192            Actions.add(Task2);
193            Area = new room();
194
195        }
196        public void nextAction() throws Exception
197        {
198
199            if(ActionNum < Actions.size()){
200                RobotAction = Actions.get(ActionNum);
201            }
202            RobotAction.task();
203            ActionNum++;
204
205
206        }
207        public int numTasks()
208        {
209            return(Actions.size());
210
211        }
212
213    }
214
```

situation 类的定义始于第 179 行，它包含了第 181 行的一个 room 对象和第 183 行的一系列动作对象。它只有 3 个类函数：

- constructor(situation())
- nextAction()
- numTasks()

room 对象用于表示场景态势发生的位置。动作列表用于存储一系列的动作对象。机器人必须执行的每个主要任务都有一个动作对象。第 185 至第 195 行定义了构造函数，多数设置态势的工作都由它完成。构造函数产生了两个动作对象（Task1 和 Task2）以及一个 room 对象。注意，构造函数将动作对象添加到动作列表中。从该例我们可以看出，到目前为止，机器人必须在这个态势中执行两个动作。nextAction() 类函数使机器人执行代码清单中的下一个动作。

```
if(ActionNum < Actions.size()){
    RobotAction = Actions.get(ActionNum);
    RobotAction.task();
    ActionNum++;
}
```

注意，第 199 至第 203 行的代码获取 **Actions** 列表中的下一个动作，然后使用

```
RobotAction.task();
```

作为类函数调用来执行 task( )。但是，如何定义 **Task1** 和 **Task2**？第 189 行和第 190 行提到了两个场景类：

```
scenario_action1 Task1;
scenario_action2 Task2;
```

这两个类继承了本例中所创建的 **action** 类。化码清单 10-2 给出了 **action**、**scenario_action1** 和 **scenario_action2** 类的定义。

化码清单 10-2　**action**、**scenario_action1** 和 **scenario_action2** 类的定义

BURT 转换输出：Java 实现

```
//ACTIONS: SECTION 2
31    class action{
32        protected softbot Robot;
33        public action()
34        {    Robot = NULL;
35        }
36        public action(softbot Bot)
37        {
38            Robot = Bot;
39
40        }
41        public void task() throws Exception
42        {
43        }
44    }
45
46    class scenario_action1   extends action
47    {
48
49        public scenario_action1(softbot Bot)
50        {
51            super(Bot);
52        }
53        public void task() throws Exception
54        {
55            Robot.moveToObject();
56
```

```
57              }
58
59      }
60
61
62      class scenario_action2 extends action
63      {
64
65          public  scenario_action2(softbot Bot)
66          {
67
68              super(Bot);
69          }
70
71          public  void task() throws Exception
72          {
73              Robot.scanObject();
74
75          }
76
77
78      }
79
```

这些类用于实现场景动作的概念。Action 类实际上用作一个基础类，这里可以使用一个 Java 接口类或 C++ 抽象类（针对 Arduino 实现）。但是现在，我们想让事情变得简单，因此，我们使用 action 作为一个基础类，并且 scenario_action1 和 scenario_action2 通过继承使用 action。action 类中许多重要的方法为 task() 方法，这是一个包含机器人必须执行的代码的方法。注意，第 53 至第 57 行、第 71 至第 75 行调用了表示任务的代码：

```
53  public void task() throws Exception
54  {
55      Robot.moveToObject();
56
57  }
...
71  public  void task() throws Exception
72  {
73      Robot.scanObject();
74
75  }
```

这些任务使机器人移动到目标的位置，并确定目标的距离和颜色。注意，在代码清单 10-1 和代码清单 10-2 中没有提及电线、引脚、电压、执行器或作用器。这是一个 3 级以上的编程示例。在这种级别的编程上，我们试图自然地表示场景。当然，现在我们必须在某个地方得到实际的电机和传感器代码。`Robot.moveToObject()` 实际做什么？如何实施 `Robot.scanObject()`？`moveToObject()` 和 `scanObject()` 是归属软件机器人框架的类函数，我们命名为 `softbot`。下面让我们首先看一下 `moveToObject()`，代码清单 10-3 给出了它的实现代码。

**代码清单 10-3　`moveToObject()` 类函数的实现代码**

BURT 转换输出：Java 实现

```
//TASKS: SECTION 3
441        public void moveToObject() throws Exception
442        {
443            RobotLocation.X = (Situation1.Area.SomeObject.getXLocation() -
                                  RobotLocation.X);
444            travel(RobotLocation.X);
445            waitUntilStop(RobotLocation.X);
446            rotate(90);
447            waitForRotate(90);
448            RobotLocation.Y = (Situation1.Area.SomeObject.getYLocation() -
                                  RobotLocation.Y);
449            travel(RobotLocation.Y);
450            waitUntilStop(RobotLocation.Y);
451            Messages.add("moveToObject");
452
453        }
```

根据第 443 行和第 448 行的 `Situation1` 对象，这个类函数获取了机器人需要前往的 $(X, Y)$ 位置坐标。该代码表明机器人将来的 $X$ 和 $Y$ 位置来自这个态势。由第 443 行和第 448 行可知，态势有一个区域。区域中有一个目标，我们通过调用以下类函数获得目标的位置：

```
SomeObject.getYLocation()
SomeObject.getXLocation()
```

一旦获得这些坐标，我们给予机器人 `travel()` 的命令，$X$ 指定向东或向西的距离，$Y$ 指定向北或向南的距离。注意，在代码清单 10-1 的 181 行中，`situation` 类有一个 `room` 类。代码清单 10-4 给出了 `room` 类的定义。

**代码清单 10-4　`room` 类的定义**

BURT 转换输出：Java 实现

```
//Scenarios/Situations: SECTION 4
135    class room{
136        protected int Length;
137        protected int Width;
138        protected int Area;
139        public something SomeObject;
140
```

```
141        public  room()
142        {
143            Length = 300;
144            Width = 200;
145            SomeObject =  new something();
146            SomeObject.setLocation(20,50);
147        }
148        public int  area()
149        {
150            Area = Length * Width;
151            return(Area);
152        }
153
154        public  int length()
155        {
156
157            return(Length);
158        }
159
160        public int width()
161        {
162
163            return(Width);
164        }
165    }
```

在代码清单 10-4 中我们可以看到，room 类有一个 something 类。room 构造函数设置房间的长度为 300cm，宽度为 200cm。它创建了一个新的 something 对象，并在房间内设置其位置（20，50）。因此，something 类用于表示目标并最终表示为目标的位置。代码清单 10-5 展示了 something 类。

代码清单 10-5   something 类的实现

BURT 转换输出：Java 实现 🐾

```
//Scenarios/Situations: SECTION 4
 94    class something{
 95       x_location Location;
 96       int Color;
 97       public something()
 98       {
 99           Location = new x_location();
100           Location.X = 0;
101           Location.Y = 0;
102           Color = 0;
103       }
104       public void setLocation(int X,int Y)
```

```
105        {
106
107            Location.X = X;
108            Location.Y = Y;
109
110        }
111        public int getXLocation()
112        {
113            return(Location.X);
114        }
115
116        public int getYLocation()
117        {
118            return(Location.Y);
119
120        }
121
122        public void setColor(int X)
123        {
124
125            Color = X;
126        }
127
128        public int getColor()
129        {
130            return(Color);
131        }
132
133    }
```

我们看到，something 在第 95 行和第 96 行分别声明了一个 Location 和一个 Color。从代码清单 10-1 到代码清单 10-5，这种模式应该很清晰，即我们将机器人的态势分解成一系列的事物和动作。我们使用某种面向对象语言的一个类概念来表示或"建模"事物和动作。然后，这些类放在一起形成机器人的态势，该态势声明为机器人控制器的一个数据成员、属性或特性。

### 机器人可以做出决策以及遵循规则

在确定了场景（步骤 1）中的事物和动作之后，是时候确定机器人所关注的这些事物和动作的决策与选择。基于场景的细节（步骤 3）来确定机器人将采取何种行动方针以及何时采取。如果一些机器人的动作是可选的，或如果一些机器人的动作取决于在场景中发现了什么，那么现在是时候来确定机器人将不得不做出的决策。如果一些特定的行动方针总是依赖于特定条件，那么当这些条件满足时，就该确定使用规则。

一旦明确了场景的细节，就可以开始确定场景的前提或后置条件（SPACES）这些决策和规则构成了机器人 STORIES 结构的推理组件。推理组件是机器人自主性的重要部分。如果机器人不能针对场景中出现的事物、事件或动作做出决策，机器人的自主性会严重受限。机器人的决策利用基本的 if-then-else、while-do、do-while 和 case 控制结构来实现。回顾一下代码清单 10-2，机器人有一个 Task1 和一个 Task2。我们已经见过实现 Task1 的 `moveToObject()` 代码。代码清单 10-6 给出了实现 `scanObject()` 的 Task2。

代码清单 10-6　scanObject 的实现代码

BURT 转换输出：Java 实现

```
//TASKS: SECTION 3
455        public void scanObject()throws Exception
456        {
457
458            float Distance = 0;
459            resetArm();
460            moveSensorArray(110);
461            Thread.sleep(2000);
462            Distance = readUltrasonicSensor();
463            Thread.sleep(4000);
464            if(Distance <= 10.0){
465              getColor();
466              Thread.sleep(3000);
467            }
468          moveSensorArray(50);
469          Thread.sleep(2000);
470
471        }
```

在第 464 行中，机器人做出了一个简单的决策。如果距离目标的距离小于 10cm，则指示机器人确定目标的颜色；如果机器人距离目标大于 10cm，则它不会去确定目标的颜色。在第 462 行中，机器人使用一个超声波传感器来测量相对目标的距离。一旦机器人测量了距离，它就要做出决策。图 10-5 是机器人的剖析蓝图，其中推理部分分解成更多的细节。

这里的关键点就是建立决策，以便每个决策要么使机器人正确执行任务，要么阻止机器人采取不必要的或不可能的步骤。每一个决策都应该使机器人更加接近完成主要任务。记住，随着机器人自主水平的提高，其决策路径的数量和复杂性（有时）也会相应增加。

## 10.1.6　关注机器人的意图

每个态势有一个或多个动作，这些动作一起构成了机器人的任务。每个任务代表一个机器人的意图（有时称为目标）。例如，如果机器人有 4 个任务，则意味着它有 4 个意图。机器人做出的每个决策应该使它接近意图中的一个或多个。如果机器人无法满足其意图中的一个或多个，程序应该给予它明确的指示。如果机器人不能执行其意图，则它不能完成其在场景中的角色。整个意图的集合代表了机器人在场景中的角色。在 C++ 和 Java 中，`main()` 函数是放置机器人的主要意图或主要任务的地方。代码清单 10-7 展示了扩展机器人场景的

main()函数片段。

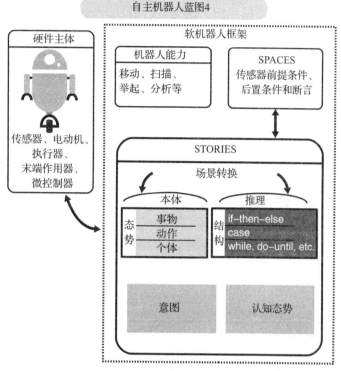

图 10-5　包含推理组件分解的机器人剖析蓝图

代码清单 10-7　扩展机器人示例的 main() 函数

BURT 转换输出：Java 实现

```
812        public static void main(String [] args)  throws Exception
813        {
814
815
816            softbot Unit1;
817            float Distance = 0;
818            int TaskNum = 0;
819
820            try{
821                Unit1 = new softbot();
822                TaskNum = Unit1.numTasks();
823                for(int N = 0; N < TaskNum; N++)
824                {
825                    Unit1.doNextTask();
826
827                }
828                Unit1.report();
```

```
829                    Unit1.closeLog();
830
831            }
...

847
848        }
```

main()函数显示机器人有一组简单的意图。第822行表明机器人将获得它理应执行任务的总数。然后，它将执行态势中的所有任务。第823至第827行展示了控制机器人如何实现其意图的一个简单循环结构。在它执行完任务之后，报告并关闭日志。在这个简化的态势中，机器人只是顺序执行存储于动作列表中的动作。然而，对于更加复杂的任务，选择下一个动作的方式通常是基于机器人的决定、传感器检测到的环境、机器人必须移动的距离、电源的考虑、时间的考虑、任务的优先级、有或没有得到满足的 SPACES，等等。在第825行中，Unit1 调用了类函数 doNextTask()。这个类函数最终取决于一系列意图（动作），它们是机器人态势的一部分。图 10-6 展示了自主机器人剖析的详细蓝图，以及意图部分怎样对机器人任务的进行分解。

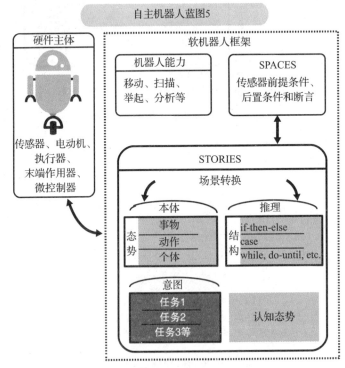

图 10-6　包含意图部分分解的机器人剖析蓝图

在图 10-6 中，通过阐明 STORIES 的软件部分来说明如何表示或实现主要组件。一旦机器人的 STORIES 组件与其 SPACES 需求联系在一起并得以实现，就有了机器人无需远程控制干预而自主执行其任务的基础。到目前为止，我们在扩展的机器人场景中使用 Java 和 leJOS 库来实现 STORIES 组件。代码清单表 10-8 包含了大多数扩展机器人场景的程序。

代码清单 10-8　扩展机器人场景程序的实现

BURT 转换输出：Java 实现

```
 3
 4   import java.io.DataInputStream;
 5   import java.io.DataOutputStream;
 6   import lejos.hardware.sensor.NXTUltrasonicSensor;
 7   import lejos.hardware.*;
 8   import lejos.hardware.ev3.LocalEV3;
 9   import lejos.hardware.port.SensorPort;
10   import lejos.hardware.sensor.SensorModes;
11   import lejos.hardware.port.Port;
12   import lejos.hardware.lcd.LCD;
13   import java.net.ServerSocket;
14   import java.net.Socket;
15   import lejos.hardware.sensor.HiTechnicColorSensor;
16   import lejos.hardware.sensor.EV3UltrasonicSensor;
17   import lejos.robotics.navigation.*;
18   import lejos.robotics.navigation.DifferentialPilot;
19   import lejos.robotics.localization.OdometryPoseProvider;
20   import lejos.robotics.SampleProvider;
21   import lejos.hardware.device.tetrix.*;
22   import lejos.hardware.device.tetrix.TetrixRegulatedMotor;
23   import lejos.robotics.navigation.Pose;
24   import lejos.robotics.navigation.Navigator;
25   import lejos.robotics.pathfinding.Path;
26   import java.lang.Math.*;
27   import java.io.PrintWriter;
28   import java.io.File;
29   import java.util.ArrayList;
30
//ACTIONS: SECTION 2
31   class action{
32      protected softbot Robot;
33      public action()
34      {
35      }
36      public action(softbot Bot)
37      {
38          Robot = Bot;
39
40      }
41      public void task() throws Exception
42      {
```

```
43          }
44      }
45
46      class scenario_action1  extends action
47      {
48
49          public scenario_action1(softbot Bot)
50          {
51              super(Bot);
52          }
53          public void task() throws Exception
54          {
55              Robot.moveToObject();
56
57          }
58
59      }
60
61
62      class scenario_action2 extends action
63      {
64
65          public  scenario_action2(softbot Bot)
66          {
67
68              super(Bot);
69          }
70
71          public  void task() throws Exception
72          {
73              Robot.scanObject();
74
75          }
76
77
78      }
79
```

//**Scenario/Situation**

```
80
81      class x_location{
82          public int X;
83          public int Y;
84          public x_location()
85          {
86
87              X = 0;
88              Y = 0;
```

```
 89        }
 90
 91      }
 92
 93
 94    class something{
 95       x_location Location;
 96       int Color;
 97       public something()
 98       {
 99           Location = new x_location();
100           Location.X = 0;
101           Location.Y = 0;
102           Color = 0;
103       }
104       public void setLocation(int X,int Y)
105       {
106
107           Location.X = X;
108           Location.Y = Y;
109
110       }
111       public int getXLocation()
112       {
113           return(Location.X);
114       }
115
116       public int getYLocation()
117       {
118           return(Location.Y);
119
120       }
121
122       public void setColor(int X)
123       {
124
125           Color = X;
126       }
127
128       public int getColor()
129       {
130           return(Color);
131       }
132
133    }
134
135    class room{
```

```
136        protected int Length = 300;
137        protected int Width = 200;
138        protected int Area;
139        public something SomeObject;
140
141        public  room()
142        {
143            SomeObject =  new something();
144            SomeObject.setLocation(20,50);
145
146
147        }
148        public int  area()
149        {
150            Area = Length * Width;
151            return(Area);
152        }
153
154        public  int length()
155        {
156
157            return(Length);
158        }
159
160        public int width()
161        {
162
163            return(Width);
164        }
165    }
166
167    class situation{
168
169        public room Area;
170        public situation()
171        {
172            Area = new room();
173
174        }
175
176    }
177
178
179    class situation{
180
181        public room Area;
182        int ActionNum = 0;
```

```
183        public ArrayList<action>  Actions;
184        action RobotAction;
185        public situation(softbot  Bot)
186        {
187            RobotAction = new action();
188            Actions = new ArrayList<action>();
189            scenario_action1 Task1 = new scenario_action1(Bot);
190            scenario_action2 Task2 = new scenario_action2(Bot);
191            Actions.add(Task1);
192            Actions.add(Task2);
193            Area = new room();
194
195        }
196        public void nextAction() throws Exception
197        {
198
199            if(ActionNum < Actions.size()){
200                RobotAction = Actions.get(ActionNum);
201            }
202            RobotAction.task();
203            ActionNum++;
204
205
206        }
207        public int numTasks()
208        {
209            return(Actions.size());
210
211        }
212
213    }
214
215    public class softbot
216    {
//PARTS: SECTION 1
//Sensor Section
217        public EV3UltrasonicSensor Vision;
218        public HiTechnicColorSensor ColorVision;

219        int CurrentColor;
220        double  WheelDiameter;
221        double TrackWidth;
222        float  RobotLength;
223        DifferentialPilot  D1R1Pilot;
224        ArcMoveController  D1R1ArcPilot;
//Actuators
225        TetrixControllerFactory  CF;
```

```
226        TetrixMotorController MC;
227        TetrixServoController SC;
228        TetrixRegulatedMotor LeftMotor;
229        TetrixRegulatedMotor RightMotor;
230        TetrixServo  Arm;
231        TetrixServo  Gripper;
232        TetrixServo  SensorArray;
//Support
233        OdometryPoseProvider Odometer;
234        Navigator D1R1Navigator;
235        boolean PathReady = false;
236        Pose CurrPos;
237        int OneSecond = 1000;
238        Sound  AudibleStatus;
239        DataInputStream dis;
240        DataOutputStream Dout;
241        location  CurrentLocation;
242        SampleProvider UltrasonicSample;
243        SensorModes USensor;
244        PrintWriter Log;


//Situations/Scenarios: SECTION 4
245        situation Situation1;
246        x_location RobotLocation;

247        ArrayList<String> Messages;
248        Exception SoftbotError;
249
250        public softbot() throws InterruptedException,Exception
251        {
252
253            Messages = new ArrayList<String>();
254            Vision = new EV3UltrasonicSensor(SensorPort.S3);
255            if(Vision == null){
256                Messages.add("Could Not Initialize Ultrasonic Sensor");
257                SoftbotError = new Exception("101");
258                throw SoftbotError;
259            }
260            Vision.enable();
261            Situation1 = new situation(this);
262            RobotLocation = new x_location();
263            RobotLocation.X = 0;
264            RobotLocation.Y = 0;
265
266            ColorVision = new HiTechnicColorSensor(SensorPort.S2);
267            if(ColorVision == null){
268                Messages.add("Could Not Initialize Color Sensor");
```

```
269              SoftbotError = new Exception("100");
270                 throw SoftbotError;
271            }
272            Log = new PrintWriter("softbot.log");
273            Log.println("Sensors  constructed");
274            Thread.sleep(1000);
275            WheelDiameter = 7.50f;
276            TrackWidth = 32.5f;
277
278            Port APort = LocalEV3.get().getPort("S1");
279            CF = new TetrixControllerFactory(SensorPort.S1);
280            if(CF == null){
281                Messages.add("Could Not Setup Servo Port");
282                SoftbotError = new Exception("102");
283                throw SoftbotError;
284            }
285            Log.println("Tetrix Controller Factor Constructed");
286
287            MC = CF.newMotorController();
288            SC = CF.newServoController();
289
290            LeftMotor = MC.getRegulatedMotor(TetrixMotorController.MOTOR_1);
291            RightMotor = MC.getRegulatedMotor(TetrixMotorController.MOTOR_2);
292            if(LeftMotor == null ¦¦ RightMotor == null){
293                Messages.add("Could Not Initalize Motors");
294                SoftbotError = new Exception("103");
295                throw SoftbotError;
296            }
297            LeftMotor.setReverse(true);
298            RightMotor.setReverse(false);
299            LeftMotor.resetTachoCount();
300            RightMotor.resetTachoCount();
301            Log.println("motors Constructed");
302            Thread.sleep(2000);
303
304
317            SensorArray = SC.getServo(TetrixServoController.SERVO_3);
318            if(SensorArray == null){
319                Messages.add("Could Not Initialize SensorArray");
320                SoftbotError = new Exception("107");
321                throw SoftbotError;
322            }
323            Messages.add("Servos Constructed");
324            Log.println("Servos Constructed");
325            Thread.sleep(1000);
326
327            SC.setStepTime(7);
```

```
328             Arm.setRange(750,2250,180);
329             Arm.setAngle(100);
330             Thread.sleep(1000);
331
335
336
337             SensorArray.setRange(750,2250,180);
338             SensorArray.setAngle(20);
339             Thread.sleep(1000);
340             D1R1Pilot = new DifferentialPilot
                            (WheelDiameter,TrackWidth,LeftMotor,RightMotor);
341             D1R1Pilot.reset();
342             D1R1Pilot.setTravelSpeed(10);
343             D1R1Pilot.setRotateSpeed(20);
344             D1R1Pilot.setMinRadius(0);
345
346             Log.println("Pilot Constructed");
347             Thread.sleep(1000);
348             CurrPos = new Pose();
349             CurrPos.setLocation(0,0);
350             Odometer = new OdometryPoseProvider(D1R1Pilot);
351             Odometer.setPose(CurrPos);
352
353
354             D1R1Navigator = new Navigator(D1R1Pilot);
355             D1R1Navigator.singleStep(true);
356             Log.println("Odometer Constructed");
357
358             Log.println("Room  Width: " + Situation1.Area.width());
359             room SomeRoom = Situation1.Area;
360             Log.println("Room Location: " +
                            SomeRoom.SomeObject.getXLocation() + "," +
                            SomeRoom.SomeObject.getYLocation());
361             Messages.add("Softbot Constructed");
362             Thread.sleep(1000);
363
364
365
366         }
367
434
//TASKS: SECTION 3
435         public void doNextTask() throws Exception
436         {
437             Situation1.nextAction();
438
439         }
```

```
440
441        public void moveToObject() throws Exception
442        {
443            RobotLocation.X = (Situation1.Area.SomeObject.getXLocation()
                                   - RobotLocation.X);
444            travel(RobotLocation.X);
445            waitUntilStop(RobotLocation.X);
446            rotate(90);
447            waitForRotate(90);
448            RobotLocation.Y = (Situation1.Area.SomeObject.getYLocation()
                                   - RobotLocation.Y);
449            travel(RobotLocation.Y);
450            waitUntilStop(RobotLocation.Y);
451            Messages.add("moveToObject");
452
453        }
454
455        public void scanObject()throws Exception
456        {
457
458            float Distance = 0;
459            resetArm();
460            moveSensorArray(110);
461            Thread.sleep(2000);
462            Distance = readUltrasonicSensor();
463            Thread.sleep(4000);
464            if(Distance <= 10.0){
465                getColor();
466                Thread.sleep(3000);
467            }
468            moveSensorArray(50);
469            Thread.sleep(2000);
470
471        }
472
473        public int numTasks()
474        {
475            return(Situation1.numTasks());
476        }
477
512
513        public float readUltrasonicSensor()
514        {
515            UltrasonicSample =  Vision.getDistanceMode();
516            float X[] = new float[UltrasonicSample.sampleSize()];
517            Log.print("sample size ");
518            Log.println(UltrasonicSample.sampleSize());
```

```
519
520                UltrasonicSample.fetchSample(X,0);
521                int Line = 3;
522                for(int N = 0; N < UltrasonicSample.sampleSize();N++)
523                {
524
525                    Float Temp = new Float(X[N]);
526                    Log.println(Temp.intValue());
527                    Messages.add(Temp.toString());
528                    Line++;
529
530                }
531                if(UltrasonicSample.sampleSize() >= 1){
532                    return(X[0]);
533                }
534                else{
535                        return(-1.0f);
536                }
537
538        }
539        public int getColor()
540        {
541
542            return(ColorVision.getColorID());
543        }
544
545
546        public void identifyColor() throws Exception
547        {
548            LCD.clear();
549            LCD.drawString("color identified",0,3);
550            LCD.drawInt(getColor(),0,4);
551            Log.println("Color Identified");
552            Log.println("color = " + getColor());
553        }
554        public void rotate(int Degrees)
555        {
556            D1R1Pilot.rotate(Degrees);
557        }
558        public void forward()
559        {
560
561            D1R1Pilot.forward();
562        }
563        public void backward()
564        {
565            D1R1Pilot.backward();
```

```
566              }
567
568          public void travel(int Centimeters)
569          {
570              D1R1Pilot.travel(Centimeters);
571
572          }
573
601          public void moveSensorArray(float X) throws Exception
602          {
603
604              SensorArray.setAngle(X);
605              while(SC.isMoving())
606              {
607                      Thread.sleep(1500);
608              }
609
610
611          }
612
641
642          public boolean waitForStop()
643          {
644              return(D1R1Navigator.waitForStop());
645
646          }
647
648
703
704
705
706          public void waitUntilStop(int Distance) throws Exception
707          {
708
709              Distance = Math.abs(Distance);
710              Double  TravelUnit = new Double
                                  (Distance/D1R1Pilot.getTravelSpeed());
711              Thread.sleep(Math.round(TravelUnit.doubleValue()) * OneSecond);
712              D1R1Pilot.stop();
713              Log.println("Travel Speed " + D1R1Pilot.getTravelSpeed());
714              Log.println("Distance:   " + Distance);
715              Log.println("Travel Unit: " + TravelUnit);
716              Log.println("Wait for: " + Math.round
                          (TravelUnit.doubleValue()) * OneSecond);
717
718              }
719          public void waitUntilStop()
```

```
720          {
721              do{
722
723              }while(D1R1Pilot.isMoving());
724              D1R1Pilot.stop();
725
726          }
727
728          public void waitForRotate(double Degrees) throws Exception
729          {
730
731              Degrees = Math.abs(Degrees);
732              Double DegreeUnit = new Double
                                    (Degrees/D1R1Pilot.getRotateSpeed());
733              Thread.sleep(Math.round(DegreeUnit.doubleValue()) * OneSecond);
734              D1R1Pilot.stop();
735              Log.println("Rotate Unit: " + DegreeUnit);
736              Log.println("Wait for: " + Math.round
                            (DegreeUnit.doubleValue()) * OneSecond);
737
738
739
740          }
741
742
743
744          public  void closeLog()
745          {
746              Log.close();
747          }
748
749
750          public void report() throws Exception
751          {
752              ServerSocket Client = new ServerSocket(1111);
753              Socket SomeSocket = Client.accept();
754              DataOutputStream Dout = new DataOutputStream
                                    (SomeSocket.getOutputStream());
755              Dout.writeInt(Messages.size());
756              for(int N = 0;N < Messages.size();N++)
757              {
758                  Dout.writeUTF(Messages.get(N));
759                  Dout.flush();
760                  Thread.sleep(1000);
761
762              }
763              Thread.sleep(1000);
```

```
764                    Dout.close();
765                    Client.close();
766              }
767
768
769          public void report(int X) throws Exception
770          {
771
772              ServerSocket Client = new ServerSocket(1111);
773              Socket SomeSocket = Client.accept();
774              DataOutputStream Dout = new DataOutputStream
                                       (SomeSocket.getOutputStream());
775              Dout.writeInt(X);
776              Thread.sleep(5000);
777              Dout.close();
778              Client.close();
779
780
781          }
782          public void addMessage(String X)
783          {
784              Messages.add(X);
785          }
786
812          public static void main(String [] args)   throws Exception
813          {
814
815
816              softbot Unit1;
817              float Distance = 0;
818              int TaskNum = 0;
819
820              try{
821                  Unit1 = new softbot();
822                  TaskNum = Unit1.numTasks();
823                  for(int N = 0; N < TaskNum; N++)
824                  {
825                      Unit1.doNextTask();
826
827                  }
828                  Unit1.report();
829                  Unit1.closeLog();
830
831              }
832              catch(Exception E)
833              {
834                  Integer Error;
```

```
835                    System.out.println("Error is : " + E);
836                    Error = new Integer(0);
837                    int RetCode = Error.intValue();
838                    if(RetCode == 0){
839                       RetCode = 999;
840                    }
841                    ServerSocket Client = new ServerSocket(1111);
842                    Socket SomeSocket = Client.accept();
843                    DataOutputStream Dout = new DataOutputStream
                                           (SomeSocket.getOutputStream());
844                    Dout.writeInt(RetCode);
845                    Dout.close();
846                    Client.close();
847
848
849          }
850
851
852
853     }
854
855
856
857
858   }
```

但是，回顾一下扩展的机器人场景，机器人必须执行的任务之一是取回目标。我们在机器人构建上使用来自 Trossen Robotics 公司的 PhantomX Pincher 手臂，它基于 Arduino 平台兼容的 Arbotix 控制器。我们在微控制器之间使用串口和蓝牙连接进行通信。第 11 章将介绍一些通信的细节。图 10-7 展示了一个基于 Arduino-EV3 的机器人。

正如第 7 章所讨论的，机器人有两个手臂，每个手臂有一个不同的 DOF 和夹持器。PhantomX Pincher 和基于 Tetrix 的机器人手臂已在图 10-7 中标记。代码清单 10-9 所示的 BURT 转换输入给出了基于 Arduino 的 Arbotix 控制器必须执行的一些基本行为。

**代码清单 10-9   Arduino Arbotix 控制器执行的一些基本行为**

BURT 转换输入：

```
Softbot  Frame
Name:  Unit1
Parts:
Actuator Section:
Servo and its gripper (for movement)


Actions:
Step 1: Check the voltage going to the servo
```

```
Step 2: Check each servo to see if it's operating and has the correct starting position
Step 3: Set the servos to a center position
Step 4: Set the position of a servo
Step 5: Open the gripper
Step 6: Close the gripper
```

**Tasks:**
```
Position the servo of the gripper in order to open and close the gripper.
```

**End Frame**

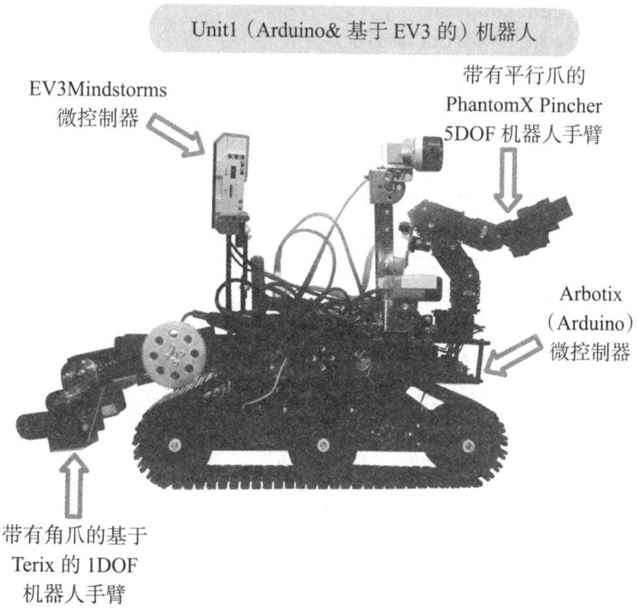

图 10-7　基于 Arduino-EV3 的机器人照片

　　任何机器人手臂的控制器组件都将执行这些基本行为。我们用于示例的机器人之一，它的手臂配带有不同的控制器和不同的软件，但是两个手臂都基本执行相同的行为。对于 EV3，我们在 leJOS Java 类库之上建立机器人手臂代码。对于 PhantomX，我们在 Bioloid 类库和 AX Dynamixel 代码之上建立代码。回顾一下，STORIES 结构包括作为场景一部分的事物和动作，并且我们使用面向对象的类概念来表示事物和动作。请记住，机器人是场景中的事物之一，因此，我们也使用面向对象的类来表示机器人及其部件。代码清单 10-10 给出了机器人手臂能力的完整 BURT 转换。

代码清单 10-10　一些机器人手臂的能力

BURT 转换输出：C++ 实现 🤖

```
1    #include <ax12.h>
```

```
2     #include <BioloidController.h>
3     #include "poses.h"
4
5     BioloidController bioloid = BioloidController(1000000);
6
7     class robot_arm{
8        private:
9           int ServoCount;
10       protected:
11          int id;
12          int pos;
13          boolean IDCheck;
14          boolean StartupComplete;
15       public:
16          robot_arm(void);
...
```

//ACTIONS: SECTION 2

```
18             void scanServo(void);
19             void moveCenter(void);
20             void checkVoltage(void);
21             void moveHome(void);
22             void relaxServos(void);
23             void retrieveObject(void);
24    };
25
...
```

//TASKS: SECTION 3

```
82    void robot_arm::scanServo(void)
83    {
84        id = 1;
85        Serial.println("Scanning Servo.....");
86        while (id <= ServoCount)
87        {
88            pos = ax12GetRegister(id, 36, 2);
89            Serial.print("Servo ID: ");
90            Serial.println(id);
91            Serial.print("Servo Position: ");
92            Serial.println(pos);
93            if (pos <= 0){
94                Serial.println("==============================");
95                Serial.print("ERROR! Servo ID: ");
96                Serial.print(id);
97                Serial.println(" not found. Please check connection and
                                  verify correct ID is set.");
98                Serial.println("==============================");
99                IDCheck = false;
100           }
```

```
101
102                    id = (id++)%ServoCount;
103                    delay(1000);
104            }
105        if (!IDCheck){
106                Serial.println("================================");
107                Serial.println("ERROR! Servo ID(s) are missing from Scan.");
108                Serial.println("================================");
109        }
110        else{
111                    Serial.println("Servo Check Passed");
112        }
...

223    void robot_arm::checkVoltage(void)
224    {
225        float voltage = (ax12GetRegister (1, AX_PRESENT_VOLTAGE, 1)) / 10.0;
226        Serial.print ("System Voltage: ");
227        Serial.print (voltage);
228        Serial.println (" volts.");
229        if (voltage < 10.0){
230            Serial.println("Voltage levels below 10v, please charge battery.");
231            while(1);
232        }
233        if (voltage > 10.0){
234            Serial.println("Voltage levels nominal.");
235        }
236        if (StartupComplete){
237                ...
238        }
239
240    }
241
242    void robot_arm::moveCenter()
243    {
244        delay(100);
245        bioloid.loadPose(Center);
246        bioloid.readPose();
247        Serial.println("Moving servos to centered position");
248        delay(1000);
249        bioloid.interpolateSetup(1000);
250        while(bioloid.interpolating > 0){
251                bioloid.interpolateStep();
252                delay(3);
253        }
254        if (StartupComplete){
255            …
```

```
256            }
257        }
258
259
260    void robot_arm::moveHome(void)
261    {
262        delay(100);
263        bioloid.loadPose(Home);
264        bioloid.readPose();
265        Serial.println("Moving servos to Home position");
266        delay(1000);
267        bioloid.interpolateSetup(1000);
268        while(bioloid.interpolating > 0){
269                bioloid.interpolateStep();
270                delay(3);
271        }
272        if (StartupComplete){
273                …
274        }
275    }
...
277    void robot_arm::retrieveObject()
278    {
279
280        Serial.println("=======================");
281        Serial.println("Retrieve Object");
282        Serial.println("=======================");
283        delay(500);
284        id  = 1;
285        pos = 512;
286
287
288        Serial.print(" Adjusting Servo : ");
289        Serial.println(id);
290        while(pos >= 312)
291        {
292                SetPosition(id,pos);
293                pos = pos--;
294                delay(10);
295        }
296        while(pos <= 512){
297                SetPosition(id, pos);
298                pos = pos++;
299                delay(10);
300        }
301
302
303        id = 3;
```

```
304          Serial.print("Adjusting Servo ");
305          Serial.println(id);
306          while(pos >= 200)
307          {
308                  SetPosition(id,pos);
309                  pos = pos--;
310                  delay(15);
311          }
312          while(pos <= 512){
313                  SetPosition(id, pos);
314                  pos = pos++;
315                  delay(15);
316          }
317
318          id = 3;
319          while(pos >= 175)
320          {
321                  SetPosition(id,pos);
322                  pos = pos--;
323                  delay(20);
324          }
325
326
327          id = 5;
328          Serial.print(" Adjusting Gripper : ");
329          Serial.println(id);
330          pos = 512;
331          while(pos >= 170)
332          {
333                  SetPosition(id,pos);
334                  pos = pos--;
335                  delay(30);
336          }
337          while(pos <= 512){
338                  SetPosition(id, pos);
339                  pos = pos++;
340                  delay(30);
341          }
342          // id 5 is the gripper
343          id = 5;
344          while(pos >= 175)
345          {
346                  SetPosition(id,pos);
347                  pos = pos--;
348                  delay(20);
349          }
350          while(pos <= 512){
```

```
351              SetPosition(id, pos);
352              pos = pos++;
353              delay(20);
354       }
355       id = 4;
356       Serial.print(" Adjusting Servo : ");
357       Serial.println(id);
358
359       while(pos >= 200)
360       {
361              SetPosition(id,pos);
362              pos = pos--;
363              delay(10);
364       }
365       while(pos <= 512){
366              SetPosition(id, pos);
367              pos = pos++;
368              delay(20);
369       }
370
371       if(StartupComplete == 1){
372              ...
373       }
374
375   }
376
377
```

代码清单 10-10 包含了 PhantomX Pincher 机器人的部分 C++ 类声明和一些主要类函数的实现。代码清单 10-10 展示了这些类函数的实现是如何建立在 Bioloid 类函数之上。注意，我们使用 Arduino 串口来保持与手臂的即时连接。

例如，第 85 行简单给出了准备启动伺服扫描的过程。我们将在第 11 章给出机器人手臂的完整代码。

在代码清单 10-10 中未给出的构造函数设置了一个 9600 波特率，以及一个手臂与微控制器串行端口之间的连接。通过调用类函数，我们使用 Bioloid 类。例如：

```
245       bioloid.loadPose(Center);
246       bioloid.readPose();
```

第 245 和第 246 行的命令用于中心伺服机构。retrieveObject( ) 类函数在第 277 至第 377 行实现，它给出了设置 AX 伺服机构（机器人手臂有 5 个伺服机构）位置的示例，包括使用 SetPosition( ) 开启和关闭夹持器（伺服机构 5），如第 344 至第 349 行所示：

```
344       while(pos >= 175)
345       {
346              SetPosition(id,pos);
```

```
347            pos = pos--;
348            delay(20);
349        }
```

 **注释**

传感器、电机、执行器、伺服机构和末端作用器，所有这些部件都是由面向对象的类来实现。

### 10.1.7　面向对象的机器人代码和效能问题

你可能想知道，和不使用面向对象的方法相比，使用一种面向对象的方法编程一个可以自主执行任务的机器人是否会有额外的代价？这是一场长期而艰难的斗争，短期内似乎难见分晓。C 语言或微控制器汇编的支持者很快指出，使用它们的语言时代码内存有多小，或相比 Java、Python、C++ 这些语言，其运行有多快。如果你对机器人必须工作的环境或机器人必须执行的场景和态势的建模不那么关注，他们的确有道理。

以微控制器汇编或 C 语言来设计与建立可维护、可扩展和可理解的环境和场景模型，比使用面向对象的方法更加困难。因此，重要的是你如何衡量成本。如果机器人程序的大小或绝对速度是唯一关注的，那么一个精心优化的 C 程序或微控制器汇编很难被打败（虽然在 C++ 中也能达到）。

然而，如果目标是在软件中表示机器人的环境、场景、态势、意图和推理（大多数自主方法的做法），则面向对象的方法很难被打败。以一种易于理解、改变和扩展的方式来编程一个精心设计的机器人、态势和环境类是值得的。当然，话虽尖刻，但并不伤人。例如，表 10-5 给出了扩展的机器人场景所需的每个 Java 类和字节码的大小。

表 10-5　扩展机器人场景的 Java 类和字节码大小

| 类 | 字节码大小（千字节） |
| --- | --- |
| softbot | 14081 |
| room | 596 |
| scenario_action1 | 380 |
| situation | 1020 |
| something | 698 |
| x_location | 261 |
| scenario_action2 | 376 |

需要上传给 EV3 微控制器的合并类大小为 17412KB，稍低于 18MB。EV3 微控制器具有 64MB RAM 和 16MB Flash。因此，对于所有 STORIES 和 SPACES 组件的扩展机器人场景，我们的面向对象方法只是触及了表面。然而，准确地说，我们简单的扩展的机器人场景

是一个机器人自主任务的完整实现。大小和速度确实是代码真正的关注点，但是，在面向对象方法的表达能力方面，空间和速度的均衡也是合理的。

> **📡 警示**
>
> 在完成表 10-2 的步骤 1 后，是时候验证机器人实际是否有能力来与事物交互、以及执行本体中指定的动作了。有些情况下，在步骤 1 完成之前，很清楚机器人是否能够胜任这项任务。如果你不确定机器人是否胜任这项任务，将场景中的一系列事件分解为好的检查点后，检查机器人的功能。否则，编程机器人去做一些它根本不能做的事情，这种努力可能是徒劳的。

## 10.2 下文预告

在第 11 章中，我们将讨论本书中呈现的技术如何用于解决 Midamba 的困境。

# 第 11 章
# 系统整合：Midamba 的第一个自主机器人编程

**机器人感受训练课程 11**：机器人需要电源来维持控制。

我们以可怜的、不幸的 Midamba 发现自己被困在一个荒岛上为开始，开启我们的机器人旅程。让我们回顾一下 Midamba 的困境。

## 11.1 Midamba 的初始场景

在机器人新兵训练营中，当我们最后一次见到 Midamba 时，他的电动水上摩托电池电量已经耗尽。Midamba 有一个备用电池，但闲置了很长一段之间，并且开始泄露。电池端子上有腐蚀，不能正常工作。对于一个即将耗尽的电池和一个腐蚀的电池，Midamba 的电量只够到达一个他可能会寻求到帮助的附近岛屿。但是，岛上唯一的东西是一个由自主机器人完全控制的化学实验设施。Midamba 认为，如果设施中有某种化学品可以中和腐蚀，他就可以清理他的备用电池，然后继续前行。设施的前面是一个办公室，但它与存储大部分化学品的仓库是隔开的，并且唯一一通向仓库的入口是锁着的。Midamba 可以在监视器上看到仓库中的机器人来回运输容器、标记容器、举起物体等，但是没有办法进入仓库。前面的办公室里有一台电脑、一个麦克风，以及一本由 Cameron Hughes 和 Tracey Hughes 所著的《如何编程自主机器人》手册。里面也有一些机器人、容器和烧杯，但它们都是道具。如果运气好的话，Midamba 可以在手册中找到一些东西，使他能够引导一个机器人寻找并取回他所需的化学品。

### 11.1.1 Midamba 一夜之间成为机器人程序员

Midamba 读完了这本书并熟悉了他所能理解的。现在，剩下的就是让机器人遵令照办。他看着机器人工作，然后停在一个似乎是某种程序加载站的地方。他注意到每个机器人都有一个明亮的黄色和黑色标签：Unit1、Unit2 等。此外，每个机器人似乎都有不同的能力。因此，Midamba 快速地勾勒出他的态势。

**Midamba 的态势 1**

"我似乎在一个控制室。机器人在一个充满化学品的仓库，其中一些化学品可能会帮助我中和电池上的腐蚀。但是，我不太确定这是什么样的腐蚀。如果电池是碱性的，我需要某种酸性化学品来清除腐蚀；如果电池是以镍－锌或镍－镉为主，我需要某种碱性化学品来清除腐蚀。如果幸运的话，仓库中甚至还会有某种电池充电器。据本书所说，每一个机器人必须有一种语言和一组特定的功能。如果我能发现每个机器人的能力是什么，每个机器人使用什么语言，也许我可以编程它们中的一些去寻找我所需要的化学物质。因此，我必须先找出机器人使用什么语言，其次发掘机器人具有什么能力。"

当 Midamba 查看每个机器人时，他识别出了他在书中看到的夹持器和末端作用器。他注意到，一些机器人在使用距离测量传感器，一些机器人似乎是在仓库中取样或测试化学品，其他机器人似乎正基于颜色或特殊标记分类容器。但是，这些信息并不充足。因此，Midamba 遍寻控制室而寻找关于机器人的更多信息，幸运的是他中了大奖！他找到了每个机器人的能力矩阵。在快速扫视后，他对标记 Unit1 和 Unit2 的机器人的能力矩阵特别感兴趣。表 11-1 为 Unit1 和 Unit2 的能力矩阵。

表 11-1　Unit1 和 Unit2 的能力矩阵

| 机器人名字 | 微控制器、控制器、处理器 | 传感器和执行器 | 末端作用器 | 移动性 | 通　信 |
| --- | --- | --- | --- | --- | --- |
| Unit1<br>基于 Tetrix<br>的机器人 | ARM9(Java)<br>■ Linux OS<br>■ 300MHz<br>■ 16MB Flash<br>■ 64M<br>Arbotix(Arduino Uno)<br>Spark Fun Red Board<br>(Arduino Uno)<br>1 个 HiTechnic 伺服机构控制器<br>1 个 HiTechnic DC 控制器 | 传感器阵列<br>■ 1 彩色光<br>■ 1 超声波<br>触碰（夹持器）<br>智能手机<br>摄像机<br>两个直流电机<br>1 个伺服机构<br>（传感器阵列） | 右前<br>手臂 –6 DOF<br>PhantomX<br>Pincher<br>w/ 线性<br>夹持器<br>左后<br>手臂 –1 DOF<br>w/ 角度<br>夹持器 | 牵引<br>机构<br>轮式 | USB 端口<br>蓝牙 |
| Unit2<br>RS Media | 配有 64MB RAM<br>Linux OS 的 200MHz ARM9<br>配有 32MB RAM 的 16 位处理器 | 3 个红外探测器的 VGA 摄像机<br>3 个声传感器<br>两个位于手背上的触碰传感器位于每只脚上的 1 个趾和 1 个脚跟触碰传感器<br>12 个电动机 12 DOF 的 LCD 屏幕<br>扬声器<br>麦克风 | 配有 3 个手指末端作用器的两个手臂 | 双足 | USB |

机器人有 ARM7、ARM9 和 Arduino UNO 控制器。Midamba 看到，Unit2 有距离和颜色传感器，Unit1 有机器人手臂、摄像机和某种化学品的测量能力。

他通过能力矩阵看到了可用什么语言对机器人编程，发现大多数的机器人可以使用诸如

Java 和 C++ 这样的语言。现在，Midamba 知道了机器人使用的语言及其基本能力，他所要做的是归拢并进行编程，利用机器人使这些电池工作。

Midamba 快速阅读这本书，成功获得了一些编程机器人去自主执行任务的基础。据他所见，基本的过程可以归结为 5 个步骤：

1. 用简单易懂的语言写出完整的场景，包括机器人的角色，确保机器人有能力执行这个角色。

2. 开发一个用于编程机器人的 ROLL 模型。

3. 指定一个场景的 RSVP。

4. 识别机器人的 SPACES 和 RSVP。

5. 开发并上传合适的 STORIES 给机器人。

虽然他没有完全学会书中的全部内容，但这些似乎是基本的步骤。我们随着 Midamba 和这 5 个步骤，看看它会带领我们去哪儿。

## 11.1.2 步骤 1：机器人在仓库场景中

简而言之，Midamba 要解决这个问题需要机器人给他提供一个仓库中化学品类型的基本存货清单。他获得存货清单以后，就能够确定哪种化学品可以用来中和电池腐蚀。如果有潜在的有用化学品，他需要通过机器人分析化学品来验证，然后让机器人以某种方式递送他这种化学品以便使用。基本的场景可以用以下简单的语言进行概括。

**Midamba 的设施场景 1**

使用设施中的一个或多个机器人，扫描设施并反馈所发现容器的清单。确定每个容器内保存的物质是否可以用来中和及清除碱性电池或镍电池所能产生的腐蚀。如果找到这样的容器，将其带回到前面的办公室。

这种类型的高级总结是过程中的第一步，它阐明了什么是主要目标以及机器人在完成这些目标中将扮演什么角色。一旦你具有了场景的这种高级总结，无论是咨询一个现有的机器人能力矩阵，还是构建一个立即看到机器人是否满足场景 REQUIRE 方面的东西，它都是有用的。如果它们不满足，则你必须对它们进行改进或意识到机器人将无法完成任务而在此处停止。书写这类描述的重点是明确目标以及到底期望机器人做什么。最后，态势的目标是给予机器人将要完成任务的简单指令。例如：

机器人，去寻找一些清除电池上腐蚀的东西。

事实上，这正是 Midamba 想要给机器人的命令。但是，机器人还不理解这个级别上的语言。因此，使用 ROLL 模型作为一个转换机制，将表示初始指令的人类语言转换为机器人最终将执行指令的语言。

根据需要对态势做出详细的高级总结以捕获所有主要的目标和动作。不可否认，简化的概述没有所有的细节，细节描述是在实际中不断完善的，直至完成。当足够多的细节用于描述机器人的角色以及提供它将如何执行这一角色时，描述就完整了。现在，Midamba 确切明白了他想要机器人去做什么，他应该提取在场景中使用的词汇。例如，在设施场景 1 中，一些词汇为：

- 描述
- 设施
- 存货清单
- 返回
- 这样的
- 容器
- 取回等

记得在第 2 章中，这些类型的单词代表了人类水平的场景和态势词汇，最终必须转换为机器人可以处理的词汇。当整个场景详细说明后，就能识别和消除歧义了。

这句话是什么意思？

> 如果找到这样的容器，取回它们。

它能更清晰一点吗？

> 扫描设施。

这是否足够清晰以便开始将其转换为机器人语言？或者需要更多的细节？这些都是主观问题，并且根据人类语言和机器人语言之间的转换经验结果将是不同的。

**将场景分解为态势**

在有些情况下，先将一个场景分解成一系列态势，再找出每一个态势的细节会更容易。例如，在设施场景 1 中，有几个初始态势：

- 机器人必须报告它们在设施中的位置。
- 一个机器人必须扫描设施以观察哪些化学品可用，然后报告发现了什么。
- 一个机器人必须确定其中一种化学品是否满足任务需求。
- 如果发现有用的化学品，其中一个机器人必须取回化学品。
- 代码必须上传给机器人以改变其当前的编程。

一旦你将场景分解成态势组件，细化态势，然后就可以对每个态势确定一组适当的命令、变量、动作（如词汇）。让我们看一下设施场景中的态势细化，表 11-2 给出了初始的描述和第一次细化分割。

表 11-2  初始的态势细化

| 态势初始描述 | 态势描述细化 |
| --- | --- |
| 机器人必须报告它们在设施中的位置 | 使用一个机器人报告程序：就中央办公室坐标的北、南、东、西而言，让每个机器人报告它在设施中的当前位置 |
| 一个机器人必须扫描设施以观察哪些化学品可用，然后报告发现了什么 | 使用一个移动并可以在整个设施中导航的机器人，让机器人移动到设施中的每个区域，并系统化对设施中含有化学品容器的每个区域拍摄一系列照片。一旦机器人到达每个区域并已拍摄必要的照片，让机器人使用一个报告程序来提供可用照片 |

（续）

| 态势初始描述 | 态势描述细化 |
| --- | --- |
| 一个机器人必须确定其中一种化学品是否满足任务需求 | 利用照片确定哪些化学品可能是有用的，然后指示一个机器人来分析每个候选化学品的内容。报告符合搜索条件的任何化学物质的容器位置和特征 |
| 如果发现有用的化学品，其中一个机器人必须取回化学品 | 如果发现满足搜索条件的化学品，让一个机器人获得每种化学品的位置，然后移动到每个位置。逐个检索各位置上的每种化学品，并将其带回到前面办公室的指定坐标处 |
| 代码必须上传给机器人以改变其当前的编程 | 一旦识别了必要的机器人，上传必要的代码（指令集）而对机器人再编程 |

### 11.1.3　步骤 2：设施场景 1 的机器人词汇和 ROLL 模型

从概念上讲，如果成功指导机器人在每个态势中执行它的任务，那么机器人将能够完整扮演它在场景中的角色。现在，在场景（态势）上有一个首次分解，机器人初始 5 ~ 7 级的 ROLL 模型应该更易获得。记住，这个级别上的机器人词汇是人类自然语言与机器人 1 级、2 级微控制器语言之间的一种妥协。

 **注释**

态势的总和构成场景。

表 11-3 为机器人 5 ~ 7 级词汇的一个初始（部分）草稿。

**表 11-3　设施场景 1 中机器人 5 ~ 7 级词汇的草稿**

| | |
| --- | --- |
| 动作 | 事物 |
| 报告 | 设施 |
| 导航、移动 | 位置 |
| 扫描 | 厘米 |
| 系统化拍照 | 坐标、距离、北、南、东、西 |
| 分析 | 现在 |
| 检索 | 区域 |
| 获得位置 | 容器 |
| 返回 | 照片 |
| 逐个检索 | 化学品、候选化学品 |
| 提供可用照片 | 前面办公室坐标 |
| | 潜在有用的搜索条件 |

随着工作不断深入，Midamba 需要一个更加详细的词汇，但这是一个很好的开始。在这一点上确定一个潜在机器人 5 ~ 7 级词汇有很多用途。首先，它将帮助他完成编程机器人的 RSVP 过程。这些术语可以用于流程图、状态图和区域描述。

其次，每个词汇术语将最终由机器人 STORIES 代码组件中的一个变量、类、类函数、函数或一套程序表示。因此，机器人初始词汇给 Midamba 提供了程序重要方面的首次阅览。最后，它将通过消除歧义和模糊的想法帮助明确机器人准备做什么。如果机器人的指令和角色不明确，我们就不能合理地期望机器人按照这些指令去发挥它的作用。

### 11.1.4　步骤 3：设施场景 1 的 RSVP

Midamba 处于一个似乎是仓库的前厅或观察室。在遍寻办公室而寻找机器人细节的过程中，Midamba 发现几个设施的平面布置图。他注意到在设施的西北角和东南角标记有化学品。任何 RSVP 的第 1 步，实用的做法是获得或生成一个机器人将要执行其任务的图形化的区域布局。

---

**小贴士**

本书中的所有 RSVP 组件和能力矩阵均使用 LIBRE Office 软件生成；区域、机器人 POV、流程图和状态图都由 LIBRE Draw 生成；场景和态势描述是由 LIBRE Writer 生成。我们使用一个电子表格来制定每个机器人的能力矩阵。

---

图 11-1 是一个机器人所处的设施场景 1 的布局图。

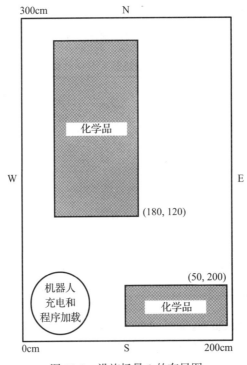

图 11-1　设施场景 1 的布局图

**注释**

在编程机器人去执行一项新任务或一组任务中，RSVP 的每个组件都扮演一个重要的角色。一旦开发出区域和机器人将要与之交互对象的布局图，RSVP 过程中的一个最关键步骤是将基本的区域布局图转换成我们所谓的机器人视角（Robot Point of View，POV）图。

## 11.1.5 机器人 POV 图的布局图

要想明白我在说什么，让我们先说说机器人的传感器。如果机器人只有一个超声波传感器和一个颜色传感器，机器人可能只感测距离和光波。这意味着机器人只能基于目标的距离或颜色与之交互。

的确，机器人与环境的交互受限于它的传感器、末端作用器和执行器。生成区域和对象布局的主要目的之一是从你的角度使其可视化，这样你就可以以机器人的视角来表示它。

因此，机器人布局图的 POV 图从机器人传感器和能力的视角表示机器人与之交互的一切。如果所有的机器人都有一个磁传感器，那么这个图作为磁场的某个方面表示一切。如果机器人只能采取 10cm 增量为步长，那么机器人在区域内移动的距离必须表示为 10cm 倍数的某个数量。

如果一个机器人必须检索由不同材料和尺寸构成的物体，并且机器人的末端作用器只有重量、宽度、压力和阻力参数，那么在区域内机器人将与之交互的所有物体必须描述为重量、宽度、压力和阻力。

布局图生成的基本过程分为两步：

1. 从人类的视角生成一个布局图。

2. 对布局图中的一切东西，用机器人 POV 进行转换或标记。

图 11-2 展示了这些步骤。

一旦生成了一个机器人的 POV 图和构建了机器人的动作流程图，则指定机器人的 SPACES 就更加容易。图 11-3 给出了初始的布局图并根据机器人的 POV 标记了可识别的区域。

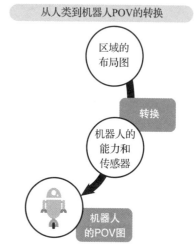

图 11-2　从人类到机器人 POV 的布局转换

注意在图 11-3 中，布局上不再有标记化学品的区域，因为机器人目前没有设计用于识别化学品的程序。以虚线标记的区域表示机器人的 POV，标记这些区域因为它们是机器人传感器可能识别的原始平面图的唯一信息。

### 11.1.6　Midamba 的设施场景 1（精简）

因此，一开始可实现为一个有用的态势是"使用一个移动并可以在整个设施中导航的机器人，让机器人移动到设施中的每个区域并系统化地对设施中含有化学品容器的每个区域拍摄一系列照片。一旦机器人到达每个区域并已拍摄必要的照片，它应该使用一个报告程序来提供可用的照片。"

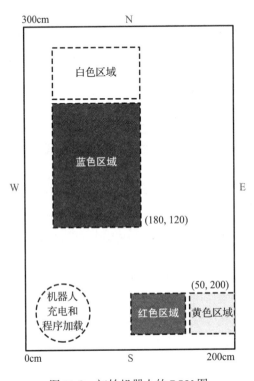

图 11-3　初始机器人的 POV 图

### 11.1.7　RSVP 的图形化流程图

如果 Midamba 实施了这个态势，他将会有更多关于仓库区域的信息。因为 Unit2 安装有一个摄像机，它将被安排去工作。该区域有一个粗略布局（见图 11-3）；Unit2 将执行一个指令序列来完成所需的任务。图 11-4 是一个 Unit2 应该执行动作的流程图（RSVP 的第 2 个组件）摘录。

图 11-4 为 Unit2 完整流程图的一个简化。然而，它展示了主要的处理，给出了 Midamba 应该如何着手处理机器人必须执行的一些指令。根据能力矩阵，Unit2 是一个装配红外传感器、触碰传感器和摄像机的双足机器人。它由一个 200MHz ARM9 和自定义的 16 位处理器驱动。处理器内存分别为 64MB 和 32MB。图 11-5 为一张 Unit2 的照片。

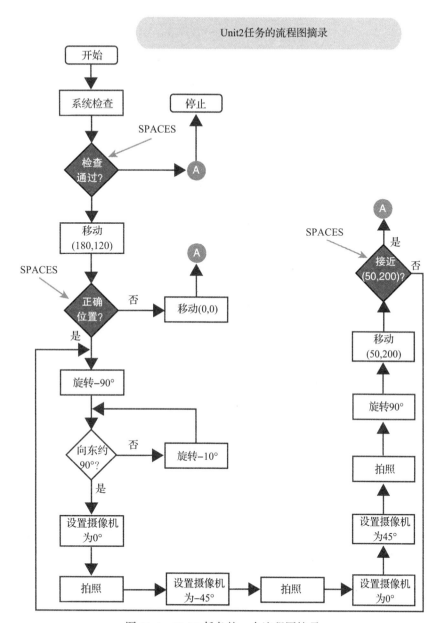

图 11-4　Unit2 任务的一个流程图摘录

　　系统检查在构造函数中实现。注意在图 11-4 中，如果 SPACES 需求不能通过构造函数，它将关闭 Unit2。正如图 11-4 所示，Unit2 的主要任务是对仓库区中的实物拍照。Unit2 移动到指定位置，然后转向化学品理应存放的区域并拍照。Unit2 运行 Linux 并使用一个 Java 库编程。本例使用 Java 库编程 RS Media，可用于 RS Media 的 C 开发工具可以从 rsmediadevkit.sourceforge. net. 网站下载。

Unit2 的照片

RS Media 机器人
双足机器人
红外传感器
触碰传感器
摄像机
200 MHz ARM9 微控制器
16 位处理器

图 11-5   Unit2（RS Media）的照片

下面是一个用于指示 Unit2 拍照的 Java 命令：

```
System.out.println(Unit2.CAMERA.takePhoto(100));
```

Unit2 有一个名为 CAMERA 的组件，该组件有一个名为 takePhoto() 的类函数。100 指定机器人在实际快照之前暂停多长时间。照片以一个标准的 jpeg 格式拍摄。System.out.println() 类函数已连接到 root 中的 SD 卡，然后利用这个类函数将照片存储于机器人的 SD 卡中，照片可以从 SD 卡导出。

注意在图 11-4 的流程图中，调整机器人的头部在不同水平面上拍照。Unit2 执行的任务通常是一个机器人项目映射阶段的一部分。在某些情况下，机器人将在其中操作的区域已经或可能映射为描述物理区域的平面图或蓝图。在其他情况下，机器人可能执行一个初步监测区域来为程序员提供足够的信息以编程主要任务。在每种情况中，场景（态势）的编程需要对机器人即将操作的环境有一个详细的理解。

因为 Midamba 不能亲自去仓库区域，他需要知道那里有什么。通过拍照和上传给前厅的计算机，Unit2 为 Midamba 提供了关于仓库的更多信息。现在，Midamba 可以清楚地看到，在建筑物西北角和东南角的地板上沿线放置着玻璃容器，容器似乎部分装有某类液体。西北角的容器有蓝色标签和几何图形，而东南角的容器有黄色标签和几何图形。

幸运的是，这些容器没有盖子，这将有利于 Unit1 的化学传感器探访。Midamba 也注意到，某种电子产品在西北角的货架上，化学品的正上方。如果他继续这么走运，其中的一个组件可能是某种电池充电器。现在，Midamba 有一个更完整的区域图片，他需要做的是为 Unit1 计划一系列指令。这将涉及调查和分析化学品与电子元件，以及取回被证明是有用的任何东西。图 11-6 给出了一个精简的机器人 POV 图，包含 Unit2 通过照片获得的信息。

基于距离、颜色、容器大小、容器内容、罗盘、位置和水平，图 11-6 给出了一个机器人能导航以及与之交互的区域。注意，一个容器重 119g，另外一个重 34g，它们都在手臂 1 的重量承受范围内。容器的直径分别为 10cm 和 6cm，均在手臂 1 末端作用器手柄的范围内。

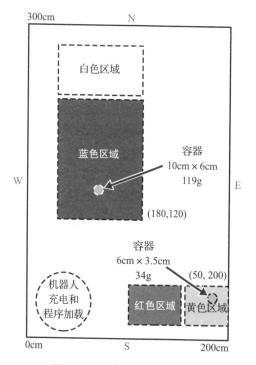

### Unit1 的作业工具

基于表 11-1 能力矩阵所列出的装置，Unit1 可以使用：

- EV3 超声波传感器测量距离
- 修正的 PixyCMU-5 Arduino 摄像机实现基于颜色、位置和形状的目标识别
- 游标 pH 传感器分析液体
- 游标磁传感器试图找到电池充电器
- PhantomX Pincher 机械臂（手臂 2）操控传感器
- Tetrix 机械臂（手臂 1）取回任何有用的化学品或电子元件

图 11-7 是构成 Unit1 将要执行任务的指令流程图。

图 11-6　仓库的精简 POV 图

---

 **注释**

图 11-7 是 Unit1 指令集的简化，实际的图有 10 页，含有更多的细节。图 11-4 和图 11-7 的完整流程图（以及本书所有示例的完整设计和源代码）参考网站 www.robotteams.org.

---

这里，我们强调一些更基本的指令和机器人必须做出的决策。我们希望特别关注图 11-7 包含的几个 SPACES 检查：

- 机器人通过了系统检查？
- 处于正确的位置？
- pH 在范围内？
- 定位到蓝色目标？

这些类型的前提条件和后置条件（SPACES）检查是编程机器人自主执行任务的核心。为

了阐述说明，我们在图 11-7 中展示了这些决策点的部分，这种应用实际上有几十个。根据不同的应用，一个自主机器人的程序可能有数以百计的前提和后置条件检查。

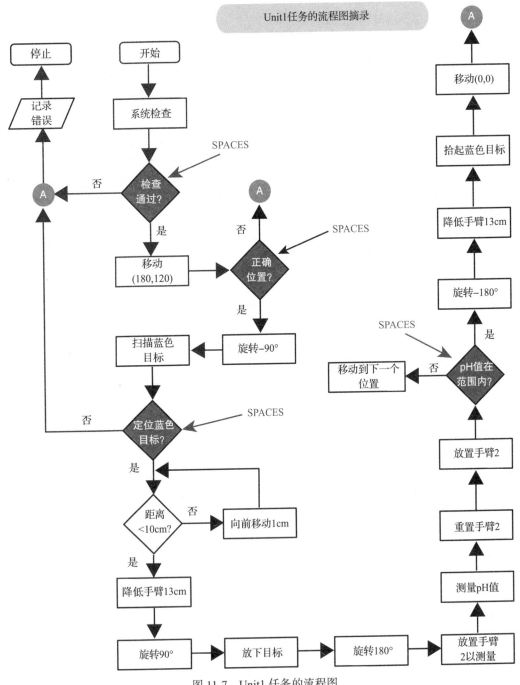

图 11-7　Unit1 任务的流程图

这些决策点表示机器人编程的重要区域，如果它们不能满足，机器人根本不可能执行其任务。因此，RSVP 流程图组件的一个重要部分是突出 SPACES 检查和关键决策点。

机器人"圣战"、机器人设计和编程对立的学派、机器人工程职业的产生和衰落均集中在自主机器人处理这类决策问题的编程方法。表 11-4 给出了一些最具挑战的领域以及这些领域的一些常见方法。

表 11-4　自主机器人编程的挑战领域

| 挑战领域 | 描述 | 方法 |
| --- | --- | --- |
| 定位 | 机器人在任何时候都能确定它在环境或场景中的位置 | 基于行为<br>SPA(感知、计划、行动)<br>分层<br>群体智能 |
| 导航 | 机器人精确地从一个位置移动到另一个位置的方法 | 航迹推算<br>概率定位<br>坐标系统编程<br>机器学习 |
| 目标识别 | 机器人视觉；正确认识环境中的事物、路标等 | 图像处理<br>机器学习<br>神经网络<br>RFID 标记 |
| 机器人的压力、力 | 在环境中举起、移动、抓取、放置或操纵物品时，确定施加多少压力或力 | 机器学习<br>基于物理学的编程 |
| 机器人控制 | 确定机器人将如何决定下一步该做什么；关于正确的定位、导航、目标识别、末端作用器的压力等做出决策 | 分层<br>基于计划<br>SPA(感知、计划、行动)<br>基于行为<br>仿生<br>神经网络<br>群体智能<br>混合式 |

表 11-4 中的方法一般可分为慎思式和反应式。当我们在本书中使用术语"慎思"时，我们的意思是用手工（非自动方式）编写的程序。我们使用术语"反应"来表示通过机器学习技术、各种傀儡模式方法和仿生编程技术来学习指令。当然，也有这两种方法的混合式。表 11-4 所列出的领域是机器人编程以及在何处处理 SPACES 将会确定机器人是否可以完成其任务的焦点。

 **小贴士**

　　对于处理前提或后置条件和断言，没有一个适合所有情况的规则。

所有的一切都取决于机器人的构建、机器人所处的场景（态势）和机器人将在场景中扮演的角色。尽管如此，我们提供了如下两种有用的技术：

  1. 在每个决策点，将多个传感器（如果可能）用于态势验证。

  2. 针对机器人在态势中建立和存储的事实检查传感器。

  如果可能的话，第 1 种技术应该包括不同类型的传感器。例如，如果机器人理应获得一个蓝色目标，你可能会使用一个可识别目标为蓝色的颜色传感器或摄像机。一个触碰或压力传感器可用于验证机器人实际抓取的目标，一个罗盘可用于确定机器人的位置。

  第 2 种技术包括使用机器人已经建立的环境事实，这些事实也称为它的知识库。如果机器人的事实表明目标应该位于某个 GPS 位置，蓝色，重 34g，这些事实应该与一组传感器测量比较。

  总的来说，我们称这两种技术为陈述和传感器状态（Propositions and Sensor States，PASS）。陈述是机器人关于环境已经建立为真（通常来自它的原始编程或本体）的陈述或事实，传感器状态是机器人传感器和末端作用器已经获取的测量。将 PASS 应用到一个态势并不一定保证机器人在其定位、导航、目标识别等方面是正确的，但是它确实在机器人自主性上增添了更多自信。

  当我们看到图 11-7 中的决策点和 SPACES 时，记住，在实际中的每个关键点上，它有助于参考更多相关的实用传感器和机器人的知识库。在使用我们的方法来存储机器人场景的信息时，实际存储于第 10 章介绍的 STORIES 组件。

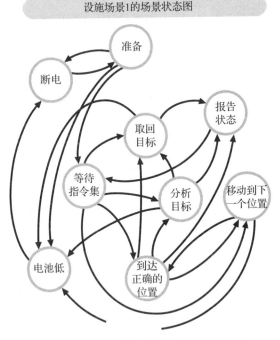

图 11-8  设施场景 1 的场景状态图

## 11.1.8 RSVP 的状态图

  通过场景（态势）的分解很容易制作 RSVP 的状态。图 11-8 是设施场景 1 的场景状态图。

  图 11-8 中的每个圆圈表示场景中的一个主要态势。机器人不能有效进行下一个态势直到成功满足当前态势下的 SPACES。我们建议在每个 SPACES 上使用 PASS 技术。态势通常是顺序依存，一个态势导致下一个，因此，机器人没有完成某个选择就不会完成其他的选择。状态图给了我们一个清晰的画面，即机器人的自主性如何通过场景进行以及所有主要的成功（失败）点是什么。

## 11.2 Midamba 关于机器人 Unit1 和 Unit2 的 STORIES

  一旦 Midamba 针对自身困境完成了 RSVP，他所需要做的一切就是针对 Unit1 和 Unit2

开发 STORIES，上传它们，并且希望自己能继续上路。回顾第 10 章，随着面向对象的代码可以上传给机器人，STORIES 组件的主要功能之一是捕捉态势、态势中的目标和态势中所要求动作的描述。这里，我们强调 6 个对象类型：

- 场景（态势）对象
- pH 传感器对象
- 磁传感器对象
- 机器人手臂对象
- 摄像机对象
- 蓝牙 / 串口通信对象

Midamba 必须利用 Arduino C/C++ 代码 / 类库或 leJOS Java 代码（类库）（取决于所使用的传感器⊖）来建立每个对象。所有这些对象都是 STORIES 组件代码的一部分，必须上传给 Unit1 和 Unit2 用于执行设施场景。这些 STORIES 对象是第 10 章所讨论的扩展场景对象的改进。第一个改进就是增加了 `scenario` 类和代码清单 11-1 所示的对象。

代码清单 11-1 `scenario` 类

BURT 转换输出：Java 实现 🤖

```
//Scenario/Situation: SECTION 4
269    class scenario{
270        public ArrayList<situation> Situations;
271        int SituationNum;
272        public scenario(softbot Bot)
273        {
274            SituationNum = 0;
275            situation  Situation1 = new situation(Bot);
276            Situations.add(Situation1);
277
278
279        }
280        public situation nextSituation()
281        {
282            if(SituationNum < Situations.size()){
283            {
284                return(Situations.get(SituationNum));
285                SituationNum++;
286
287            }
288            else{
289
290                    return(null);
```

---

⊖ 虽然使用一种单一语言编程一个机器人是可能的，但是我们的机器人项目几乎总是融合 C++ 机器人库（几乎 Arduino）和 Java 库（例如，Android、leJOS），使用套接口和蓝牙通信。

```
291                    }
292              }
293
294         }
```

在第 10 章中，我们介绍了一个 situation 类。一个态势可能有多个动作，但如果有多个态势会怎样？一般地，一个场景可以分解为多个态势。回顾图 11-8，状态图将仓库场景分解为多个态势。回顾表 11-2 中的态势精简。代码清单 11-1 的第 270 行如下：

```
270      public ArrayList<situation> Situations;
```

它表明我们的 scenario 类可以有多个态势。使用这种技术，我们可以给机器人上传由多个态势构成的复杂场景。事实上，对于实际应用而言，scenario 对象是隶属 softbot 的主要声明对象，其他所有的对象都是 scenario 对象的组件。代码清单 11-1 第 270 行所示的 ArrayList 可以包含多个 situation 对象。scenario 对象通过使用 nextSituation() 类函数访问下一个 situation。在这种情况下，我们只是简单地增加索引来到达下一个 situation，但其实不需要这样。nextSituation() 类函数可以使用任何选择标准来实现，这对于检索 Situations ArrayList 列表的对象是必要的。代码清单 11-2 是 situation 类的一个示例。

代码清单 11-2　situation 类

BURT 转换输出：Java 实现 🤖
**//Scenario/Situation: SECTION 4**

```
228      class situation{
229
230         public room Area;
231         int ActionNum = 0;
232         public ArrayList<action>  Actions;
233         action RobotAction;
234         public situation(softbot  Bot)
235         {
236            RobotAction = new action();
237            Actions = new ArrayList<action>();
238            scenario_action1 Task1 = new scenario_action1(Bot);
239            scenario_action2 Task2 = new scenario_action2(Bot);
240            scenario_action3 Task3 = new scenario_action3(Bot);
241            scenario_action4 Task4 = new scenario_action4(Bot);
242            Actions.add(Task1);
243            Actions.add(Task2);
244            Actions.add(Task3);
245            Actions.add(Task4);
246            Area = new room();
247
```

```
248              }
249          public void nextAction() throws Exception
250          {
251
252              if(ActionNum < Actions.size())
253              {
254                  RobotAction = Actions.get(ActionNum);
255              }
256              RobotAction.task();
257              ActionNum++;
258
259
260          }
261          public int numTasks()
262          {
263              return(Actions.size());
264
265          }
266
267      }
```

注意，这个态势对象由一个区域和一系列动作构成。我们在哪里获得态势的细节？RSVP 组件和 ROLL 模型 3 ~ 7 级是构成每个态势的对象源。态势有一个区域，声明于第 230 行并初始化于第 246 行。但是，区域由什么构成呢？回顾来自图 11-6 的精简机器人 POV 图，该图提供了态势的基本组件。代码清单 11-3 展示了 room 类的定义。

**代码清单 11-3　room 类的定义**

BURT 转换输出：Java 实现

**//Scenario/Situation: SECTION 4**

```
174      class room{
175          protected int Length = 300;
176          protected int Width = 200;
177          protected int Area;
178          public something BlueContainer;
179          public something YellowContainer;
180          public something  Electronics;
181
182          public  room()
183          {
184              BlueContainer =  new something();
185              BlueContainer.setLocation(180,125);
186              YellowContainer = new something();
187              YellowContainer.setLocation(45,195);
188              Electronics = new something(25,100);
189          }
```

```
190
191
192
193        public int  area()
194        {
195            Area = Length * Width;
196            return(Area);
197        }
198
199        public  int length()
200        {
201
202            return(Length);
203        }
204
205        public int width()
206        {
207
208            return(Width);
209        }
210    }
```

这里，我们为了阐述而只给出了一些 room 的组件。room 有一个大小，它包含一个蓝色的容器、一个黄色的容器以及一些电子产品。每个事物有一个位置。使用来自第 10 章代码清单 10-5 的 something 类声明容器。scenario、situation 和 room 类是 STORIES 组件的主要部分，因为它们用于描述机器人执行其任务的物理环境。它们也用于描述与机器人交互的对象。这里，我们会给出足够的细节让读者明白为何这些类必须构建。记住，实际会需要非常多的细节来填充 scenario、situation 和 area 类。例如，来自 BURT 转换列表 10-5 的 something 类有更多的细节。请看下面：

```
class something{;
    x_location Location;
    int Color;
    float  Weight;
    substance  Material;
    dimensions  Size;
}
```

这些属性、读取、设置方法以及基本的错误检查，只构成了这个类的基础。机器人的自主性越强，scenario、situation 和 something 类所需的细节越多。这里，保持场景和态势简单以便初学者可以明白和理解基本的结构和所使用的编码技巧。除了场景内的事物，每个场景和态势有一个或多个动作。注意代码清单 11-2 中的第 232 至第 245 行，这些行定义了态势中的动作。代码清单 11-4 给出了动作类的声明。

代码清单 11-4   action 类的声明

BURT 转换输出：Java 实现

//ACTIONS: SECTION 2

```
31      class action{
32          protected softbot Robot;
33          public action()
34          {
35          }
36          public action(softbot Bot)
37          {
38              Robot = Bot;
39
40          }
41          public void task() throws Exception
42          {
43          }
44      }
45
46      class scenario_action1  extends action
47      {
48
49          public scenario_action1(softbot Bot)
50          {
51              super(Bot);
52          }
53          public void task() throws Exception
54          {
55              Robot.moveToObject();
56
57          }
58      }
59
60
61
62      class scenario_action2 extends action
63      {
64
65          public  scenario_action2(softbot Bot)
66          {
67
68              super(Bot);
69          }
70
71          public  void task() throws Exception
72          {
73              Robot.scanObject();
```

```
74
75              }
76          }
77
78
79
80          class scenario_action3  extends   action
81          {
82
83              public   scenario_action3(softbot Bot)
84              {
85
86                  super(Bot);
87              }
88
89              public  void task() throws Exception
90              {
91                  Robot.phAnalysisOfObject();
92
93              }
94          }
95
96
97
98
99          class scenario_action4   extends   action
100         {
101
102             public   scenario_action4(softbot Bot)
103             {
104
105                 super(Bot);
106             }
107
108             public  void task() throws Exception
109             {
110                 Robot.magneticAnalysisOfObject();
111
112             }
113
114
115         }
```

我们在这个态势中给出了 4 个基本动作，但请记住，实际上还有更多动作。动作 3 和动作 4 特别有趣，因为它们是远程执行。代码清单 11-4 中的代码为 Java 并且在 EV3 微控制器上运行，但是 phAnalysisofObject() 和 magneticAnalysisOfObject() 类函数实际上是由 Unit1 上基于 Arduino Uno 的组件实现。因此，这些类函数实际上通过蓝牙发送简单信号给 Arduino 组件。虽然实现语言会改变，但是场景中表示事物的类和对象的思想仍然是相同的。代码清单 11-5 给出了用于实现 pH 分析、磁场分析和蓝牙通信代码的 Arduino C++ 代码。

**代码清单 11-5   pH 与磁场分析及蓝牙通信的 Arduino C++ 代码**

BURT 转换输出：Arduino C++ 实现

```
//PARTS: SECTION 1
//Sensor Section
 2    #include <SoftwareSerial.h>    //Software Serial Port
 3    #define RxD 7
 4    #define TxD 6
 5
 6    #define DEBUG_ENABLED  1
 7
 8    SoftwareSerial blueToothSerial(RxD,TxD);
 9    // 0.3 setting on Vernier Sensor
10    // measurement unit is Gauss
11
12    class analog_sensor{
13        protected:
14            int Interval;
15            float Intercept;
16            float Slope;
17            float Reading;
18            float Data;
19            float Voltage;
20        public:
21            analog_sensor(float I, float S);
22            float readData(void);
23            float voltage(void);
24            float sensorReading(void);
25
26    };
27    analog_sensor::analog_sensor(float I,float S)
28    {
29        Interval = 3000; // in ms
30        Intercept = I; // in mT
31        Slope = S;
32        Reading = 0;
33        Data = 0;
34    }
35    float analog_sensor::readData(void)
36    {
37        Data = analogRead(A0);
```

```
38        }
39    float   analog_sensor::voltage(void)
40    {
41          Voltage = readData() / 1023 * 5.0;
42    }
43
44    float analog_sensor::sensorReading(void)
45    {
46          voltage();
47          Reading = Intercept + Voltage * Slope;
48          delay(Interval);
49          return(Reading);
50    }
51
```

该代码用于检查 Midamba 寻找的化学品和电子产品。图 11-9 展示了 Unit1 机械臂夹持 pH 传感器并分析一个容器内化学物质的照片。采用 Vernier Arduino 接口扩展板和 Arduino Uno，该代码用于 Vernier 模拟传感器的工作。在这种情况下，我们使用了一块带有 R3 Arduino 电路的 SparkFun RedBoard。

碱性电池的腐蚀需要使用 pH 值大于 7 的物质中和，镍电池的腐蚀需要使用 pH 值小于 7 的物质中和。图 11-10 展示了使用安装有磁传感器的 Unit1 机械臂来检查活性电池充电器的电子产品照片。我们使用 Gauss 选择 0.3mT（Tesla 设置）。

Unit1 的机械臂（手臂 2）夹持 pH 传感器          安装有磁传感器的 Unit1 机械臂（手臂 2）

图 11-9 （a）Unit1 利用其机械臂夹持 pH 传感器          图 11-10 （a）安装有磁传感器的 Unit1 机械臂
　　　　　来分析容器内的液体　　　　　　　　　　　　　　　　　（手臂 2）的照片

Arduino 代码获取测量，然后通过蓝牙将测量发送给 EV3 控制器，这个作为机器人知识库一部分而存储于此。我们使用一个 Arduino RedBoard 的蓝牙扩展板和 Vernier 扩展板来实现蓝牙连接。图 11-11 是 Unit1 使用的传感器阵列组件的照片。

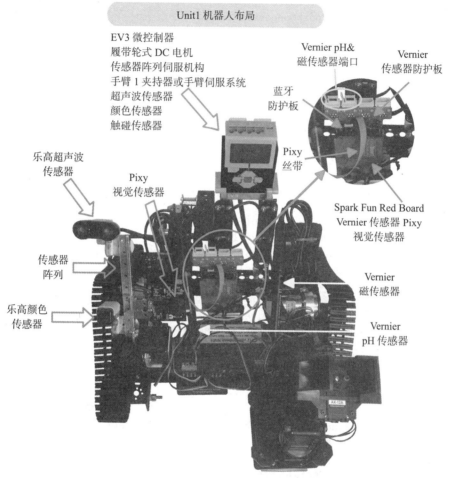

图 11-11　连接到 3 个板和其他传感器的传感器阵列组件

代码清单 11-6　Arduino 控制器的主循环

BURT 转换输出：Arduino C++ 实现

```
//PARTS: SECTION 1
//Sensor Section
53    analog_sensor  MagneticFieldSensor(-3.2,1.6);
54    analog_sensor  PhSensor(13.720,-3.838);
55
56    int ReadingNumber=1;
57
58
59    void setup()
```

```
60    {
61        Serial.begin(9600); //initialize serial communication at 9600 baud
62        pinMode(RxD, INPUT);
63        pinMode(TxD, OUTPUT);
64        setupBlueToothConnection();
65    }
```
//TASKS: SECTION 3
```
66    void loop()
67    {
68        float Reading;
69        char InChar;
70        Serial.print(ReadingNumber);
71        Serial.print("\t");
72        Reading = PhSensor.sensorReading();
73        Serial.println(Reading);
74        blueToothSerial.println(Reading);
75        delay(3000);
76        blueToothSerial.flush();
77        if(blueToothSerial.available()){
78            InChar = blueToothSerial.read();
79            Serial.print(InChar);
80        }
81        if(Serial.available()){
82            InChar  = Serial.read();
83            blueToothSerial.print(InChar);
84        }
85        ReadingNumber++;
86    }
87    void setupBlueToothConnection()
88    {
89        Serial.println("setting up bluetooth connection");
90        blueToothSerial.begin(9600);
91
92        blueToothSerial.print("AT");
93        delay(400);
94        //Restore all setup values to factory setup
95        blueToothSerial.print("AT+DEFAULT");
96        delay(2000);
97        //set the Bluetooth name as "SeeedBTSlave",the Bluetooth
          //name must be less than 12 characters.
98        blueToothSerial.print("AT+NAMESeeedBTSlave");
99        delay(400);
100       // set the pair code to connect
101       blueToothSerial.print("AT+PIN0000");
102       delay(400);
103
104       blueToothSerial.print("AT+AUTH1");
```

```
105        delay(400);
106
107        blueToothSerial.flush();
108    }
```

---

🔍 **注释**

在第 87 ～ 107 行对蓝牙连接进行设置。发射引脚设置为蓝牙扩展板上的引脚 7，接收引脚设置为引脚 6。我们使用蓝牙扩展板的版本 2.1。

---

## 在 Arduino10 周年上，编程可兼容 Arduino 的机器人是最佳选择

2005 年发布的 Arduino 为初学者和专业人士提供了一种可获取的和便利的方式来创建基于微控制器的装置，可以使用传感器和执行器与它们的环境进行交互。Arduino 已被证明是构建低成本、入门级机器人的利器，涵盖了每种类型的机器人，从类似 OpenRov 的水下机器人到诸如 ArduoCopter 的空中机器人（见图 11-12 描述）以及其他。

基于或可兼容 Arduino 的开源低成本机器人

**OPENROV**
遥控机器人
潜水装置

· OS: Linux
· 硬件：开源
· CPU：720 MHz(BeagleBone)Cortex-A8 处理器
· 内存：256M DDR2 (BeagleBone)
· 摄像机：在伺服翻转平台上安装两个 LED 阵列的 HD USB 网络摄像头
· 连接性：10Mb 以太数据范围
· 电源：8C 电池（0 ～ 1.5h 运行时间）
· 维度：30cm×20cm×15cm
· 重量：2.5kg

**ARDUCOPTER**
多轴飞行器
（直升机）UAV

· 平台：Linux、Mac、Windows
· 硬件：开源
· 自动驾驶仪：Pixhawk、APM2、Pix4

图 11-12　基于或可兼容 Arduino 的 OpenROV 水下和 ArduCopter 空中开源机器人

目前已有超过 100 万个 Arduino 微控制器，如果你计划编程你的机器人来与世界交互，Arduino 兼容是一个很好的开始。我们有能力赶上 Ken Burns，微小电路（www.tiny-circuits.com）的创始人和世界最小 Arduino 控制器的发明者，如图 11-13 所示。

TINYDUINO 组件

TinyDuino 是一个基于 Arduino 平台软件 /
硬件的微型开源电子产品平台

图 11-13　微小电路控制器与一个 25 分硬币比较的照片

Ken 将微小电路描述为一个专注于"为创客和爱好者生产一种基于 Arduino 的电子积木。它是一个最常用的平台，是我们畅玩的世界，也是我们工作的美好世界"的公司。

除了爱好者和那些来历不同的创客空间，Ken 将 Arduino 看作一个只要求低容量电子产品的关键平台。Ken 阐述，"10 年前，从事 Arduino 的人们是开源硬件的部分创始人"……"10 年后，Arduino 团队制作了更多的开源组件并使这些组件更简单、更方便。电机驱动器性价比更高，并且 Arduino 软件基础已经真正成熟。因为 Arduino 软件是如此开放和易于获取，事情变得更容易。"

根据 Ken 所言，"未来 5 ~ 10 年，个人机器人项目将飞速发展，因为事情变得更加简单易做。"例如，Arduino 是很多无人机和水下机器人的主要平台。水下滑翔器就是一个很好的例子。

**自主机器人参与 Midamba 的援助**

我们强调 Midamba 的 RSVP 和一些他所建立的机器人和软件机器人的主要组件。机器人、软件器人组件和编程自主机器人的方法最终帮助 Midamba 摆脱了他的困境。

图 11-14 展示了 Midamba 如何编程 Unit1 和 Unit2 机器人去取回他所需的中和剂以清除电池上腐蚀的故事。

## 11.3　下文预告

第 12 章中，通过讨论本书中使用的开源、低成本的机器人工具和组件，我们对本书进行一个总结。我们将回顾整本书中使用的技术，讨论安全自主机器人应用架构（Safe Autonomous Robot Application Architecture，SARAA）和开发自主机器人的方法。

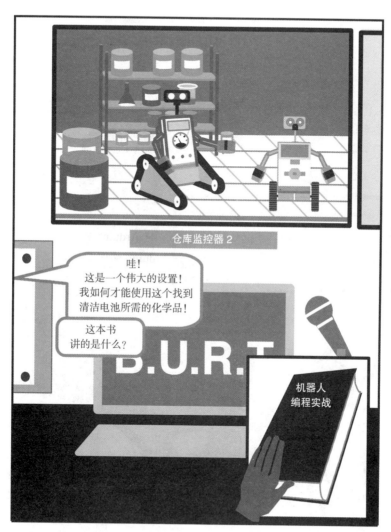

图 11-14　Midamba 如何编程 Unit1 和 Unit2 机器人来取回中和剂

# 第 12 章
# 开源 SARAA 机器人总结

**机器人感受训练课程 12：** *在机器人上耗用的编程时间，机器学习是无法替代的。*

本书使用慎思式的和基于场景的编程技术，提供了一个入门级方法来指导机器人去自主地执行任务。除了关注如何向机器人表达一系列指令外，这些方法集中在：

- 如何使用机器人编程来表示机器人的物理环境
- 如何使用机器人编程来表示机器人所处的场景
- 如何在场景内编码机器人的角色和动作

我们介绍了面向对象和面向智能体的简单编程技术，作为解决上述每个重点问题的一个起点。我们仅强调机器人在被充分理解和预定义场景中的自主性。我们尤其要避免这样一个想法，试图编程机器人让它在一个对于机器人和编程者均未知的环境中自主地行动。

我们向你介绍了一种观念，即使没有因为意外而导致的问题复杂化，就编程机器人自主执行任务本身而言，仍有一系列的挑战。虽然在一个未知环境中有一些方法来编程一个机器人自主执行任务，但是这些方法需要先进的机器人知识，超过了一本入门书的范围。

如果你有兴趣，想了解更多关于编程机器人来处理未知的东西，我们推荐 Ronald Arkin 的《Behavior-Based Robotics》和 Thomas Braun 的《嵌入式机器人学：基于嵌入式系统的移动机器人设计和应用》。对于我们慎思式的机器人编程方法，如果你认为已经准备好进行从中级到高级的探讨，我们推荐 Christopher A. Rouff 等人的《Agent Technology from a Formal Perspective》。

## 12.1　低成本、开源、入门级机器人

本书中使用的机器人是低成本、入门级的机器人。我们使用图 12-1 所示的以下元件器：

- LEGO EV3 Mindstorms 机器人控制器
- Arduino Uno
- SparkFun Red Board Arduino 机器人控制器
- Trossen Phantom Pincher 机械臂
- 可兼容 Arduino 的 Arbotix 机器人控制器

■ 带有嵌入式 Linux 的 WowWee RS Media 机器人

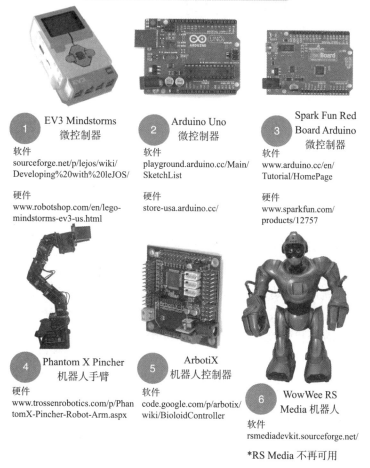

图 12-1　本书使用的低成本、开源机器人和组件

我们也使用：

■ 控制器之间通信的 Arduino 蓝牙扩展板

■ Pixy（CMUcam5）摄像机

■ 伺服机构和来自 Tetrix 的部件

如图 12-2 所示。

我们使用一个 Vernier、HiTechnic 和 LEGO Mindstorms 传感器的组合。我们的目标是介绍使用低成本、入门级机器人、部件和传感器编程自主机器人的基础。虽然我们不使用任何基于 Raspberry Pi 或 Beagle Bone 的机器人部件，但是本书中的思想可用于任何具有一个控制器并支持一种面向对象编程语言的机器人（回顾第 1 章中的定义）。

图 12-2　本书中使用的低成本机器人组件

### 12.1.1　基于场景的编程有助于确保机器人的安全

我们提倡只在预定义的场景和态势中编程自主行动的机器人。如果机器人将要在其中执行的场景和态势是众所周知和可以理解的，那么可以从一开始就建立安全预防措施。这有助于机器人更安全地与人类、机器人的环境和其他机器交互。我们这些编程机器人的人有责任建立尽可能多的保障，以防止机器人危害生命、环境和财产。基于场景（态势）的编程有助于编程者识别和避免安全隐患。然而，场景（态势）编程不足以单独防止安全事故，它只是朝正确方向迈出的一步。不管机器人的最终任务集是什么，如果涉及自主性，就必须考虑安全性。

### 12.1.2　SARAA 机器人总结

在本书中，我们介绍了编程一个机器人自主执行其任务的 7 个技术：

- 软件机器人框架
- ROLL 模型
- REQUIRE
- RSVP
- SPACES
- STORIES
- PASS

总的来说，这些编程技术构成了我们所谓的 SARAA。我们称具有这种体系结构的机器人为 SARAA 机器人。如果实施正确，这些编程技术会产生一个基于知识的机器人控制器。因此，一个 SARAA 机器人是一个可以在预先设定的场景和态势中自主行动的知识型机器人。在 Ctest 实验室（www.ctestlabs.org），SARAA 被设计用于在开源机器人平台内工作，例如

Arduino、Linux 和 ROS。如果对编程 SARAA 机器人的场景和态势正确理解与恰当定义，则 SARAA 机器人的设计有助于提升机器人的安全性。

在某种程度上这是真实的，因为 SPACES 和 PASS 组件是专门设计用来解决传感器、执行器、末端作用器和机器人逻辑失常、结构错误、失败和故障。根据定义，SARAA 机器人是语境敏感的。图 12-3 展示了一个 SARAA 机器人的基本体系结构。

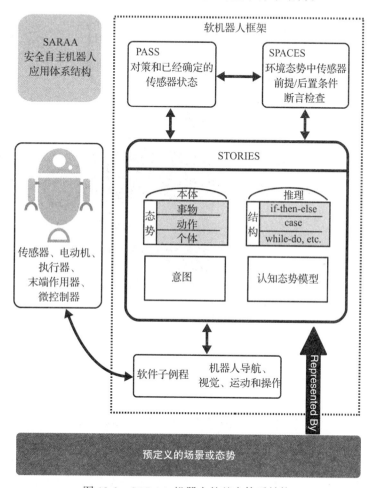

图 12-3　SARAA 机器人的基本体系结构

想要安全执行有用的任务，功能完整的机器人通常需要多个微控制器。这并不是因为我们在头脑中有任何特定的机器人设计，而是基于其特性，比如机器人视觉、机器人手臂和机器人导航等，往往需要自己的专用微控制器。这意味着图 12-3 所示的软件机器人组件必须有沟通和协调多个控制器的某种方法。图 12-4 展示了使用多个微控制器的通信体系结构。

在我们的机器人实验室中，对于组件间的通信，我们主要依靠蓝牙、XBee 和串行通信。所有这些技术都有开源实现，整个 SARAA 架构可在一个开源硬件或软件环境中完全实现。

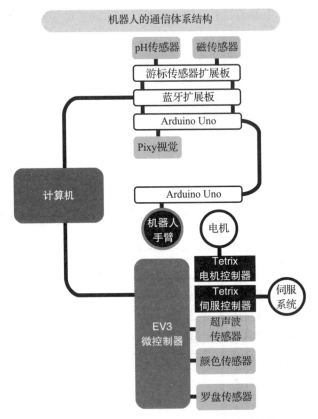

图 12-4　一个 SARAA 机器人的通信体系结构

### 12.1.3　对机器人编程新手的建议

　　本书简单介绍了 SARAA 和自主机器人编程。我们保持 Midamba 的场景和其他示例场景（态势）简单化，以便读者不会迷失在众多细节中。但要确定的是，这些都是非常简单的场景和态势。

　　建议你先从一个小的项目、特定的态势（场景）和实践、完全实现（尽可能多的细节）RSVP 开始，然后是机器人的 STORIES 组件。从单个任务开始，然后构造；从单个态势开始，然后添加另一个态势。这样，你就建立了一个态势库。

　　一旦你有了一个所有态势均已定义和测试的场景，就可以为机器人添加另一个场景。利用这种方法，你最终将有一个可以处理多个场景和很多态势的机器人。但关键是从小做起并构造，要有耐心，要彻底。

### 12.1.4　Midamba 场景的完整 RSVP、STORIES 和源代码

　　Midamba 场景的完整 RSVP、STORIES 和源代码，以及中和碱性或镍基电池上腐蚀的实际技术可从网站 www.robotteams.org 上下载。除此之外，我们也有 Unit1 和 Unit2 机器人自主解决 Midamba 困境的视频。

# 术　语　表

Actuator（执行器）　为机器人移动部件提供动力的电机或装置；一个执行器可以是电动的、电池供电的、液压的或气动的。

Agent（智能体）　一个在某种程度上可以感受或感知环境以及与环境交互或改变环境的实体。在本书中，一个机器人就是一个智能体。

Agent-oriented programming（面向智能体的编程）　构成适合智能体执行的一系列指令的过程。机器人编程是一种面向智能体编程的形式。

Android（人形机器人）　具有人类外观的自主机器人，它有一个人工智能驱动的控制器。

Arduino　一个基于易于使用的硬件和软件的开源电子平台，任何人可用来做互动项目。

ARM　先进的 RISC 机器。基于精简指令集计算机（Reduced Instruction Set Computer）体系结构的 CPU 家族之一。

ARM7　一个 32 位的 ARM 处理器。

ARM9　ARM7 处理器的升级版。它具有更高的吞吐量、减少了发热量、有更大的缓存。

Assertion（断言）　一个据称是真的声明语句。

Asynchronous（异步）　串行数据以这样一种方式排列，定时信息包含在每个字符中，而不是从主令基准获得。通信中的定时信息来自传输的信息，而不是来自终端或串行线。

AUAV　自主式无人机。

Autonomous（自主）　在本书中，当机器人不在远程控制下以及它的行为是其编程和感知输入的结果时，机器人是自主的。

AUV　自主水下机器人。

Biped（双足）　只有两条腿的机器人。

Blocking（阻塞）　在处理之前等待某个事件完成。

Bluetooth（蓝牙）　在一定距离上连接设备的全球无线通信标准。蓝牙连接使用无线电波，而不是电线或电缆来连接一个设备。

BRON　蓝牙机器人有向通信网络。通过蓝牙无线协议和互联网进行通信连接的一小组机器人。

BURT　基本通用机器人转换器。本书首先以简明英语呈现代码片段、命令和机器人程序。

Capability matrix（能力矩阵）　以列、行格式列出机器人能力的一张表、图或电子表格。

Color sensor（**颜色传感器**） 可以测量不同电磁波长的传感器。

DARPA 国防高级研究计划局。

Dead reckoning（**航迹推算**） 在本书中，是指一种基于它先前位置、过程和已知时间间隔内的速度来估算机器人位置的方法。

DOF 自由度。机器人的关节以各种不同的方式自由移动。

EEPROM 电可擦写只读存储器。

End-effector（**末端作用器**） 机器人手臂的末端装置，与机器人环境中的对象交互或操作。末端作用器可以采用一只手的形式，也可以采取其他形式，如钻头、扳手、激光器、夹、等。

Episode（**情节**） 在本书中，一个情节描述了一套刻板的事件序列，这些事件是一个众所周知、较好理解叙事（例如，一个生日聚会有一个与会者吃蛋糕、唱歌、赠送礼物等情节）的一部分。情节、场景和态势都是用来描述机器人正在执行的任务的背景。

EV3 基于 ARM9 微处理器并来自 LEGO Mindstorms 线的微控制器，它具有嵌入式 Linux。

Flash RAM 即使电源关闭时仍保留信息的一个特殊类型 EEPROM。

GNU Linux 一个类似 Unix 的计算机操作系统。

GOTCHAS 技术概念和有用缩略语的词汇表。

Gripper（**夹持器**） 用于抓取的机器人末端作用器。

Heat or temperature sensor（**热或温度传感器**） 一种收集有关温度数据的装置。

Infrared sensor（**红外传感器**） 一个测量电磁波长大于 700nm 的光传感器。

Interrupt（**中断**） 系统或程序中正常流程的一个中断，流程稍后在这一点上可以恢复。一个中断通常是由一个外部源信号引起。

Invariant（**不变条件**） 在编程中，一个不变条件是一个可能依赖于程序、步骤、函数、例程或它们中某个部分的执行。在执行的某一特定阶段中，它始终是一个正确的断言。

leJOS 在 2006 年，移植到 LEGO NXT 微控制器的一个微型 Java 虚拟机。leJOS 现在有一个完全记录的机器人 API 和附带的一组类库。

Light sensor（**光传感器**） 一个测量电磁波长和检测光的机械或电子装置。

MAC OSX 一个基于 Unix 的计算机操作系统。

Microcontroller（**微控制器**） 单个集成电路上的微型计算机，在控制操作中使用，或在一个处理、操作中产生变化。本书中讨论的所有微控制器都有传感器能力。

NREF 全国机器人教育基金会是一个信息交流中心，鉴别最容易获得的负担得起的课程、产品和学习资源，以供教育者、学生、工业和社区接受机器人教育。

NXT 基于 ARM7 微处理器的微控制器，来自机器人控制器的 LEGO Mindstorms 产品线，具有嵌入式 Linux。

Ontology（**本体**） 在一个特定的论述领域，对事物和动作的类型、属性、特性、性能和关系的定义。

OSRF 开源机器人基金会，是一个独立的非营利 R&D 公司，在机器人研究、教育和产品开发方面，它支持开源软件的发展、发布和应用。

PASS　对策和传感器状态。一种用于验证机器人执行假设的技术。

Pixy（CMUcam5）视觉传感器　可以用于机器人视觉系统一部分的传感器，它是 Carnegie Mellon 和 Charmed 实验室合作研发的成果。Pixy 可以跟踪目标，并直接连接到 Arduino 和其他控制器。

Postcondition（后置条件）　关于逻辑序列或变量值的一个条件、断言或对策，在另一段代码执行之后必须为真。

Precondition（前提条件）　关于逻辑序列或变量值的一个条件、断言或对策，在另一段代码执行之前必须为真。

Quadruped（四足）　有 4 条腿的机器人。

READ 设置　机器人环境属性描述设置。机器人将在它的环境中遇到和交互的一系列目标。

Reflection（反射）　当光、热或声音在一个物体表面反弹而没有吸收时发生。一种反射式传感器可以检测和测量从物体反弹回的能量。

REQUIRE　实际环境中机器人效能熵。在确定一个机器人某方面的能力时，用作一个初始测试。

RFID 传感器　射频识别传感器。用于扫描和识别 RFID 标签、分类以及存储基于 RFID 信息的其他设备。

Robot（机器人）　满足以下 7 个标准的机器：

1. 通过编程，其必须具备以一种或多种方式来感知外部或内部环境的能力。

2. 其行为、动作和控制是执行一组编程指令的结果，并可重复编程。

3. 通过编程，其必须具备以一种或多种方式来影响外部环境、与外部环境相互作用或者在外部环境操作的能力。

4. 必须拥有自己的能量源。

5. 必须具有一种语言，适合离散指令和数据表示以及支持编程。

6. 一旦启动，无需外部干预即具备执行程序的能力。

7. 一定要是一个没有生命的机器。

ROLL 模型　机器人本体语言层级模型（见图 8-1）。

ROV　遥控潜水器。

RPA　遥控飞机。

RS Media　一个由 WowWee 生产的两足生物机器人，它有一个 ARM9 微控制器和嵌入 Linux 的操作系统；RS Robosapien。

RSVP　机器人场景图形规划，用于帮助开发机器人将要做什么的指令规划的图形。它是由场景的物理环境的平面图、机器人和目标状态的状态图以及任务指令的流程图构成。

SARAA　安全自主机器人应用架构，其结构是由 7 种用于编程一个机器人自主执行任务的技术所构成，这些技术是 SOFTBOT 框架、ROLL 模型、REQUIRE、RSVP、SPACES、STORIES 和 PASS。

Scenario（场景）　在一个特定背景中的一个可能行动过程的描述，通常伴随发生什么事件、将会遇到什么对象以及环境将是什么样这样一个期望。情节、场景和态势都是用来描述机器人将执行某个任务的背景。

Sensor（传感器） 一种检测、收集数据，或感知一个内部或外部环境属性、特性和性能的装置。

Servo motor（伺服电机） 一个结合角位置传感器的电动机；发送给电机的控制信号长度决定了电机轴的角位置。

Situations（态势） 在一个特定背景和环境中影响某人或某物的所有事实、对象、条件和事件。

Softbot（软件机器人） 本书中实现为一个面向对象类集合的机器人软件副本和软件机器人表示。

SPACES 环境态势中传感器前提或后置条件断言检查；用于验证机器人是否可以执行当前和下一个任务。

STORIES 场景转换为本体推理意图和认知态势；将场景转换为组件的最终结果可以由面向对象的语言表示，然后上传给机器人。

Synchronous（同步） 适用于机器人或计算机的一个术语，其中一系列操作的性能由等距时钟信号或脉冲控制。也用来指以这样一种方式排列的串行数据，定时信息来自主基准，而不是从每个字符获得。

Teleoperation（遥操作） 远距离上通过远程控制的机器操作。

Telerobot（遥控机器人） 由远程控制或在某个距离上控制的机器人。

Titanium plated hydraulic powered battle chassis（钛镀液压驱动底盘） 一个先进军事机器人的结构。

Torque（扭矩） 在物体上施加多少力会使物体旋转的测量。

UAV 无人驾驶飞行器。

Ultrasonic sensor（超声波传感器） 通过使用一种回声定位测量距离的装置，采用声纳 – 即从物体反射声波。